U0223650

国家出版基金资助项目

俄罗斯数学经典著作译丛

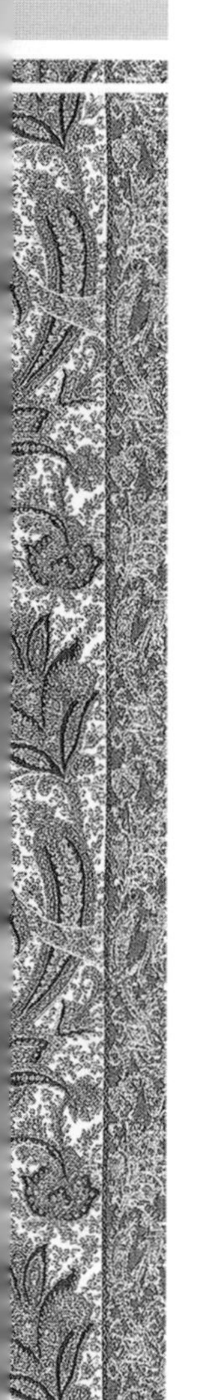

微分学理论

WEIFENXUE LILUN

[苏] Г. Г. 鲁金 著

《微分学理论》翻译组 译

HITP

哈尔滨工业大学出版社

HARBIN INSTITUTE OF TECHNOLOGY PRESS

内容简介

本书系统全面地介绍了微分学的相关理论，共包含11章内容，分别为基本公式、数、量、函数、极限、连续性、微分法、代数式的微分法则、导数的各种应用、逐次微分法及其应用、超越函数的微分法.

本书适合大学数学系师生及数学爱好者参考阅读.

图书在版编目(CIP)数据

微分学理论/(苏)H. H. 鲁金著;《微分学理论》翻译组译. —哈尔滨：哈尔滨工业大学出版社，2024.5

(俄罗斯数学经典著作译丛)

ISBN 978-7-5767-1432-6

Ⅰ.①微…　Ⅱ.①H…　②微…　Ⅲ.①微分学　Ⅳ.①O172.1

中国国家版本馆CIP数据核字(2024)第100102号

WEIFENXUE LILUN

策划编辑　刘培杰　张永芹
责任编辑　张嘉芮
封面设计　孙茵艾
出版发行　哈尔滨工业大学出版社
社　　址　哈尔滨市南岗区复华四道街10号　邮编150006
传　　真　0451-86414749
网　　址　http://hitpress.hit.edu.cn
印　　刷　辽宁新华印务有限公司
开　　本　787 mm×1 092 mm　1/16　印张14.25　字数250千字
版　　次　2024年5月第1版　2024年5月第1次印刷
书　　号　ISBN 978-7-5767-1432-6
定　　价　68.00元

⊙ 序

苏联科学出版社出版的第四版数学分析教程，给高等工业学校用的《微分学》及《积分学》，与 1952 年的第三版比较起来是没有什么修改的，其中只订正了一些小错误.

这两卷教本的作者 Н. Н. 鲁金(Н. Н. Лузин，1883—1950)是苏联大数学家之一，苏联有好几代的工程师和教师都是用他的书来学习的.

鲁金，1883 年 12 月 10 日生于托木斯克城的一个公务员家庭. 1901 年秋，他在托木斯克地方的中学毕业后进入莫斯科大学数理系数学组，1906 年毕业. 他在该校跟著名数学教授 Н. Е. 茹科夫斯基(Н. Е. Жуковский)，Б. К. 姆洛泽耶夫斯基(Б. К. Млодзеевский)，Д. Ф. 叶戈罗夫(Д. Ф. Егоров)学习，他们对鲁金后来的科学活动有很大的影响.

大学毕业后，鲁金继续留校，准备从事大学教学.

1909 年，鲁金参加候补硕士考试，获得"纯粹数学"教研组讲师的称号.

1914 年，鲁金开始在莫斯科大学讲授基础课程及专业课程. 他那卓越的讲课才能与他那善于诱导青年学生学习的能力结合在一起，鼓舞了年轻人学习科学的热忱，激发了他们的自信心. 在鲁金一生的教学生涯中，他始终是新鲜数学思想的不竭源泉，而且他善于用生动的形式来讲授这些思想. 鲁金的课堂极为人所欢迎，他的每堂课总是会吸引很多的听众.

1916 年，鲁金提交了他的硕士学位论文《积分及三级级数》，这篇论文的研究是这样的深入和重要，致使当局违反了一向的传统，让这位青年数学家跳过了硕士学位，直接授予他数学博士学位. 鲁金的那篇论文即使到了今日也还没有失去它的意义，1951 年，该文被刊印为单行本的数学专著.

1917 年,鲁金当选为莫斯科大学数学教授. 莫斯科大学中研究实变函数论方面的大批数学小组的产生,展示出了鲁金在该校教学工作的成绩.

鲁金在他的周围团结了各种不同年龄的科学工作者,其中有与他同事多年的成熟的学者,也有来自学生和研究生中刚从事科学工作的青年数学家. 鲁金教导了整整一批学者,其中有许多人在过去和今日都在数学发展上做出了许多贡献.

1927 年,鲁金当选为苏联科学院通讯院士,1929 年当选为正式院士. 从那时起,鲁金主要是在科学院的科学研究机关工作. 鲁金在晚年主持了斯捷克洛夫数学研究所实变函数论组,并参与了自动控制与距离控制研究所的工作.

鲁金的主要科学研究工作在实变函数论方面,在这方面,他获得了许多成果以及重要的发现,这大大丰富了数学这门科学的内容. 鲁金在实变函数论方面的著作现今已成为经典性的文选. 在三角级数及解析函数论方面,鲁金也有极重要和深入的研究. 在解析函数论方面他曾用实变函数论的方法来研究.

鲁金在他的创造性的工作中并不只停留在纯粹理论研究的范围内,他在应用数学方面也做了许多研究,这就是在代数和分析上的数值计算法方面, 特别是他对于用伽辽金(Galerkin)法来近似求解微分方程的问题做了重要的研究.

苏联政府对鲁金的功绩有很高的评价,并在 1945 年授予他劳动红旗勋章.

1950 年 2 月 28 日,鲁金因心脏病突发去世.

苏联伟大学者、教师、爱国者鲁金的名字在苏联科学史上占有光荣的地位.

目录

基本公式

第1章

§1 初等代数及几何的公式

为了读者参考方便起见，我们把一些基本公式列在下面，先从代数开始.

(1) 二次方程

$$ax^2+bx+c=0$$

其解依照下面的公式来求

$$x_{1,2}=\frac{-b\pm\sqrt{b^2-4ac}}{2a}$$

根的性质只由根号下的表达式$\Delta=b^2-4ac$来决定，Δ称为判别式. 若$\Delta>0$，则两个根是实数且不相等；若$\Delta=0$，则两个根是实数且相等；若$\Delta<0$，则根是虚数.

(2) 对数

$$\lg ab=\lg a+\lg b, \lg a^n=n\lg a, \lg 1=0$$

$$\lg\frac{a}{b}=\lg a-\lg b, \lg\sqrt[n]{a}=\frac{1}{n}\lg a, \lg_a a=1$$

(3) 牛顿(Newton，1643—1727)的二项式定理(n是正整数)

$$(a+b)^n=a^n+na^{n-1}b+\frac{n(n-1)}{2!}a^{n-2}b^2+\frac{n(n-1)(n-2)}{3!}a^{n-3}b^3+\cdots+$$

$$\frac{n(n-1)(n-2)\cdots(n-k+1)}{k!}a^{n-k}b^k+\cdots+b^n$$

(4) 阶乘

$$n!=1\cdot 2\cdot 3\cdot \cdots \cdot (n-1)\cdot n$$

在下列初等几何的公式中，字母 r 和 R 表示半径，h 表示高，S_1 表示底面面积，S_2 表示侧面积，S 表示表面积，V 表示体积，C 表示周长，l 表示基线长.

(5) 圆

$$C=2\pi r, S_1=\pi r^2$$

(6) 圆扇形

$$S_1=\frac{1}{2}r^2\alpha$$

式中 α 为扇形的圆心角，以弧度计.

(7) 棱柱体

$$V=S_1h$$

(8) 棱锥体

$$V=\frac{1}{3}S_1h$$

(9) 正圆柱体

$$V=\pi r^2h, S_2=2\pi rh, S=2\pi r(r+h)$$

(10) 正圆锥

$$V=\frac{1}{3}\pi r^2h, S_2=\pi rl, S=\pi r(r+l)$$

(11) 球

$$V=\frac{4}{3}\pi r^3, S=4\pi r^2$$

(12) 正截锥体

$$V=\frac{1}{3}\pi h(R^2+r^2+Rr), S_2=\pi l(R+r)$$

§2　三角公式

下面的公式，很多是有用处的.

(1) 角的度量.

角的大小有两种量法，根据这两种量法定出两种不同的单位，即：

六十分度：单位角是一个周角的$\frac{1}{360}$，称为一度(°).

弧度：单位角是圆周上长度等于半径的弧段所对的圆心角，这个圆心角称为一弧度(rad).

这两种度量单位的基本关系用下面的方程表示

$$180° = \pi \text{ rad}$$

其中 $\pi = 3.14159\cdots$，由此得

$$1° = \frac{\pi}{180} \text{ rad} = 0.0174\cdots \text{ rad}$$

及

$$1 \text{ rad} = \frac{180°}{\pi} = 57.29\cdots°$$

由弧度的定义可得

$$\text{一个角的弧度数} = \frac{\text{该角所截出的弧段}}{\text{半径}}$$

这个方程使我们可以从一种度量法化成另一种.

(2) 三角函数间的关系

$$\cot x = \frac{1}{\tan x}, \sec x = \frac{1}{\cos x}, \csc x = \frac{1}{\sin x}$$

$$\tan x = \frac{\sin x}{\cos x}, \cot x = \frac{\cos x}{\sin x}$$

$$\sin^2 x + \cos^2 x = 1, 1 + \tan^2 x = \sec^2 x, 1 + \cot^2 x = \csc^2 x$$

(3) 角的简化公式(表 1).

表 1

角	正弦	余弦	正切	余切
$-x$	$-\sin x$	$\cos x$	$-\tan x$	$-\cot x$
$90° - x$	$\cos x$	$\sin x$	$\cot x$	$\tan x$
$90° + x$	$\cos x$	$-\sin x$	$-\cot x$	$-\tan x$
$180° - x$	$\sin x$	$-\cos x$	$-\tan x$	$-\cot x$
$180° + x$	$-\sin x$	$-\cos x$	$\tan x$	$\cot x$
$270° - x$	$-\cos x$	$-\sin x$	$\cot x$	$\tan x$
$270° + x$	$-\cos x$	$\sin x$	$-\cot x$	$-\tan x$
$360° - x$	$-\sin x$	$\cos x$	$-\tan x$	$-\cot x$

(4) $x + y$ 及 $x - y$ 的三角函数

$$\sin(x + y) = \sin x\cos y + \cos x\sin y$$

$$\sin(x - y) = \sin x\cos y - \cos x\sin y$$

$$\cos(x + y) = \cos x\cos y - \sin x\sin y$$

$$\cos(x-y)=\cos x\cos y+\sin x\sin y$$

$$\tan(x+y)=\frac{\tan x+\tan y}{1-\tan x\tan y},\tan(x-y)=\frac{\tan x-\tan y}{1+\tan x\tan y}$$

(5)$2x$ 及$\frac{x}{2}$ 的三角函数

$$\sin 2x=2\sin x\cos x,\cos 2x=\cos^2 x-\sin^2 x,\tan 2x=\frac{2\tan x}{1-\tan^2 x}$$

$$\sin\frac{x}{2}=\pm\sqrt{\frac{1-\cos x}{2}},\cos\frac{x}{2}=\pm\sqrt{\frac{1+\cos x}{2}},\tan\frac{x}{2}=\pm\sqrt{\frac{1-\cos x}{1+\cos x}}$$

$$\sin^2 x=\frac{1}{2}-\frac{1}{2}\cos 2x,\cos^2 x=\frac{1}{2}+\frac{1}{2}\cos 2x$$

(6) 加法定理

$$\sin x+\sin y=2\sin\frac{x+y}{2}\cos\frac{x-y}{2},\sin x-\sin y=2\cos\frac{x+y}{2}\sin\frac{x-y}{2}$$

$$\cos x+\cos y=2\cos\frac{x+y}{2}\cos\frac{x-y}{2},\cos x-\cos y=-2\sin\frac{x+y}{2}\sin\frac{x-y}{2}$$

(7) 锐角三角形中角与边的关系.

① 正弦定理:$\frac{a}{\sin A}=\frac{b}{\sin B}=\frac{c}{\sin C}$.

② 余弦定理:$a^2=b^2+c^2-2bc\cos A$.

③ 面积公式

$$S=\frac{1}{2}bc\sin A$$

$$S=\frac{\frac{1}{2}a^2\sin B\sin C}{\sin(B+C)}$$

$$S=\sqrt{p(p-a)(p-b)(p-c)}$$

式中 $p=\frac{a+b+c}{2}$.

§3　平面解析几何公式

最重要的公式如下:

(1) 两点 $M_1(x_1,y_1)$ 及 $M_2(x_2,y_2)$ 之间的距离

$$d=\sqrt{(x_2-x_1)^2+(y_2-y_1)^2}$$

线段 M_1M_2 的斜率为

$$k=\frac{y_2-y_1}{x_2-x_1}=\tan\varphi$$

其中点为

$$\left(\frac{x_1+x_2}{2},\frac{y_1+y_2}{2}\right)$$

(2) 两条直线的交角

$$\tan\theta=\frac{k_2-k_1}{1+k_1k_2}$$

(两条直线平行时,$k_1=k_2$;两条直线垂直时,$k_1k_2=-1$.)

(3) 直线方程的各种形式.

① 点斜式:$y-y_1=k(x-x_1)$.

② 斜截式:$y=kx+b$.

③ 两点式:$\dfrac{y-y_1}{y_2-y_1}=\dfrac{x-x_1}{x_2-x_1}$.

④ 截距式:$\dfrac{x}{a}+\dfrac{y}{b}=1$.

(4) 点 $M_1(x_1,y_1)$ 到直线 $Ax+By+C=0$ 的距离

$$d=\frac{\| Ax_1+By_1+C\|}{\sqrt{A^2+B^2}}$$

(5) 直角坐标与极坐标的关系式

$$x=\rho\cos\varphi,y=\rho\sin\varphi,\rho=\sqrt{x^2+y^2},\varphi=\arctan\frac{y}{x}$$

(6) 圆周方程:$(x-a)^2+(y-b)^2=r^2$,其中圆心为(a,b).

(7) 抛物线方程.

① 顶点在原点

$$y^2=2px,\text{焦点}\left(\frac{p}{2},0\right)$$

$$x^2=2py,\text{焦点}\left(0,\frac{p}{2}\right)$$

② 顶点在(a,b)

$$(y-b)^2=2p(x-a),\text{对称轴 } y=b$$

$$(x-a)^2=2p(y-b),\text{对称轴 } x=a$$

③ 对称轴为 OY 轴

$$y=Ax^2+C$$

(8) 其他曲线方程.

① 中心在原点,焦点在 OX 轴上的椭圆

$$\frac{x^2}{a^2}+\frac{y^2}{b^2}=1$$

② 中心在原点,焦点在 OX 轴上的双曲线

$$\frac{x^2}{a^2}-\frac{y^2}{b^2}=1$$

③ 中心在原点,渐近线为坐标轴的等边双曲线

$$xy=m$$

§4 立体解析几何公式

最重要的几个公式如下:

(1) 两点 $M_1(x_1,y_1,z_1)$ 及 $M_2(x_2,y_2,z_2)$ 间的距离

$$d=\sqrt{(x_2-x_1)^2+(y_2-y_1)^2+(z_2-z_1)^2}$$

(2) 直线.

① 方向余弦:$\cos\alpha,\cos\beta,\cos\gamma$.

② 方向系数:m,n,p.

③ 它们之间的关系有

$$\frac{\cos\alpha}{m}=\frac{\cos\beta}{n}=\frac{\cos\gamma}{p}$$

$$\cos^2\alpha+\cos^2\beta+\cos^2\gamma=1$$

$$\cos\alpha=\frac{m}{\pm\sqrt{m^2+n^2+p^2}}$$

$$\cos\beta=\frac{n}{\pm\sqrt{m^2+n^2+p^2}}$$

$$\cos\gamma=\frac{p}{\pm\sqrt{m^2+n^2+p^2}}$$

④ 对于通过两点(x_1,y_1,z_1)及(x_2,y_2,z_2)的直线来说,有下面的式子

$$\frac{\cos\alpha}{x_2-x_1}=\frac{\cos\beta}{y_2-y_1}=\frac{\cos\gamma}{z_2-z_1}$$

(3) 两条直线.

① 方向余弦:$\cos\alpha,\cos\beta,\cos\gamma;\cos\alpha',\cos\beta',\cos\gamma'$.

② 方向系数:$m,n,p;m',n',p'$.

③ 若 θ 为两条直线的交角,则

$$\cos\theta=\cos\alpha\cos\alpha'+\cos\beta\cos\beta'+\cos\gamma\cos\gamma'$$

$$\cos\theta=\frac{mm'+nn'+pp'}{\sqrt{m^2+n^2+p^2}\sqrt{m'^2+n'^2+p'^2}}$$

④ 平行条件:$\frac{m}{m'}=\frac{n}{n'}=\frac{p}{p'}$.

⑤ 垂直条件：$mm'+nn'+pp'=0$.

(4) 若直线过点(x_1,y_1,z_1)，而方向系数为m,n,p，则其方程为

$$\frac{x-x_1}{m}=\frac{y-y_1}{n}=\frac{z-z_1}{p}$$

(5) 平面.

平面$Ax+By+Cz+D=0$中，系数A,B,C是垂直于该平面的直线的方向系数.

若平面过点(x_1,y_1,z_1)且与方向系数为A,B,C的直线垂直，则其方程为

$$A(x-x_1)+B(y-y_1)+C(z-z_1)=0$$

(6) 两平面.

① 方程为

$$Ax+By+Cz+D=0$$
$$A'x+B'y+C'z+D'=0$$

② 其交线的方向系数为

$$BC'-CB',CA'-AC',AB'-BA'$$

③ 若θ为两平面的交角，则

$$\cos\theta=\frac{AA'+BB'+CC'}{\sqrt{A^2+B^2+C^2}\sqrt{A'^2+B'^2+C'^2}}$$

§5　希腊字母

希腊字母及其俄文发音如表1所示.

表1

字母	俄文发音	字母	俄文发音
$A\ \alpha$	Альфа	$N\ \nu$	Ни
$B\ \beta$	Бета	$\Xi\ \xi$	Кси
$\Gamma\ \gamma$	Гамма	$O\ o$	Омикрон
$\Delta\ \delta$	Дельта	$\Pi\ \pi$	Пи
$E\ \varepsilon$	Эпсилон	$P\ \rho$	Ро
$Z\ \zeta$	Дзета	$\Sigma\ \sigma$	Сигма
$H\ \eta$	Эта	$T\ \tau$	Тау
$\Theta\ \theta$	Тета	$\Upsilon\ \upsilon$	Ипсилон
$I\ \iota$	Иота	$\Phi\ \phi$	Фи
$K\ \kappa$	Каппа	$X\ \chi$	Хи
$\Lambda\ \lambda$	Ламбда	$\Psi\ \psi$	Пси
$M\ \mu$	Ми	$\Omega\ \omega$	Омега

第2章 数

§6 有理数

所有正整数、负整数、分数以及零,统称为有理数.本书中,假定读者都已熟知这些数的大部分初等性质,以及一般算术教本中所讲的关于这些数的用法.

读者都知道,算术中的四个基本运算,即加、减、乘、除,施行在有理数上之后,得出的结果仍是有理数.这就是说,用这样的方法,我们得不到任何别的数.

§7 有理数的实用意义

从实用观点来看,为了完成度量,我们无须再知道有理数以外的数.

应该注意到,实际上来度量一个已给量这件事,常常是件不定的事.例如,具体地给了我们一条线段,要来量它的长度.这种具体线段的两端,我们知道总是有些不定的,因为我们总可以用另一条线段,和所给线段相差无限小(为此,只要使它们长度的差,在我们所用仪器的零敏度之外就行了),来代替所给线段.

像这样,我们就有无穷多彼此极其接近的有理数,其中每一个都完全可以作为上述具体线段的“真正”长度.像这样自由选择一个近似数作为所需结果的方法,在实践上也是经常用到的.因为在任何算术计算中,如果把其中要施行运算的那些数略做改变,得出来的结果也改变得极小,所以为了计算方便起见,经常只取所量那个量的很有限的几位小数.例如,我们常常只取

$$\pi=3.14$$

而把较准确数值

$$\pi=3.141\ 592\ 653\ 589\ 793\ 238\ 46\cdots$$

中的其余一切位数都略去.

这样看来,为了应付度量实践上的需要,单单是一些有理数就已经完全够用了,因为用了它们就可以把度量实施到任意的准确程度.但是,当我们要解决几何、力学及理论物理学中的问题,并达到绝对准确的程度时,单靠这些有理数就不够用了,那时就必须通晓所谓无理数了.

现在我们来看这些新的数是怎样产生的,以及应当怎样来了解它们.

§8　有理数与直线上的点的对比

有理数列本身是处处稠密的,因为两个有理数之间,无论它们如何接近,总可以随便找出很多个中间的有理数来.正因为这样,所以乍看起来,好像有理数列之间,完全没有新数的任何容身之地.

可是,上述那种初步印象是非常错误的,因为有理数列间到处都有空隙;我们只要把全部有理数列跟直线的点列做一个对比,这事就变得很明显了.

为了要实现这种对比,我们取一条直线,两边无限地延长,在直线上取一原点 O,并取一定的长度单位,作为度量线段之用.很明显,对于任何一个预先给定的有理数 a,总可以作一条以 $|a|$ 为长度的线段,并可依照着 a 是正或是负,来把这条线段从 O 起放到它的右边或左边.这样我们就得到一定的端点 M,拿来作为对应于有理数 a 的点[①].因此我们可以说,对于任何一个有理数,直线上总有并且只有一个点与它对应(图 1).

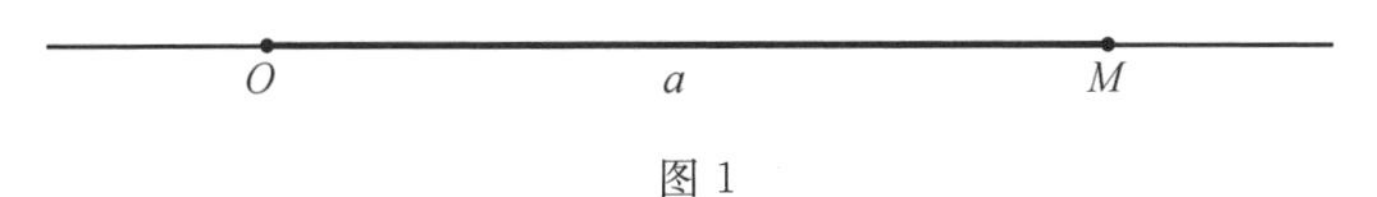

图 1

这样得到的点 M,我们把它想象是黑色不透明的;正是这个点,我们要拿来

① 在图 1 中 a 是取作正的.

与所取的有理数 a(称为点 M 的横坐标)做对比.对于每一个有理数 a 都这样做了之后,直线就被黑色不透明点 M 的密网所遮盖,好像这些点落在直线上,并且毫无空隙地布满在直线的每一段上似的,不论这条线段是在什么地方,也不论它是怎样小[①].每个这样的点 M,都有它的横坐标有理数 a.显然,横坐标 a 是正的时候,点 M 就在原点 O 的右边;是负的时候,就在左边.原点 O 本身的横坐标是零.横坐标 a 的算术值(也就是不管其正负号的值)越大,点 M 离原点 O 就越远.

这就是我们所寻求的,关于有理数列与直线上的点的对比;在这个对比关系中,所得黑色不透明网中全部点 M 相互间的排列情形,显然正与其有理数横坐标相互间的那种排列情形完全一样.凡与所取的单位长可通约的每条线段 OM,它的端点 M 一定在网中,因为这种点具有有理数的横坐标.为了讲起来方便,我们把横坐标为有理数的点,简称为有理点,把有理点所组成的网,称为有理网.

暂时我们还不知道有其他的点和其他的数.

§9 不可通约的线段

如果直线上的每一点都包含在我们所作的网中,也就是说,如果根本不存在什么不可通约的线段,那么一切事情就非常简单:在这种情形下,我们直线上的每一点都将具有有理数的横坐标,因而我们就再也不需要任何新的数了,因为这样的话,单单一些有理数就足够用来表达一切理论上的关系了.

但是,很遗憾,真实情形比这要复杂得多,而那似乎在久远的古代就已做出的许多重大发现之一,就是确定了与所给单位长不可通约的这种线段是有的.这种线段的第一个例子,可能就是边为单位长的正方形的对角线[②].

从原点 O 起,量取这样的一条线段(最简单的做法是把正方形的对角线像根硬杆子似的绕 O 旋转,使它落在我们的直线上),得到点 M(图 2).这个点不

---

① 这个断语是个公设,跟我们对于直线的概念有关.

② 甚至不能大概推算这个发现出现的年代.把这个发现归功于希腊哲学家毕达哥拉斯(Pythagoras,约公元前 580 年 — 约公元前 500 年)的那个传说,仍带着古人对于这个发现强烈渲染的痕迹.

但不可否认的是,毕达哥拉斯是在他到东方游历时才知道这回事的,而且关于不可通约的线段存在的知识,也要追溯到古代亚述 — 巴比伦的文化.现在,除线段不可通约性的事实外,尚有别的许多"不可能的事实".例如,有两个等体积的四面体,它们是不可能再分割为一对对相同而更小的四面体的,利用圆规和直尺,是不能把等边三角形的角分成三等份的,以及诸如此类不可能的事实.每逢定出一个不可能性的事实,我们的知识就有了进一步重要的进展.

对应于任何有理数,并且严格说来,它暂时还没有任何横坐标.但因为有着无穷多的、与单位长不可通约的各种长度,所以,直线上的点实在比有理数列中的数要丰富无穷倍.由此可知,上面所讲点与数之间的这种对比,使我们不得不承认有理数列有某种不完满性,但直线我们则认为是十分完满的,绝对没有任何空隙的,就是说,认为它是连续的.

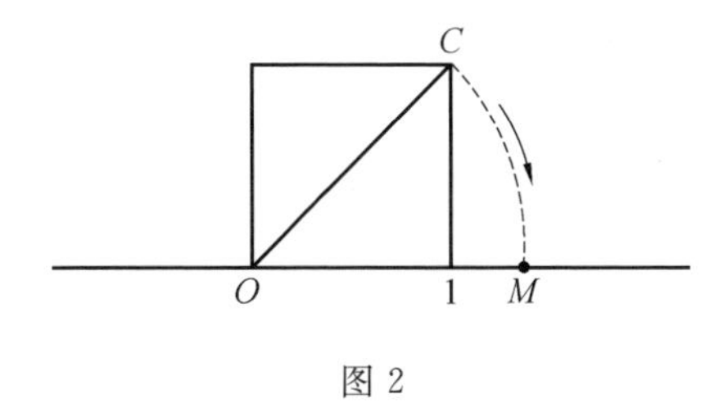

图 2

假如设想有理点是黑色不透明的,而所有其他的点都是透明的,那么,当我们把这条直线对着光来看时,我们就会看到处处都有无限细的光线,穿过所有那些与不可通约线段末端相对应的点射了出来.

§10 无 理 数

如果我们要用算术方法来研究直线,那么,只看出有理数列是不够的,所以现在就必须把我们的数列适当补充一下,使它也具有像直线那样的连续性,亦即完满性.这件事在引入无理数(它们只需要用有理数来定义)后就能做到[①].

限于本书的范围,我们不能在这里讲无理数的任何一种普通理论.因为,我们只限于让读者注意到无理数的存在和下面的原理:无理数完全填满了有理数列中的空隙,就是说,我们认为,直线上每一点都对应了一个数(有理数或无理数),这个数叫作这个点的横坐标,并且反过来也成立.

---

① 毕达哥拉斯关于正方形的边与对角线之间,彼此有不可通约性的几何论证,是每本完整的几何教本中都有的.

它的算术证法如下:以单位长为边的正方形的对角线之长等于$\sqrt{2}$.这个数不可能是整数,也不可能是分数.事实上,若假设它可能是整数或分数,则$\sqrt{2}=\frac{x}{y}$,其中x及y是没有公因子的整数.取两边的平方,乃有$2=\frac{x^2}{y^2}$,亦即$2y^2=x^2$.这表示整数x应是偶数,亦即$x=2x^*$,其中x^*是整数.把x的这个表达式代入前式,便得$2y^2=4(x^*)^2$,亦即$y^2=2(x^*)^2$.我们看到,整数y也一定是个偶数,而这就与所假定分数$\frac{x}{y}$的不可约性相矛盾.因此$\sqrt{2}$既不是整数(当$y=1$时)也不是分数,所以不可能是有理数.

无理数可以用算术方法表示为不尽小数. 为了看出这是怎样办到的，我们设想要把直线上一条不可通约线段 OM（图 3）的长度量得绝对准确.

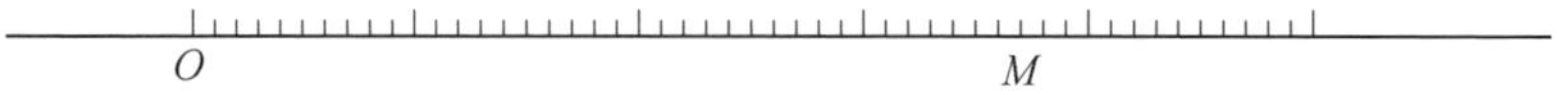

图 3

为此目的，我们把一条作为度量用的、理想的准确尺子靠紧直线，尺子上刻出“m”“dm”“cm”“mm”，以至无穷的分度. 这里用的“m”，只不过是表示单位长的意思，重要的只是：这个理想量尺上的每个分度，是不断往下分成十个更小的分度的；因此所谓“dm”不过就是 $\frac{1}{10}$ 的单位长，“cm”就是 $\frac{1}{100}$ 的单位长，“mm”就是 $\frac{1}{1\,000}$ 的单位长，等等.

度量不可通约线段 OM 的这个证明，我们分为下面几个步骤来做.

第一步：把量尺的左端对准原点 O，然后从 O 起，读出尺子上包含在线段 OM 之内的最大的整“m”数，假设是 a_0 m（在图 3 中 $a_0=3$）.

第二步：所量长度上从 a_0 m 的点到点 M 之间的剩余部分，长度小于 1 m. 我们再读出尺上包含在该剩余部分之内的最大的整“dm”数来，假设是 a_1 dm（在图 3 中 $a_1=7$）；很明显，$a_1\leqslant 9$，就是说，整数 a_1 是个基本数码（即 0，1，2，…，9 等 10 个数码中的 1 个 —— 译者注）.

第三步：所量长度上从（a_0 m $+\,a_1$ dm）的点到点 M 之间的新剩余部分，长度小于 1 dm. 我们再读出尺上包含在该剩余部分之内的最大的整“cm”数来，假设是 a_2 cm，很明显，a_2 也是个数码，就是说 $a_2\leqslant 9$.

像这样继续做下去，做出第四步、第五步及以后各步.

由于根据假设我们所取的线段 OM 是与单位长（“m”）不可通约的，所以上述度量步骤不可能是做了有限步之后就做完的，因为点 M 绝不会与尺子上的任何一个分度点恰好重合在一起. 假如为了记录起见，我们把尺子上读得的数码一个连着一个写下来，并用小数点把第一个数 a_0 与别的数分开，那么上述无止尽的度量步骤，就在我们眼前展开成一个唯一的、整个的、无尽的符号，即

$$a_0.a_1a_2a_3\cdots a_n\cdots$$

这个符号由无穷多个依次排列起来的数码组成，叫作小数.

这个无尽的符号，当然不能作为准备度量的结果，因为就“加法”这个词的严格意义来说，不可能实际把无穷项

$$a_0+\frac{a_1}{10}+\frac{a_2}{100}+\cdots$$

加起来[1]. 但是上述无尽符号 $a_0.a_1a_2a_3\cdots a_n\cdots$ 对于作任意准确程度的近似度量却是很方便的. 如果我们在度量到第 $n+1$ 步的时候停下来,因而中断了这个无尽符号,那么我们就得到有限位的小数,即

$$a_0.a_1a_2\cdots a_n$$

就是说得到长度

$$a_0+\frac{a_1}{10}+\frac{a_2}{10^2}+\cdots+\frac{a_n}{10^n}$$

它比我们要量的线段 OM 一定短些,因为数码 $a_1,a_2,\cdots,a_n$ 是我们在尺子上所能读到的、不超过点 M 的数. 又因为这些数码总是按最大的来读的,所以这些数码中,无论是哪一个,即使只增加了一个单位,就一定要使我们越过点 M 读到它的右边去了,也就是说,我们将量得比 OM 还要长一点的线段. 这样,对于每个 n,都有不等式

$$a_0+\frac{a_1}{10}+\frac{a_2}{100}+\cdots+\frac{a_{n-1}}{10^{n-1}}+\frac{a_n}{10^n}<OM<$$

$$a_0+\frac{a_1}{10}+\frac{a_2}{100}+\cdots+\frac{a_{n-1}}{10^{n-1}}+\frac{a_n+1}{10^n}$$

这些不等式告诉我们,有限位的小数

$$a_0.a_1a_2\cdots a_n$$

是不可通约长度 OM 的弱近似值,其准确程度是 $\frac{1}{10^n}$ 单位. 假设把最末一个数码 a_n 增加一个单位,也就是把数码 a_n 换成 a_n+1,我们就得到具有同一准确度 $\frac{1}{10^n}$ 的强近似值.

§11 无理数是非循环的不尽小数

直到现在我们都假定了,被度量的线段 OM 是与所取单位长不可通约的. 但是,在 OM 与单位长可通约时,也就是,在点 M 具有某个有理数 $\frac{p}{q}$ 的横坐标

---

[1] 没有人,无论过去、现在,还是将来,能够按加法一词的本义,把无穷多项加起来. 假若我们说到各项无限减小的几何级数 $\left(如\frac{1}{2}+\frac{1}{4}+\frac{1}{8}+\cdots+\frac{1}{2^n}+\cdots\right)$ 的"和"时,那么读者总应该注意到,这个和不是真正的和,而只是 S_n(由前 n 项相加而得到的和)的极限 —— 当所取项数 n 无限增加时,S_n 所趋近的极限.

时，我们讲的度量步骤显然也是适用的. 只有在这种情形下，像初等算术中所讲的，不尽小数 $a_0.a_1a_2\cdots a_n\cdots$ 才会是循环的(纯粹的或混合的). 一般算术中，在这种情形，写作下面的惯例等式①

$$\frac{p}{q}=a_0.a_1a_2a_3\cdots a_n\cdots \tag{1}$$

这个惯例等式只表达了一个意义，就是：有理数 $\frac{p}{q}$，总在两个有限位的小数之间，较小的一个是直接从不尽小数中取到小数点后第 n 位而得的，大的一个则是在较小一个的末位数码上加一而得的，且两数之差是 $\frac{1}{10^n}$.

数学分析也用算术上的这个惯例等式(1)，把每一个非循环的不尽小数 $a_0.a_1a_2a_3\cdots a_n\cdots$ 叫作无理数，同时认为这个无理数是大于每一个弱近似值，小于每一个强近似值的.

这样，例如我们写

$$\sqrt{2}=1.414\ 213\ 59\cdots$$
$$\pi=3.141\ 592\ 653\ 5\cdots$$
$$\mathrm{e}=2.718\ 281\ 828\ 459\ 045\cdots$$
$$\lg 5=0.698\ 970\ 0\cdots ②$$

读者也应当了解，在这些等式之中并没有神秘的意义，因为等式右边的不尽符号不过是一种工具，用了它，可以指出直线上的点，用了它，可以指出有理数列间的所谓数“$\sqrt{2}$”的这个空位；它位于相差为百万分之一的两个近似值 1.414 213 及 1.414 214 之间.

---

① 要是注意到这个等式的惯例性，读者就会明白，真正的“＝”只有当它的左右两边都是真正的数时，才是写得很合适的. 这里左边是个真正的数 $\frac{p}{q}$；而右边不是数，只是一个不尽符号，是用来给出左边那个真正数的十进位近似值. 只有当从某个号码 k 起数码 a_n 都等于零时，即

$$a_{k+1}=a_{k+2}=a_{k+3}=\cdots=0$$

这个惯例等式才变成真正等式.

在这种情形，我们有真正的等式

$$\frac{p}{q}=a_0+\frac{a_1}{10}+\frac{a_2}{100}+\cdots+\frac{a_k}{10^k}$$

其中右边的和是由有限项所组成的，它们全部可以实际加起来.

② 普通的十进制对数 lg 5 是个无理数. 事实上，若 $\lg 5=\frac{a}{b}$，其中 a 与 b 都是整数，则我们就会有 $10^{\frac{a}{b}}=5$ 或 $10^a=5^b$. 这是不可能的，因为等式的左边是个偶数，而右边是个奇数.

§12 实　　数

所有的有理数与无理数一起，叫作实数. 很明显，如果实数按其大小排列，也可以形成像有理数那样的数列. 两个不相等的实数a与b之中，总有一个是大于另一个的. 每个正数都大于0，负数都小于0. 零为中性，既非正数，又非负数，零是正数与负数的界，正因为如此，往后可以看到，它有一些它所特有的性质，是别的数所没有的.

符号“$>$”读为“大于”，符号“$<$”读为“小于”. 因此，为表示数a大于数b，方便起见，我们写$a>b$. 式子$a>0$表示a是正数. 同样$b<0$表示b是负数.

所有这些式子称为不等式. 不等式可以用正数来乘. 例如，若$a<b$，则$ac<bc$，只要c是正数. 反过来，若用负数乘某个不等式，则不等式的方向也就必须倒过来了. 例如，若$a<b$，且d为负数，则$ad>bd$.

符号“$\geqslant$”读为“大于或等于”，符号“$\leqslant$”读为“小于或等于”. 因此，若a不超过b，写为$a\leqslant b$.

在这本书中，若不特别声明，只讨论实数.

§13 绝　对　值

所谓实数的绝对值，就是它的大小，不管它的正负号. 因此，应当把实数的绝对值与它的代数值区别开来，后者在书写上或思考上总是带着正负号的. 实数a的绝对值记为$|a|$. 例如

$$|+5|=5,\ |-7|=7,\ |\pm 0|=0$$

由这个定义直接得到下面两个定理.

定理 Ⅰ　代数和的绝对值不大于各项绝对值的和，亦即

$$|a+b-c+\cdots|\leqslant|a|+|b|+|-c|+\cdots$$

例如，$|7-3+8-13|<7+3+8+13$.

定理 Ⅱ　两数之差的绝对值大于或等于其绝对值之差，亦即

$$|a-b|\geqslant|a|-|b|$$

证明　把定理Ⅰ用到恒等式$a=(a-b)+b$上来，得到

$$|a|=|(a-b)+b|\leqslant|a-b|+|b|$$

由此式立即得到

$$|a-b|\geqslant|a|-|b|$$

我们再讲一个定理，它也是直接从绝对值的定义得来的.

定理 Ⅲ 乘积或商的绝对值，正好等于各项绝对值的乘积或商，亦即

$$|a\cdot b\cdot c\cdot d|=|a|\cdot|b|\cdot|c|\cdot|d|,\left|\frac{a}{b}\right|=\frac{|a|}{|b|}$$

§14 不能用零去除别的数

在所有理论的或实际的数学计算里，读者应遵守数学分析中最重要的法则，即：

在任何情形下，绝对不能用零来除.

这是可以用极浅显的方式来说明的. 为此只要搞清楚：两数 a,b 的商$\frac{a}{b}$ 是什么. 算术里的基本原理是：a,b 两数的商$\frac{a}{b}$，就是第三个如下的数 c，以 c 乘分母 b，则得分子 a，亦即 c 使得 $cb=a$.

根据这个极清晰的定义，一下就看出用零除别的数是绝对不可以的. 事实上，我们只需分两种情形来讨论：第一种情形，分子 a 为零；第二种情形，分子 a 不为零.

在第一种情形下，$\frac{0}{0}$ 是完全不定的. 事实上，当分子 a，分母 b 全为零，亦即 $a=0$,$b=0$ 时，则每一个数 c 都满足 $cb=a$，因为每一个数乘以零总是得零. 故$\frac{0}{0}$ 表示了任何数 c，因此它是完全不定的.

在第二种情形下，若 a 不是零，则$\frac{a}{0}$ 毫无意义. 事实上，既然任何数乘以零都得零，所以绝没有一个数 c 乘上零后，居然会得到不等于零的数 a 的.

由此可知，下面两个形式

$$\frac{0}{0},\frac{a}{0}$$

仅仅在表面上是数学式子，第一个完全没有用处，第二个则根本没有意义.

所以，用零去除别的数是万万不可以的.

一个诡辩：为了让读者在处理零时要小心些，我们现在证明 $1=2$，并请读者找出论证中违背上述法则的地方.

我们取异于零的数 a，以及等于 a 的数 b. 显然我们有等式 $ab=a^2$. 由该等式两边各减去 b^2，得

$$ab-b^2=a^2-b^2$$

将两边各作因子分解,有

$$b(a-b)=(a+b)(a-b)$$

消去两边相同的因子,求得

$$b=a+b$$

但由所做的假定,b 等于 a,故由上面这个式子,得到

$$a=2a$$

以 a 除这个式子的两边(这是合法的,因为 a 不等于零),我们最后求得

$$1=2$$

第3章 量

§15 谈谈量

不要把数和量的概念混同起来.数总是抽象的,因为它是从一次次地度量中得出的结果;因此,数常是单一的,就是说,好像是结晶了的,本身不会有任何改变似的.相反,量总是具体的,因为它是对象物的一个属性;因此量总好像是无定形的,有极易改变的倾向.

量有许许多多不同的种类.每一门自然科学都要与其所独有的刻画这门科学的量打交道.例如,物理中的温度、热容量、比重、电流强度,力学中的速度、质量、重力,几何中的线段之长、角、面积、体积等都是量.

不管量是怎样各式各样,它们都有一个共同的性质,即:每一个量,都可以用跟它同类的单位量来度量.例如,长度用单位——m——来度量;温度用单位——℃——来度量;电流用单位——A——来度量,等等.正如前面说过,这种度量的结果总是抽象的数,这个数把这个量的大小,用所取的单位表达出来.

将一个已给的具体的量,以其同类量为单位来度量,所得到的抽象数,称为该量的数值.

这样,量的数值总是抽象的数.

在数学里量是用一个字母，如 x 或 a 来记的，这个字母可以变为这个或那个抽象的数. 这个抽象的数就叫作该数学量 x 或 a 的“数值”.

关于指定给字母 x 或 a 的这个抽象的数，我们常说，它是该数学量所“取得的”.

由于数学分析一般对量采取这种观点，又因为我们生活中所观察到的任何具体的量，总可用字母 x 或 a 来记，而关于这个具体量的数值(由其度量所得到的) 总可以说，“它是字母所取得的”，也就是说，总可以把这个抽象的数指定给我们的字母，作为它的“数值”，所以数学分析才在各种各样的科学与技术部门上，显出极大的效能并提供灵活的应用.

§16 变　　量

在日常生活中，所有观察到的具体的量差不多都是变的，就是说，都随着时间的推移而变化，即使只变了一点点. 如果我向上抛一块石头，它与地面的距离 x 当然是个变量，因为当石头向上飞去的时候，距离是逐渐增加的，当它到达最高点之后，开始下降，距离就缩减了，最后石头着地就静止了，距离变为零. 在这种情形下距离 x 是变量，就是说，它在各个瞬时有各个不同的数值.

我们说过，日常生活中，差不多所有的量都是变的. 甚至于有的量在相当仔细观测之下看起来似乎是常量，而用准确的灵敏仪器更精密地测量时，我们仍然会察觉到是变的，例如，一昼夜间青年学生的身高就是这样. 通常我们总认为这个身高在一天中是不变的. 可是用准确的仪器度量就可得出，早上要比傍晚高些，因为到了傍晚，白天累积着的疲劳(不论它是如何微不足道) 不可避免地使筋肉削弱，因而就使得人矮些.

通常，凡是现实中观察到的量都是变的. 只有科学思维才能看出日常生活中有不变的量，例如，我们讲到能量守恒和质量守恒定律的时候那样. 我们已经说过，数学分析用字母来记每一个具体的量. 由于每个具体的量都时时在改变着，那么数学分析也应当随之假定，这个字母也在时时改变着它的数值.

例如，在上述抛石头的例子中，如果用 x 表示石头到地面的距离，那么字母 x 的数值就随着时间连续地变化着，先增加，然后降至零，而后总保持零(假设我们不碰石头，同时不计较地面的轻微震动，虽然这总是有的). 这样：

在数学分析中，变量是用字母，例如用 x 来表示的，它随时间的推移而改变其数值.

因此，假如 x 是个变量，字母 x 在不同的瞬时就表示不同的数. 字母 x 在指定瞬时所表示的数，叫作变量 x 在所给瞬时的数值. 这个数值，一般来说，是随时间变化着的.这种情况常表述如下:"变量 x 依次通过一系列数值"或"字母 x 取得一系列数值".

变量常用末尾几个拉丁字母表示,如:x,y,z,t,u,v,w 等.

§17 常 量

凡完全不变的量叫作常量.例如,在几何中,三角形三个内角之和是常量;不论这个三角形怎样变动,它的边长怎样伸长或缩短,内角怎样变大或变小,三个内角之和总是不变的.几何中还有一个好例子,即圆周长与其直径的比,不管我们所取的圆是大是小,这个比总是一样的(等于 π,$\pi=3.141\,592\,653\cdots$).

常量通常用开头几个拉丁字母表示,如:a,b,c 等.

在常量之中,应把绝对常量与参量辨别清楚.第一种常量,在任何条件和任何问题中,总保持一个一定的数值,如 $2,5,\sqrt{7},\pi$ 等.参量则仅仅是条件常量,这就是说,在一个问题中我们把它们当作是不变的量,而在另一个问题中,它们又可以具有完全不同的一些数值 —— 虽然这些数值也同样是不变的.

例如,在解析几何中,考虑任意一条直线时,我们写出

$$\frac{x}{a}+\frac{y}{b}=1$$

其中 x,y 是动点的"流动坐标"(当动点移动时即得我们的直线),因此,x 及 y 是真正的变量;但系数 a,b 是参量,因为当我们取定一条直线后,它们是不变的;但是假若我们从一条直线换到另一条直线,它们就改变为其他数了.

又如,电工中说到无线电灯泡的"参量"时,也是在这个意义下来说的,这是刻画了灯泡特性的一些量,故对于一种灯泡是固定的,但是由这种灯泡换到另一种灯泡时,它们就改变了.

§18 量的几何表示法

量的几何表示法与抽象数的几何表示法相同.

要表示一个常量 a 时,可在直线上找出一点 A(图 4),使它的横坐标刚好等于该常量 a 的数值.因为 a 是一个常量,所以其数值恒不变,点 A 也就不动.这样,常量在几何上是用直线上的一个定点来表示的.

如果要用几何方法来表示一个变量 x,那么在一开始,就应想到,它是随时间的推移而变的,它通过各个数值.

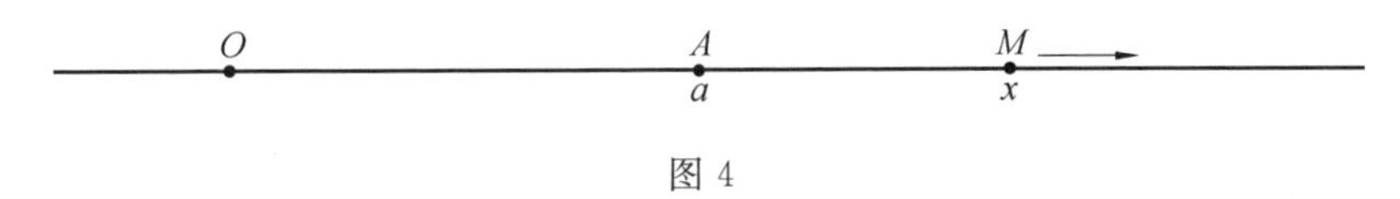

图 4

因此，一开始讨论这个变量 x，就要在某个一定的（虽然是任意的）瞬时，抓住它. 在这个瞬时，x 取得完全确定的一个数值，而在这一瞬时我们处理 x 的办法，就像上面所讲从几何上来表示常数 a 的办法一样，就是在直线 X 上找一点 M，使其横坐标刚好等于该瞬时变量 x 所取的数值. 这样的点 M 是很容易找出的，而且是唯一的（图 4）.

可是随着时间的推移，x 改变其数值. 因此在另一个瞬时，点 M 就应是直线上另一个点了，就是说它是移动着的. 这样，在几何上变量是用直线上的动点表示的.

§ 19　变量的数值区域

我们知道，每个变量 x 都随时间的推移通过一系列不同的数值，一个接着一个之后取到这些数值. 考查变量 d 所取的数值并把这一批数值与其他的数分开，常常是极有用处的. 变量 x 所取的这一批数值，称为该变量的数值区域.

不要以为，一旦 x 是一个变量，它就因此可取到所有的数值. 例如，设 x 是一位熟练棋手从其出生日算起，下棋所赢得的盘数，则 x 是随时间推移而增加的，所以是一个变量. 但是，x 只能取到正整数，因为像$\sqrt{2}$ 盘的棋他是无法赢得的. 在这种情形下，变量 x 的数值区域只是整数的一小部分而已.

在我们讲过了变量的几何表示法之后，显然可知，变量 x 的数值区域，在几何上表示起来，就是直线 X 上的一批点，这是动点 M 所到过的那批点，因为其中每一点的横坐标都是 x 在某个相应的瞬时所取的数值.

在上述下棋的例子中，变量 x 的数值区域就是用横坐标为整数的一批点来表示的.

§ 20　线段及区间

在研究自然界的时候最常遇到下面这种变量，其数值区域或为“线段”，或为“区间”.

20.1 线段

所谓线段乃直线上两个定点 a,b 之间的部分,且一定包含端点 a 与 b(图 5).

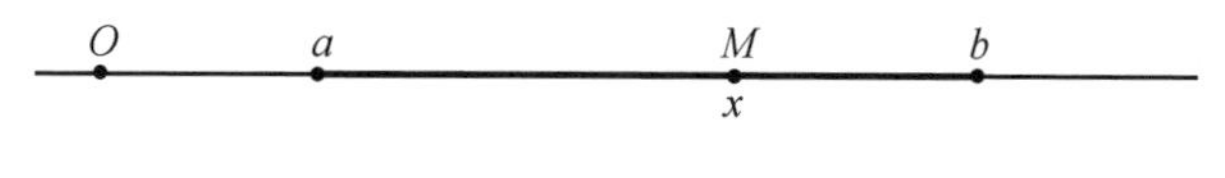

图 5

因此,线段就是直线上包含在点 a 与 b 之间的全部点. 这里所谓"之间" 是按广义来理解的,应包括两个界点 a 与 b(图 6).

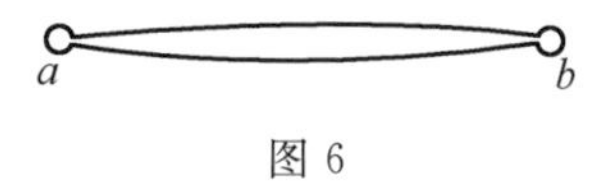

图 6

上述刻画所论变量 x 数值区域的这种重要情况,我们写成双重"等与不等式",即

$$a \leqslant x \leqslant b$$

数值区域本身可用$[a \leqslant x \leqslant b]$来简记,或者只记作$[a,b]$. 以后总用方括号[ ]表示区域中包括界点的情形.

这样,界点 a 与 b 都包括在区域内,都叫作线段的端点. 显然,点 a 是线段最左边的点,b 则是最右边的点. 这样每个线段$[a,b]$总是以其端点 a 与 b 封闭起来的. 线段可以如图 6 那样来表示.

例:设 x 为变量,定为时间 t 的正弦:$x=\sin t$. 很明显,当 t 增加时,变量 x 总在 -1 及 $+1$ 之间摆动,不仅取到 -1 及 $+1$ 之间的所有值,还取到界值 -1 及 $+1$,因为对于任何整数 k,有

$$\sin\left(2k+\frac{1}{2}\right)\pi=+1,\sin\left(2k-\frac{1}{2}\right)\pi=-1$$

故变量 x 的数值区域是线段$[-1,+1]$.

20.2 区间

所谓区间乃直线上两个定点 a 与 b 之间的部分,但一定不包括其界点 a 与 b(图 7).

图 7

因此,区间就是直线上包含在点 a 及 b 之间的全部点,这里所谓"之间" 是按狭义来理解的,应不包括两个界点 a 与 b(图 8).

上述刻画所论变量 x 的数值区域的这种重要情况，我们写成双重严格的不等式，即

a b

图 8

$$a < x < b$$

数值区域本身可以用$(a < x < b)$ 来简记，或者只记作(a,b). 以后总用圆括号(　)表示区域中不包括界点的情形.

这样，界点 a 与 b 不包括在数值区域内了，它们叫作区间的界点(而不称为端点，因为端点恰好不包含在这个区间里). 因此，很明显，凡区间(a,b) 内的定点 M 总与界点 a 与 b 有区别，因此它与这两点总有一段有限(总是正的而不会是零) 的距离. 故区间内每一点 M 的两边都被该区间的点所包围(图 7). 这里，我们要说到一切区间的一个很重要的性质，通常表述为：

区间的每一点都是内点.

由此可知：无论我们抓住区间的哪一点，在它两边，仍有该区间的点. 因此，区间与线段不同，它不可能有最左边与最右边的点. 就因为如此，区间与线段不同，是没有端点的，a 与 b 只是其界点，它们不在区间之内.

这样，区间的两边是开放的，因为没有端点，这可以用图 8 的方法来表示.

不要把线段与区间混为一谈①，虽然线段比区间只多两个点，但是在数学分析中它们之间的差别是极其重要的.

注　读者阅读了上面的内容，无疑会感到非常费解，很不习惯把区间想象成是没有端点的；因而也许会自己去想出某种方法来解释这像是“荒谬”的事情. 可是，读者需知道这里并没有什么“荒谬”的事情，要知道一切都是因为对这类事实没有习惯. 为了使得确实不容易接受的事容易接受起见，我们建议读者做下面的“理想实验”. 读者试想：在某点 Π 把直线 X 折断，然后把所得的两部分分开. 很显然，折断点 Π 只能属于一部分(图 9)，作为其所属部分的真正端点，而另一部分就是开放的了，因为折断点 Π 不能同时属于这两部分.

若试想把直线上横坐标为正数的点染了某种颜色，读者也会得到相同的结论，这时，你不会有最左边的一个染色点，因为每一个正的横坐标都可以用 2 来除，得到更小的横坐标，故每一个染色点 M 的左边总还有染色点(图 10).

Π X

图 9

O M x

图 10

例：设 t 是时间，x 是由式子 $x = \dfrac{1}{1 + 2^{-t}}$ 所确定的变量. 显然，当 t 增加时，变

① 线段一般也叫作闭区间，或译作间节，区间也叫作开区间. —— 译者注

量x也逐渐增大，且总适合双重严格不等式$0<x<1$. 此外变量x的数值，显然也可以任意趋近0，为此，只要取t是负的，且把绝对值$|t|$无限增加就行了；同样，x也具有任意趋近于1的数值，为此，只要取t是正的，且把它无限增加就行了. 又因为不论t值是多少，变量x既不能等于0也不能等于1，因此，变量x的数值区域为区间$(0,1)$.

§21 变量的分类

前言：凡变量x都随时间变化它的数值，但变化的性质则各有不同. 在把变量进行分类时，自然要根据它们变化的性质进行分类.

21.1 单调变量

变量x所取的数值中，那些比别的数值取得较早的，称为"前值"；那些取得较晚的，称为"后值".

定义 Ⅰ　变量x变化时，如果它的任何值都大于它的前值，那么变量x叫作常增变量. 相仿，如果后值都比前值小，那么变量x称为常减变量. 常增变量与常减变量合称单调变量.

很明显，常增变量x是用一直向右方移动的点M来表示的(图 11)，而常减变量则是用一直向左方移动的点来表示的(图 12).

反之，凡不是单调变化的变量，叫作摆动变量.

图 11　　图 12

例 1：从一定的日期算起的时间，就是常增变量的现实例子. 时间一般用字母t来记(t是拉丁文"tempus"的第一个字母，该字的意义是时间). 按其本性来说，时间是常增变量.

分式$\frac{1}{t}$(t为时间)是常减变量的一个例子.

时间t的正弦$\sin t$是摆动变量的例子.

为了证明它，取半径为1的圆，圆心为点O，其上有一固定的直径AB(图 13). 令点M沿着圆周移动，使圆心角AOM(固定半径OA与动径OM所交之角)恰等于时间t. 在这些条件下，我们的圆周变成某种只有一根指针的准确数学钟，因为它的唯一指针OM的端点M永远沿着圆周均匀移动，它的$\angle AOM$告诉我们准确的时间t. 很明显，垂线PM等于时间的正弦$PM=\sin t$，它总在

+1与-1之间摆动，而且它无穷次地(每当指针在垂直方向时)取得+1及-1的数值. 这样$\sin t$是一个摆动变量，一直在+1与-1之间摇摆.

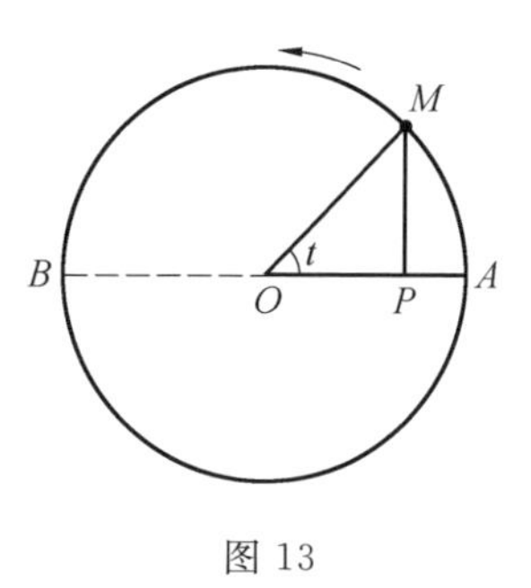

图 13

21.2 有界变量

定义 Ⅱ　变量x，如果从某瞬时起而且往后一直下去，它的绝对值$|x|$总小于一个固定的正数A，那么就叫作有界变量.

用数学分析即代数式可表述为：变量x，如果从某瞬时起且往后一直都适合不等式

$$|x|<A \tag{1}$$

(此处A为一不变的正数)，那么称为有界变量.

从几何上来说，这表示，在直线上找得到一个不移动的区间BC，使横坐标为x的动点M，自某瞬时起，总留在该区间内(图 14).

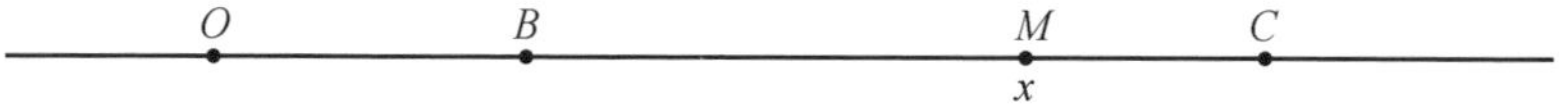

图 14

为了证实它是这样的，只需指出：第一，满足代数不等式(1)这件事，就表示动点$M(x)$的几何位置应在固定区间$(-A,A)$内；第二，若点$M(x)$逗留在某固定区间BC内，则不等式(1)一定成立，因为正数A可以取得大些，使区间BC包含在区间$(-A,A)$之内.

变量x，如果无法找到正数A，使不等式(1)从某个瞬时起常成立，那么称为无界变量(或非有界变量——译者注).

由上面所讲，显然可知，点$M(x)$若表示无界变量，x就会(哪怕是偶然一次)不属于每一个所画的区间BC，不论它是多么大，而这个点跑出去的那一瞬时总归是有的，不管它离我们现在远不远.

例 2：假设t为时间，由式子

$$x=\sin t$$

来确定的变量x，是一个有界变量，因为正弦的绝对值无论如何都不会超过1.

我们顺便注意这个有界变量的一个特点，任何时候它的绝对值总是小于或等于1的.

可是，要使x为有界变量，并不需要任何时候都适合不等式$|x|<A$，而只要从某个瞬时起，这个不等式一直成立就行了.

这种情况在下面的例子中可以看到.

例 3：如果t为时间，由式子

$$x=\frac{1}{t}$$

来确定的变量 x，是一个有界变量，因为只要从时间 $t>2$ 起，我们就总有不等式 $|x|<\frac{1}{2}$. 至于当正的 t 很小时，x 非常大，这完全是无关重要的事，因为决定一个变量是否有界的关键，只要看 $|x|$ 是否从某瞬时起一直都变得小于正的常数 A，即 $|x|<A$.

例 4：时间 t 本身，以及 t^2，t^3 等，显然都是无界变量，因为随着时间的推移，它们可超过任意的常数 A.

例 5：一个有趣味的变量是 $x=t\sin t$，其中 t 为时间. 当时间为 $2\pi, 4\pi, 6\pi, \cdots$ 时，它等于 0(因为 $\sin t$ 在这些角度处等于 0). 这样看来，x 好像是个有界变量了. 可是，我们知道，对于下面的一些角度

$$2\pi+\frac{\pi}{2}, 4\pi+\frac{\pi}{2}, 6\pi+\frac{\pi}{2}, 8\pi+\frac{\pi}{2}, \cdots$$

$\sin t$ 等于 1，因此对于这些瞬时，乘积 $t\sin t$ 就等于时间本身了.

由此我们立即得出结论：x 是无界变量.

21.3 连续变量

定义 Ⅲ 单调变量 x，如果它从线段 $[a, b]$ 的一个端点出发到另一个端点，且依次通过两端点间的一切数值，一个都不漏过，那么称为该线段 $[a, b]$ 上的连续变量.

单调变量 x 的连续变化情形，在几何上表示起来是非常简单的：横坐标为 x 的点 M，沿着线段 $[a, b]$ 移动，当数值 x 连续变化时，应以其全部的点形成了整个线段，因此应当认为线段是该动点 M 的轨迹(图 15).

图 15

这样，沿着直线只朝一个方向移动的点 M，若画出了某整个固定的线段 $[a, b]$(包括端点在内)，则其横坐标 x 为单调连续变量. 反之，每一个连续变化的单调变量 x，都是上述这种动点的横坐标.

注 1 值得指出来：不连续变化的单调变量，总是跳着变化的，因而在线段 $[a, b]$ 上总有空的区间，是该单调变量的任何数值所填不到的.

为了证明它是这样的，今假定变量 x，由 a 增到 b 时，取不到一个特定的数值 x_0(图 16).

我们首先来看其中一个瞬时：在这时，横坐标为 x 的动点距 M 在它所取不

图 16

到的点 x_0 的左边;然后再看另一个瞬时,这时 M 出现在 x_0 的右边. 因此,表示时间的整个直线(图 17)就分为两部分(参看 §20注),左边部分——这时点 M 还没有跳过 x_0;右边部分——这时点 M 已经跳过 x_0. 但是折断点 t_1,只能是一部分上的端点,比如说是右边部分的端点. 在瞬时 t_1,变量 x 取到一个不等于 x_0 的数值 x_1,$x_1>x_0$(注意 x_0 是变量所取不到的). 显然,x_0 与 x_1 之间的数值没有一个是会被 x 取到的,因为在 t_1 之前点 M 在 x_0 的左边,而在 t_1 之后点 M 就出现在 x_1 的右边了. 因此变量 x 不属于整个区间(x_0,x_1).

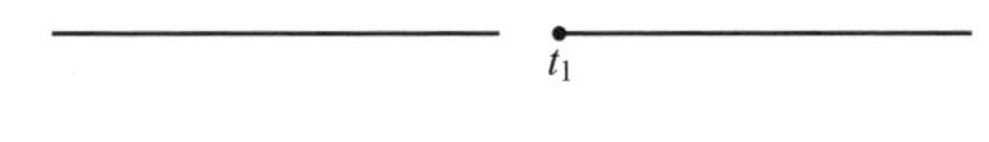

图 17

这样,变量 x 由 a 增到 b 时若取不到数值 x_0,则不仅跳过孤立的点 x_0,而且还要跳过紧靠点 x_0 的整个非空的区间(x_0,x_1).

注 2 我们在文中已经定义了单调变量 x_0 的连续性,定义非单调变量的连续性要难得多. 我们用下面的方式来定义它.

定义 Ⅳ 在一段时间(T_1,T_2)内变化的非单调变量 x,如果对于每一个包含 x_0(x 在某个瞬时 t_0 所取得的数值)的区间(a,b),恒存在一段包含 t_0 的时间,使得在这段时间内,该变量不跳出(a,b),那么为在(T_1,T_2)内连续变化的变量(图 18).

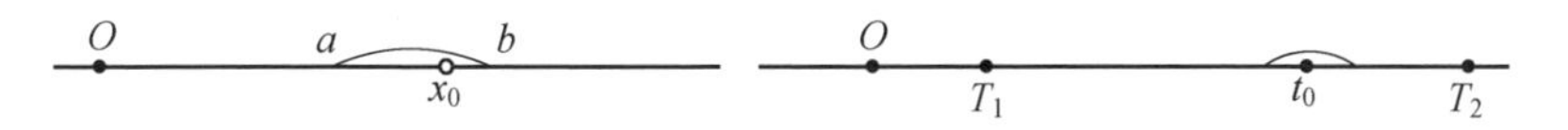

图 18

这个完全准确的,但对于初学者会感到难以消化的定义告诉我们:那个包含点 x_0 的区间(a,b)可以取得任意小. 于是就可以知道这个定义完全符合我们日常关于连续变化的观念,即只要所取的一段时间"足够小",那么变量 x 的数值也变化得"非常微小""察觉不到的小",等等. 上述定义,只不过把生活中得来的观念用数学公式来陈述罢了,因为它指出,在足够小的一段时间内,点 x 绝对跳不出任意小的、固定了的区间(a,b).

读者看到:这个定义与有界变量的概念有许多相同处,在那个定义里,代表变量 x 的点 M,也不能超出一个固定的区间 BC(图 14),只不过那要在无限大的一段时间里才是这样的(因为文中讲的是:从某瞬时起),而在这个定义里,只是在足够小的一段时间里,才使点 x 不跳出任意小的固定区间(a,b).

§ 22　变量的增量

研究任何变量时，常常先着手观察它由前值（先取到的数值）变到新值（后取到的数值）时所得的增量.

如果变量 x 先取到某数值 x'，而后又取到另一数值 x''，那么新值与前值的差 $x''-x'$ 称为该变量的增量，因为若要得到新值 x''，正好需将这个差加到前值 x' 上去.

事实上，若用 h 记这个差，即

$$x''-x'=h$$

则由此得到

$$x''=x'+h$$

即新值等于前值加增量.

增量 h 也用别的符号来记，而且应当说，这个符号比第一个符号更为可取. 在拉丁文中差叫作 differentia；但因其第一个字母 d 在微分学中常用来代表一个专门的概念“微分”（以后会讲到的），所以表示变量的增量时，我们用字母 Δ 表示，它是希腊字母中与拉丁字母 d 相当的字母. 因此，把增量 $x''-x'$ 记作 $\Delta x'$. 这个符号是一个整体，不能把 Δ 析出来，也不能把 Δ 当作 x' 的因子. 现在，新值 x'' 可以写为 $x'+\Delta x'$.

同样，若变量 y 从 y' 得到增量 $\Delta y'$ 而变到新值，则新值可写为 $y'+\Delta y'$，类似地，变量 z 的新值写为 $z'+\Delta z'$，等等. 符号 $\Delta x'$，$\Delta y'$，$\Delta z'$，等等，是方便的，因为显然知道，它是哪一个变量所取得的增量.

要注意：我们称作“老值”或“前值”的那个数 x'，通常也称为“原值”，它常直接用表示变量本身的那个字母 x 来记，就是说 x 上不必打一撇.

因此，变量 x 的原值是 x，其新值是 $x+\Delta x$.

要在几何上表示变量 x 的增量 Δx，我们用点 M 表示原值 x，用点 N 表示它的新值 $x+\Delta x$（图 19）.

图 19

故线段 OM 等于 x，ON 等于 $x+\Delta x$. 由此可知，自“老点”M 到“新点”N 的线段 MN，就是增量 Δx 的几何形象.

若新的位置点 N 在老的位置点 M 的左方，则线段 MN 的方向是向左的，增量 Δx 是负值，因为新值 $x+\Delta x$ 小于老值 x.

§ 23　常量可当作变量

乍看起来,变量和常量是两个相反的概念,决不能看作是同类的.然而把常量当作变量的特殊情形,常是极有用处的.

这样做为的是:在研究某个公式时,常常以为是在研究真正的变量,而只有在仔细研究之后才会发觉到,它不是变量而是常量.

例如,不熟悉三角函数或忘记三角函数的人会把和式

$$\sin^2 t + \cos^2 t$$

当作一个变量,因为这个和的两项都随着时间变化.但是,大家都知道,这个和恒等于1.

相仿,可能把分数

$$\frac{1-t^3}{(1-t)(1+t+t^2)}$$

当作变量,因为分子与分母是两种形式.但事实上分子是等于分母的,因此该分数恒等于1.

几何中也有这种常量是变量的特殊情形.例如,一点 M 在平面上做某种移动,它到观察者的距离 x 一般总是变的,就是说,它是个变量.但是如果该点沿着以观察者立足之地为中心的圆周移动,那么 x 就是一个常量了,它等于这个圆的半径.

把常量包括在变量这类里,也可以根据这样的理由:前面我们曾把变量 x 看作依次通过一系列数值的.但在特殊情形下,这些数值可能都彼此相等.在这种情形下,变量 x 事实上就是常量 C 了.

常量 C 的增量 ΔC 等于0,因为任何新值都恒等于"老值"(即所有的数值都相等),所以其差为零,有

$$\Delta C = 0$$

逆定理显然也成立,凡增量恒等于零的量是常量.

同样,很明显,常量都是有界量,因为其绝对值不变,从而常小于某个不变数的数.

函　　数

第4章

§24　函　　数

日常生活中的观察使我们确信，有一些变量是依赖于另一些变量的. 用最一般的方式说：如果一个变量依赖于另一个变量，那么它就称为另一个变量的函数.

现实中所观察到的量，差不多都是互相关联，一个依赖于一个的. 差不多所有的科学问题都讨论量之间的关系，也就是讨论它们中间的依赖关系. 在日常生活的经验中，我们经常遇到一些事物，证实着一个量对另一个量的这种依赖关系. 例如，人能举的重量 —— 假若别的情形完全相同 —— 依赖于他的体力，一个小孩所跑的路程依赖于时间，就是说它是时间的函数. 正方形的面积是边长的函数，球的体积是其半径的函数，等等.

数学分析提出函数概念，研究它们的性质，而不管它们表示的是具体量之间的什么关系.

§25　自变量与因变量

凡变量，其数值完全随我们支配，就是说，对于这个变量我们可以给它在某种限制下（依问题而定）的任意数值，那么这种变量就称为自变量或宗量.凡变量,每当自变量的数值确定了的时候,它的数值也就完全确定了,则称为因变量或函数.

当我们讨论这样两个互相关联的变量时,常常是由我们自己决定取哪一个为自变量.但是每当我们选择定了自变量,又写好了一些公式之后,自变量与因变量就不能再对调,至少在没有做好准备和没有引入适当的补充公式以前,它们是不能对调的.

一个变量可能在实际上同时是两个或甚至很多个其他变量的函数.例如,出售的布的价钱是它的数量与质量的函数,三角形的面积是底边与高的函数,正平行六面体的体积是其棱边的函数,等等.

§26　函数的符号

我们已指出:现代自然科学研究变量之间的依赖关系,亦即从事于函数的研究.

每门自然科学的目的,都是要寻找一个变量依赖于另一个变量的规律.如果,用数学符号,即用公式,把一个所观察的变量 y 对于另一个所观察的变量 x 的依赖关系表达出来,那么上述目的就算达到了.

例如,力学中要寻求真空中落体所落下的距离 s 对于下落的时间 t 的依赖关系.当把这个依赖关系写为公式

$$s=\frac{1}{2}gt^2$$

(其中 $g=9.81\cdots \mathrm{m/s^2}$)的时候,问题就彻底解决了,因为规律已找到了.

每一个公式只不过是指出:对于公式中的各个数量,应做哪些数学运算.

这样,每一个用 x 来表达因变量 y 的式子,无非是应施于自变量 x 及一些系数以求 y 的完整数学运算.

例如,方程

$$y=\frac{3x^2+\lg x-\sin x}{2^x+\sqrt{x-6}}$$

明显地告诉我们,为了求得 y,应当对 x 及一些常数做些什么.

常常发生这种情形,依赖于自变量 x 的同一个函数 y,在一个研究中要出现好多次.为了避免把 y 依赖于 x 的关系式整个重复写出来(当 y 的 x 表达式很复杂的时候,这样做是极麻烦的)①,我们只用一个字母缩写它,如

① 例如,月亮运动的公式约有 80 页之长.

$$y=f(x)$$

我们以记号 $f(x)$ 表示包含自变量 x 的式子.

在这个表示法里,字母 f 称为函数符号,它不过是表示求 y 时应施于 x 的完整运算罢了.

假若同一研究里,遇到了同一变量 x 的一些不同的函数,要是用一个字母表示这些不同的函数,那就很不方便,还会引起混乱. 如遇到下列函数

$$y=3x^2+1, z=\lg x, t=\sqrt{x}, u=\sin\frac{1}{x^2+8}$$

等,最好缩写为

$$y=f(x), z=F(x), t=\Phi(x), u=\varphi(x)$$

等. 假若同一依赖关系关联着不同的几对字母,那么可以而且应当沿用同一函数符号,因为依赖关系的形式是一样的. 例如,若

$$y=\frac{3x^2+1}{\lg x+8}, v=\frac{3u^2+1}{\lg u+8}$$

则应当缩写为

$$y=f(x), v=f(u)$$

因为,在上面两种情形中,f 所代表的完整运算是一样的. 这样,在研究一个问题时,每一个函数符号恒应表示同一种运算,对于各种不同的运算,应当用不同的函数符号来表示.

关于缩写法

$$y=f(x)$$

应注意,它之所以方便,不仅仅是因为省写了一大堆东西,而且还因为常常在观察自然界中依赖于 x 的变量 y 的变化时,我们还不会找到这个依赖关系的数学结构,就是说还不会把 y 表示为包含 x 的数学式子,因为我们还不知道算出 y 的数学运算. 在这种情形下,变量 y 对 x 的依赖关系,实际上只表现在:x 的变化引起 y 的变化;x 不变时,y 也不变.

正因为如此,用缩写法

$$y=f(x)$$

更是特别便利,因为函数符号 f 正好表达我们还不知道的数学运算. 在这种情形,变量 y 对于 x 的依赖关系,具有对应的形式,即如果对于 x 的每一个所讨论的数值都对应了 y 的确定的数值,我们就说 y 是 x 的函数.

应当说,读者其实早已熟悉了这一类的符号表示法. 例如,当读者在三角学中遇到

$$y=\sin x, y=\cos x, y=\tan x, y=\cot x, y=\arcsin x$$

等,和在代数中遇到

$$y=\lg x$$

的时候,所有这些字母 sin,cos,tan,cot,arcsin,lg,都正好是函数结构的符号,在初等数学中用 x 直接表示出来的这些函数的式子,还不会讲到.

最后,若变量 z 是许多自变量的函数,例如,是 x 与 y 二者的函数,则写为 $z=f(x,y)$,此处 $f(x,y)$ 表示一个包含变量 x 及 y 的、已知或未知的式子.

§27 函数数值的计算

当 y 为自变量 x 的函数 $y=f(x)$ 时,我们很自然地用 $f(a)$ 表示当自变量 x 取得数值 a(亦即 $x=a$ 时)时,函数 y 所取得的数值.

例如,若 $f(x)=x^2-9x+14$,则

$$f(0)=0^2-9\times 0+14=14$$

$$f(-1)=(-1)^2-9\times(-1)+14=24$$

$$f(3)=3^2-9\times 3+14=-4$$

一般地,若 a 为自变量 x 的某个数值,则我们有

$$f(a)=a^2-9a+14$$

两个或多个自变量函数的数值,也是照着这样来计算的.若 z 为两个自变量 x 与 y 的函数,即 $z=f(x,y)$,则以 $f(a,b)$ 表示当自变量 x 与 y 分别取得数值 a 与 b 时,函数 z 所取得的数值(即当 $x=a,y=b$ 时,z 的数值).

例如,若

$$f(x,y)=\frac{x-y}{x^2+y^2}$$

则

$$f(2,1)=\frac{2-1}{2^2+1^2}=\frac{1}{5}$$

$$f(3,0)=\frac{3-0}{3^2+0^2}=\frac{1}{3}$$

一般地

$$f(a,b)=\frac{a-b}{a^2+b^2}$$

§28 自变量变化的区域

按函数 $y=f(x)$ 的定义,每当我们给了自变量 x 一定的数值时,因变量 y 就得到完全确定的数值.但是由这点,我们还并不能肯定地说:可以给自变量 x

一切数值.可能有自变量 x 的一些例外数值使算式失效,使算式失去任何数学意义.x 的这些例外数值,称为该算式的奇异值.

例如,就函数

$$y=\frac{7}{x-5}$$

来说,自变量有一个奇异值,即 $x=5$,因为当 $x=5$ 时,分母为零,y 值不能算出来,因为不能用零除一个数.

在自变量为奇异值时,直接按算式不能算出函数的数值,因为在这些奇异值处,算式失去了任何数的意义.除掉自变量 x 的奇异值外,凡使算式给出的 y 为虚数的那些数值,即令这些虚数是完全确定的,也常常要避免赋值给 x.在实际问题中常需避免赋值给 x 这种使 y 为虚数的数值,因为实用上常常不用虚数.

例如,函数

$$y=\sqrt{x}$$

当 x 为负数时,y 为虚数.因此需限制 x 为正数.

函数

$$y=\log_a x$$

当底 a 为正数时,若 x 为负值,则 y 为虚数.要知道,负数不具有实的对数.

同样,函数

$$y=\arcsin x, y=\arccos x$$

当 x 在线段$[-1, +1]$之外时,没有意义,因为正弦与余弦不能大于 1 及小于 -1.

正相反,函数

$$x^2-2x+5, \sin x, \arctan x$$

对于 x 的一切有限的实数值,都可以算出数值来.

每一个函数 $y=f(x)$,都有其自变量 x 所能取到的一批数值.自变量的这批可取到的数值,称为函数的存在区域.

例:试求函数$\sqrt{4+x}+\sqrt{3-x}$ 的自变量的全部可容许的数值,注意:该函数只许取实数值.

解:一方面,欲使第一项$\sqrt{4+x}$ 为实数,则根号内 $4+x$ 必须为正值,即 $x\geqslant-4$.另一方面,欲使第二项不为虚数,则应取 $x\leqslant 3$.故存在区域为线段$[-4, +3]$.

§ 29　函数的增量

对于微分学，会求函数的增量这件事是极其重要的，因为只有当我们知道了函数在其自变量变化时的变化，才能说完全认识了这个函数. 为此目的，当给自变量 x 一个增量 Δx 时，我们应当会求函数 y 的增量 Δy.

设 $y=f(x)$ 为我们所研究的函数.

我们设自变量先有某个数值 x，而后得到一个增量 Δx. 于是自变量的新值为 $x+\Delta x$[①].

一旦自变量变化，由其老值 x 变到新值 $x+\Delta x$，则因变量也由其老值 y 变到某个新值 $y+\Delta y$；此处 Δy 为函数的增量，是由自变量的增量 Δx 引起的.

若自变量是老值时，则函数的数值也是老值. 故

$$y=f(x)$$

但若自变量取得新值，则函数的数值也变成新值. 故

$$y+\Delta y=f(x+\Delta x)$$

由这个等式减去前面一个等式，我们求得一个基本的、对于推理与应用都极其重要的等式，即

$$\Delta y=f(x+\Delta x)-f(x)$$

因此，欲计算函数 $y=f(x)$ 的增量 Δy，应按下列三个步骤来做.

第一步：在给出的函数式子 $f(x)$ 中，用新的增大了的自变量 $x+\Delta x$ 来代替老的自变量 x. 我们得到函数的新值 $f(x+\Delta x)$.

第二步：取函数的老值 $f(x)$.

第三步：由函数的新值 $f(x+\Delta x)$ 减去其老值 $f(x)$. 差 $f(x+\Delta x)-f(x)$ 即为函数所求的增量 Δy.

例 1：求函数 $y=x^2$ 的增量.

解：第一步，以自变量增大的数值 $x+\Delta x$ 来代替原来的数值 x，得

$$(x+\Delta x)^2$$

第二步，取自变量为老值 x 时的函数得 x^2.

第三步，从函数的新值减去老值得增量的式子为

$$\Delta y=(x+\Delta x)^2-x^2$$

该式经过计算及简化后变为

$$\Delta y=2x\Delta x+(\Delta x)^2$$

---

① 关于变量的增量的一般讨论，请参看 § 22.

例 2：试求函数 $y=\sqrt{x}$ 的增量.

解：按一般法则，我们有

$$\Delta y=\sqrt{x+\Delta x}-\sqrt{x}$$

经过变换后，该增量可写为

$$\Delta y=\frac{(\sqrt{x+\Delta x}-\sqrt{x})(\sqrt{x+\Delta x}+\sqrt{x})}{\sqrt{x+\Delta x}+\sqrt{x}}=\frac{\Delta x}{\sqrt{x+\Delta x}+\sqrt{x}}$$

例 3：试求函数 $y=5-3x+4x^3$ 的增量.

解：$\Delta y=(-3+12x^2)\Delta x+12x(\Delta x)^2+4(\Delta x)^3$.

§ 30　函数的几何表示法

我们已经看到，凡量都可用点表示. 我们也很容易从几何上来表示每个函数.

设已给自变量 x 的某个函数 y，即 $y=f(x)$ 确定在某个区间上.

这就是说：该区间的自变量 x 的每一个数值，都对应了变量 y 的一个完全确定了的数值.

注意到这点之后，我们在平面上取一组直角坐标系 XOY. 设 P 为所论区间的一点，其横坐标等于 x. 假若我们在 P 这点作横轴的垂线，那么在该垂线上恒可以找到唯一的一点 M，其纵坐标 PM 正好等于函数的数值 $f(x)$（图 20）. 故我们有

$$OP=x, PM=y=f(x)$$

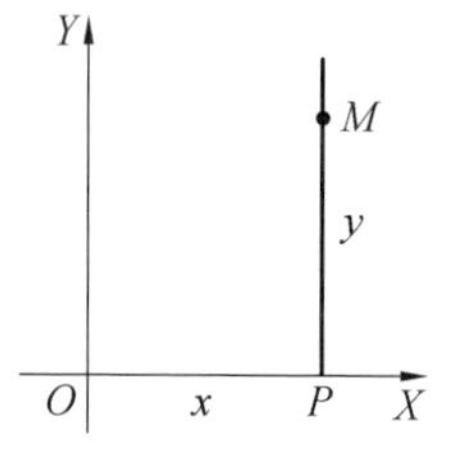

图 20

我们设想，对于 x 可能有的一切数值，我们在区间的所有点 P 处都各竖起一条垂线；在每条垂线上都各取了一线段 PM，等于当自变量具有点 P 的横坐标数值时所给函数的数值.

结果，点 M 的几何轨迹，就形成了某条曲线（图 21）.

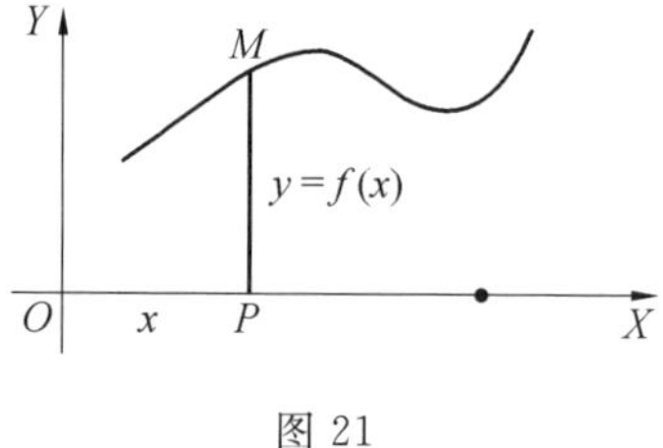

图 21

因此，每一个函数 $f(x)$ 都可以在几何上表示为这样的一条曲线：在横轴的任意一点 x 处，该曲线的纵坐标 y，正好等于当自变量为横坐标 x 时函数 $f(x)$ 的数值.

反之，如果我们已经有了一条与每条垂直于横轴的直线只交于一点的曲线，那么这种曲线表示了一个完全确定了的函数，亦即这样的一个函数：当自变量数值为曲线上点之横坐标时，该函数之数值即等于曲线的纵坐标.

这个情况可以简述为:每条曲线的纵坐标都是其横坐标的函数.

函数与曲线相互间的关系是如此密切,但是我们不必奇怪,数学家、自然科学家与统计学家在思想里把这两个概念认为是一样的,而当他们说到函数的依赖关系时,就凭他们自己的想象看出了对应的曲线.

§ 31　函数增量的几何表示法

既然每个函数 $f(x)$ 可以在几何上表示为一条曲线,那么它的增量 Δy 的几何表示法自然是极其重要的.

设所给的函数 $y=f(x)$ 已经用一条曲线表示出来了(图 22).

设 OX 轴上一点 P 表示自变量的初值,即设线段 OP 等于 x. 这时,纵坐标 PM 等于在自变量的这个数值时所论函数的数值,亦即我们有 $PM=f(x)=y$. 给 x 一个增量 Δx,则自变量的新值为 $x+\Delta x$. 若点 P 表示自变量的这个新值,则有向线段 PP'(由点 P 至点 P')表示了增量 Δx,亦即 $PP'=\Delta x$. 因此纵坐标 $P'M'$ 等于函数在自变量新值时的数值,亦即我们有

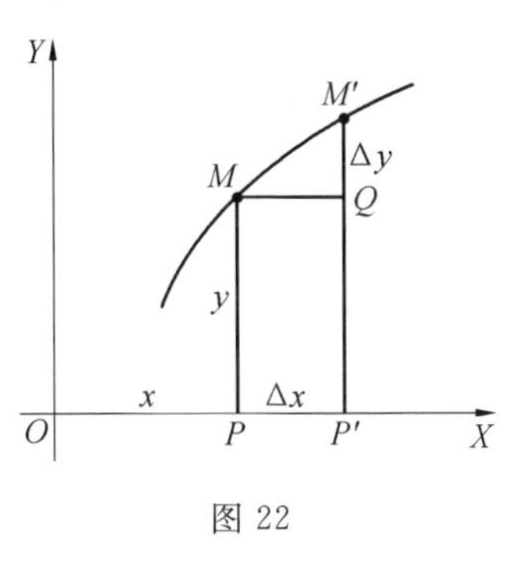

图 22

$$P'M'=f(x+\Delta x)$$

但是,函数在自变量新值时的数值,显然为其新值,即等于其老值 y 加增量 Δy. 故

$$P'M'=y+\Delta y$$

现在只需过点 M 引平行于 OX 轴的直线,就得到长方形 $PP'QM$,其边长 $P'Q$ 等于 y.

因此,在几何上函数的增量 Δy 是用曲边直角三角形 MQM' 的垂边 QM' 来表示的.

我们注意:该三角形的底边 MQ 是由自变量的增量 Δx 来充任的,所给函数 $y=f(x)$ 的曲线弧 MM' 构成了斜边.

§ 32　函数的各种来源

从形式的观点来看,假若对于变量 x 的每一数值,都对应了变量 y 的一个完全确定的数值,则变量 y 就是变量 x 的函数,即 $y=f(x)$.

可是读者不应过分高估这个函数定义的力量，因为定义中只不过表达了一种意思：若 x 的数值已知，则我们会算出或更一般地说会确定 y 的一个对应的数值. 在上述函数概念中，并不包含更多的东西.

因此，这个形式的观点，实际说，只不过是一种逻辑的论式，我们可以把本质上及其各式各样的函数依赖关系套进去.

(1) 已给 x 后我们能算出 y，这是由于我们充分知悉应施于 x 以得 y 的那些解析(代数) 运算.

例如，当 y 是由字母 x 的某个分式如

$$y=\frac{x^2-7x+6}{3x^4+x^2+x+1}$$

表示出来时，情形就是这样.

(2) 给定 x 的数值后，变量 y 之所以完全确定，可以是从几何属性方面的事实而产生的，即使我们完全不会找出其相应的解析表达式.

例如，当我们有一个半径为 1 的绝对准确的圆，而在圆上度量着弧长 x 时，情形就是这样. 如果弧长 $\widehat{AM}$ 以 x 表示，那么圆上的动点 M 的纵坐标 PM，显然等于 $\sin x$，因为 $\angle AOM$ 是以圆的弧长 $\widehat{AM}$ 来度量的(图 23). 这个纵坐标 $\sin x$ 我们可以确定得无限准确，可是，那些应施于 x 以得 $\sin x$ 的解析运算的本质，我们暂时还不知道. 因此读者看到，正弦的符号 $\sin(\quad)$ 不比函数符号 $f(\quad)$ 的意义多，因为字母 sin 表达了我们的无知.

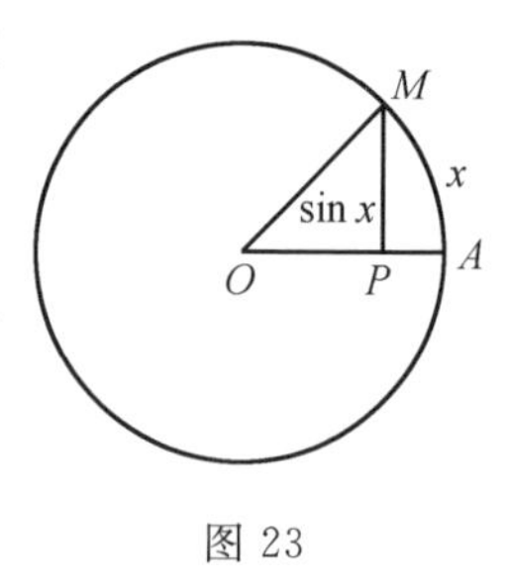

图 23

(3) 最后，变量 y 对于变量 x 的依赖关系，可以既不由解析式子也不由几何情况产生，而可以由力学上的事实建立起来.

例如，宇宙中只受万有引力影响的物体的运动，就是这种情形. 原则上，只要知道该物体在某一定瞬时 t_0 的位置及速度，则该物体在任何时候的位置都已确定. 这样，这个位置是时间 t 的一个完全确定了的函数. 可是对于这个函数，我们并没有准确的解析式子，也没有准确画出的几何曲线.

§33 函数的分类

前言：这里所讨论的，只限于一个自变量 x 的函数 y. 每一个这样的函数都可写为 $y=f(x)$，此处 $y=f(x)$ 是一个包含 x 的式子，由此式可以得出所论函数 y 的数值来. 这个式子是施于自变量的数学运算. 显然，若运算越多，越难算，则函数 $y=f(x)$ 本身越复杂，研究起来也越难.

因此，在开始研究一切函数之前，自然先力求按照算式 $f(x)$ 中解析运算的特征，来把函数分类.

33.1 多项式

单单将算术的头三个运算加、减、乘运用于 x 所得到的函数称为多项式. 同时，这些运算应该只运用有限次.

由初等代数即知，多项式简化后，亦即把所有括号打开并把一切同类项并为一起后，可写为自变量 x 的降幂形式，例如

$$y=2x^3-5x^2+2x-3$$

$$y=ax^2+bx+c$$

等. 次数最高的 x 项列为首项. 该次数称为整个多项式的次数. 例如，上面第一个多项式是三次的，第二个是二次的.

33.2 有理函数

若除加、减、乘之外再添除法运算，则用这四种运算所得到的函数称为有理函数. 这种函数当然不包括自变量 x 的方根. 假若我们做适当的化简之后，则这种函数总可写得极简单，即写为两个多项式的比.

例如，若

$$y=\frac{\frac{2x-3}{x-1}+\frac{3x-2}{x+1}}{\frac{x}{x-2}}+7x$$

那么，在把式中所示的运算做完后，这个函数可表示得极其简单，即

$$y=\frac{7x^4+5x^3-23x^2+11x+2}{x^3-x}$$

33.3 显代数函数

若除上述四种运算——加、减、乘、除之外，再添一种运算——开任意次数的方，即开平方、开立方等，则做这五种运算[①]（当然是有限次）后所得到的函数，称为显代数函数.

例如

① 读者应当记住，我们只计较施于式子中，确实包含自变量 x 的那些部分的运算而我们并不考虑施于系数的运算，因为后者给出的仍是系数，例如，函数 $\sqrt{2}x^3-6x+8$ 是一个三次多项式，因为我们把 $\sqrt{2}$ 整个当作一个系数，而且，这个平方根可以用一个字母来记，而把多项式写为 ax^3-6x+8. 这里已经没有根号，a 是一个不包含 x 的常数，它等于 $\sqrt{2}$.

$$y=\frac{2x^3+\sqrt{x^2-1}-8x}{\sqrt[3]{4x+1}-\sqrt{x+7}}-\sqrt[3]{\frac{x-1}{x^5-6}}+11x^2+9$$

为一个显代数函数.

一般地,显代数函数是很复杂且很少能简化的.

但值得注意:经过适当换算之后,一切根号可以去掉. 可是,这却使我们得到一个等式,其中将出现 y 的高次项,如 y 的平方、立方,以及更高次方等. 例如,显代数函数

$$y=\sqrt{1+x}+\sqrt{1-x}$$

可以作下列换算

$$y-\sqrt{1+x}=\sqrt{1-x},(y-\sqrt{1+x})^2=1-x$$

$$y^2-2y\sqrt{1+x}+(1+x)=1-x$$

$$y^2+2x=2y\sqrt{1+x},(y^2+2x)^2=4y^2(1+x)$$

最后变成

$$y^4-4y^2+4x^2=0$$

此式中已无根号,但 y 以高次方出现于式子中.

通常应注意:每一个显代数函数 $y=f(x)$,经过适当换算之后(用来去掉根号的换算),就得出如形式

$$F(x,y)=0$$

的方程,此中 F 为两个变量 x 及 y 的多项式,亦即得出下面形式的方程

$$A(x)y^n+B(x)y^{n-1}+C(x)y^{n-2}+\cdots+G(x)y+H(x)=0$$

其中 $A(x),B(x),C(x),\cdots,H(x)$ 仅是一个变量 x 的多项式.

33.4 隐代数函数

上述结果引起这样的一些想法. 前面我们会把每一个依赖于自变量 x 的因变量 y 叫作函数,又用 $f(x)$ 来记 y,有 $y=f(x)$,其中 $f(x)$ 是一个算式,用 x 表达了 y,亦即表明了为求 y 而需要施于 x 的一种数学运算. 假若我们暂时还不知道这种运算,那么我们还是照样用前面的符号 $y=f(x)$,这里 $f(x)$ 正表示了我们暂时还不知道的那种数学运算.

函数 y,假若应施于自变量 x 以得 y 的运算都已知道,那么就称为显函数.

假若确定自变量 x 的函数 y 时,我们只知道那包含两个字母 x 与 y 的方程 $F(x,y)=0$,而它的解确定了函数 y,又假如我们不会或者根本不想从这个方程解出 y,则 y 称为自变量 x 的隐函数.

若将方程 $F(x,y)=0$ 解出 y 来,则隐函数 y 就马上变为显函数了. 在这种情形,$y=f(x)$ 表示了在求解的时候所应做的,那种施于 x 的运算. 假若我们不

会解方程 $F(x,y)=0$ 的 y,或忘记了它的解,则我们写 $y=f(x)$ 时,符号 $f(x)$ 表示了我们尚未知的或忘记了的施于 x 的一种运算.

若 $F(x,y)$ 表示了两个字母 x 与 y 的多项式,则适合方程 $F(x,y)=0$ 的隐函数 y,称为字母 x 的隐代数函数.

乍想起来,以为只要利用开方运算解方程 $F(x,y)=0$,总可以将任何隐代数函数变成显代数函数.但事情并非如此,不是每一个代数方程都可以用开方运算来解的.这表示,隐代数函数的这一类比显代数函数(即可以用根号写得出来的)那一类包含的要多得多.

例如,方程

$$y^5+y+x=0$$

无论你用哪一次,怎样多的开方运算,即使用百万次,也不能把 y 解出来.这就是说,这个方程确定了 y 是 x 的不折不扣的隐代数函数.如果我们只限于运用五种运算,加、减、乘、除及开方,那么它绝不可能变成显函数.

读者不要忽视,上面讨论的四类函数——多项式、有理函数、显代数函数及隐代数函数——其中每一类都是包含前面一类的.多项式是有理函数的特殊情形(其分母为1),有理函数是显代数函数的特殊情形(根号都开出来的情形),而显代数函数又是隐代数函数的特殊情形(此时方程可以用根号来解).

33.5 超越函数

超越函数的概念是近代数学分析中最弱和最不健全的部分之一,因为到现在为止,还没有一个直接的、正面的超越函数的定义及所有的超越运算的列述和分类.这种超越关系的名目表暂时是不可能列出来的.

因此,我们目前只好限于超越函数的反面定义,亦即:

凡非代数函数(既非显的又非隐的)都称为超越函数.

数学分析开头只涉及下面的最简单的超越函数(所谓初等超越函数).

33.5.1 幂超越函数

形如下面形式的函数 x^{α},此处 α 为一个无理数①,例如 $x^{\sqrt{2}}$.

33.5.2 指数函数

此时自变量出现在指数中,形如 2^x,a^x,x^x 等.

33.5.3 对数函数

以各常数为底的对数函数,有 $\log_a x$,$\lg x$.

① 分数幂并给不出新的来,因为 $x^{\frac{p}{q}}$ 表示了 $\sqrt[q]{x^p}$,随之,它是一个显代数函数.而无理幂则是另一回事.

33.5.4 **三角函数**

即 $\sin x, \cos x, \tan x, \cot x, \sec x, \csc x$.

33.5.5 **反三角函数**[①]

即 $\arcsin x, \arccos x, \arctan x, \operatorname{arccot} x$.

在数学分析中,还研究其他各种超越函数(例如,力学中很有用处的椭圆函数等).

33.6 函数的函数

我们再讲一种重要的函数族,以结束根据解析锁定所作的函数分类,这便是由前述各类函数组合而成的函数族. 在得到愈益复杂的函数的各种方法中,最重要的方法之一,就是所谓"函数的函数".

下面就是这种方法的要点.

设 $f(x)$ 为某已知函数,确定在线段$[a \leqslant x \leqslant b]$上. 又假定当自变量 x 由 a 变到 b 时,该函数的数值总在 A,B 二数之间.

又设 $\varphi(y)$ 为自变量 y 的某个函数,也是已知的,刚好确定在线段$[A \leqslant y \leqslant B]$上. 或在更大些的,亦即包含线段$[A \leqslant y \leqslant B]$的线段上.

假如现在我们把字母 y 认为总等于第一个函数 $f(x)$ 的数值,即 $y = f(x)$,则 $\varphi(y)$(即 $\varphi(f(x))$)就是自变量 x 的寻常的函数了. 为了表示它的来源,该函数称为"函数的函数",同时第一个以 x 为自变量的函数 $f(x)$ 称为内函数,以 y 为自变量的第二个函数 $\varphi(y)$ 称为外函数.

显然,这样所得到的、以显形式写为 $\varphi(f(x))$ 或以隐形式写为 $\varphi(y)$,其中 $y = f(x)$ 的新的函数,是定义在线段$[a \leqslant x \leqslant b]$上各处的,因为对于该线段的每一个数值 x,都对应了一个完全确定了的数值 y,因而对应了一个完全确定了的数 $\varphi(y)$.

当然我们可以继续做下去:若第二个函数 $\varphi(y)$ 的数值总包含在一个线段中,而在此线段上又确定了第三个以 z 为自变量的某个函数,如 $\psi(z)$,那么设 $z = \varphi(y)$,就可以把 $\psi(z)$ 再认为是起初的自变量 x 的函数,它可以用显形式写为 $\psi(\varphi(f(x)))$ 或用隐式写为 $\psi(z)$,其中 $z = \varphi(y)$,$y = f(x)$.

以此类推.

这里隐藏着读者已经用过多次的某个一般概念. 例如,函数 $\sin^2 x$ 不过是函

---

① 等式 $y = \arcsin x$,其意义是:y 等于那个正弦为 x 的角度(按拉丁文字,角或弧称为 arc). 故 x 和 y 之间的这个关系式,不过是原来方程 $x = \sin y$ 的另一种说法而已. 例如,公式 $\tan \frac{\pi}{4} = 1$ 可以写为 $\frac{\pi}{4} = \arctan 1$.

数 y^2,其中 y 以 $\sin x$ 代换了;函数$\sqrt{1+\sin^2 x}$ 就是$\sqrt{z}$,其中 z 以 $1+y^2$ 代换了,而 y 又以 $\sin x$ 代换.函数 $a^{\log_a x}$ 可以认为是 a^y,其中 y 以 $\log_a x$ 转换;此外对数理论告诉我们:若 $x>0$,$a^{\log_a x}$ 即等于 x.

不但如此,我们可以肯定:每一个写为有限形式的、自变量 x 的函数(即用有限个初等运算符号如$\sqrt{\ }$,log,sin,等等表达出来的函数),都是逐次运用“函数的函数”这个运算来组成的.假若读者开始逐次运用“函数的函数”这个原理,来分解自变量 x 的写得无论多复杂的函数,则立即就会验证这句话的正确.

例:按逐次运用函数的函数的步骤,试分解函数

$$y=\sqrt{1+\lg(3+\cos a^{\sqrt{x}})}$$

解:显然,这个函数的组成如下

$$y=\sqrt{z},z=1+\lg u,u=3+\cos v,v=a^t,t=\sqrt{x}$$

现在我们要讲一些函数类,这些函数的分类,与其说由纯解析锁定出发,倒不如说是由几何锁定出发的.

33.7 单值函数与多值函数

变量 y,假若对于另一个变量 x 的每一数值对应了 y 的一个而且只对应了一个数值,则称为变量 x 的单值函数.例如,方程

$$y=3x^2 \tag{1}$$

中,y 为 x 的单值函数.

假若对于变量 x 的每一个数值,对应的 y 的数值,不止一个而有几个,则 y 称为 x 的多值函数.例如,方程

$$x=3y^2 \tag{2}$$

确定了 y 是 x 的双值函数,因为

$$y=\pm\sqrt{\frac{x}{3}} \tag{3}$$

由方程(2)确定的函数 y 的双值性是哪里来的,这是容易解释的.为此,我们首先注意:方程(1)是抛物线方程,其顶点在 O,其对称轴为纵坐标轴 OY(图24).

因为这样的抛物线,与每一条平行于其对称轴的直线只交于一点,故由方程(1)所确定的函数 y 为什么是单值的,是很明白的.

现在,方程(2)不同于方程(1)的,只是字母 x 与 y 对调了位置.就是说,方程(2)还是那一条抛物线的方程,只有一个分别,即坐标轴 OX 和 OY 互换了位置.故方程(2)的抛物线的位置就像图25所示的那样.因此,解方程(2)所得到的函数 y 为什么是双值的,是完全清楚的.图25中的抛物线对称于它的轴 OX,

故每条与 OY 轴平行的直线都与这条抛物线交于两点，这两点对于 OX 轴来说是对称的；其中一点的纵坐标是正的，即 $+\sqrt{\frac{x}{3}}$，另一个点的纵坐标是负的，即 $-\sqrt{\frac{x}{3}}$，但两者的绝对值则相等.

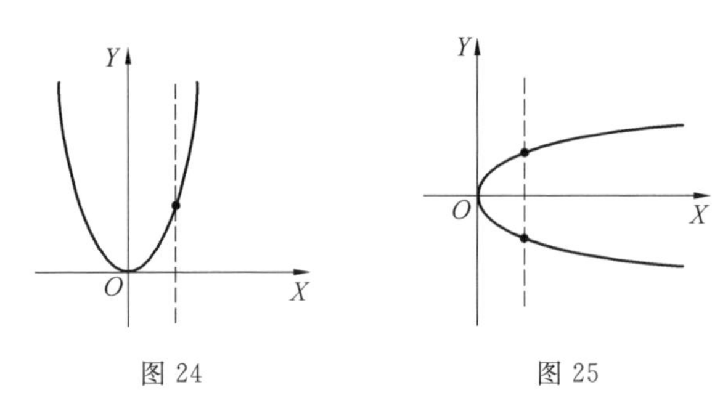

图 24　　　　图 25

因此，单值函数，是因表示那与每条平行于 OY 轴的直线只交于一点的曲线所引起的；若曲线转得与每条这样的平行直线交于几点，那么，表示它的那个函数，是多值的.

例：试证函数 $\arcsin x$ 为无穷多值的函数.

解：函数 $\sin x$ 为单值函数，方程 $y=\sin x$ 表示一条波形曲线（正弦曲线），它通过原点 O，与每条垂直线只交于一点(图 26). 重要的是，这条曲线是由顺水平方向铺展开来的无穷个相同的波所组成的，其波峰都在 OX 轴之上，距离 OX 轴为 $+1$，其波谷则都在 OX 轴之下，距离 OX 轴为 -1.

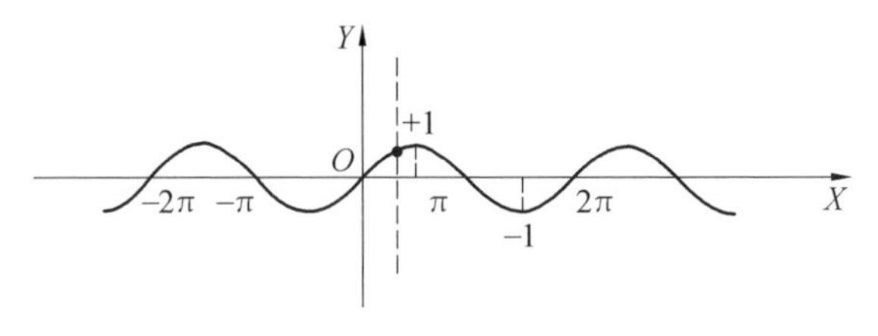

图 26

显然，由前面的式子对调字母 x 与 y 的位置而得到的方程 $x=\sin y$ 还表示同一曲线，只不过是竖着的罢了(图 27). 显然，这条竖立曲线在 OX 轴上的射影为线段$[-1,+1]$. 最后，显然，每一条平行于 OY 轴且与这条线段相交的直线，必定与我们的曲线交于无穷多个点，故函数 $y=\arcsin x$(由解 $x=\sin y$ 中的未知量 y 而得到的) 是一个无穷多值的函数.

33.8 常增及常减函数

数学分析中最重要的问题之一，就是研究函数的变化情形. 函数变化情形最简单的，就是变化时函数常增或常减.现在我们给出下一个准确的定义，来正确说明其意义.

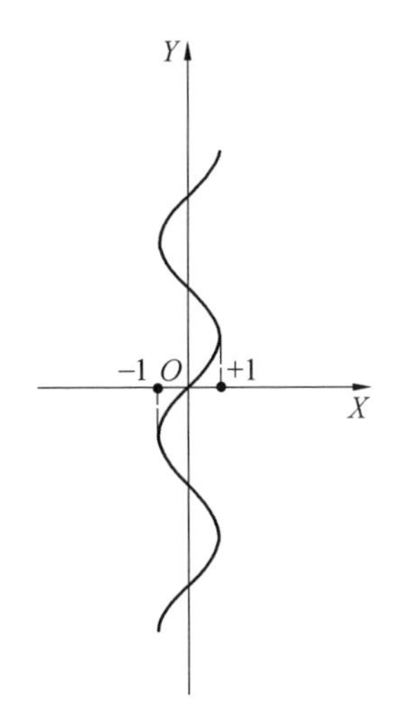

图 27

一个确定在线段$[a,b]$上的函数$y=f(x)$，假若自变量x所取的数值越大时，对应的函数数值也越大，则$f(x)$称为是在该线段上常增的函数.类此，当自变量数值增大时，函数数值反而减小，则$f(x)$称为是在线段$[a,b]$上常减的函数.

由解析观点来看，这就是说：由不等式

$$x_1 < x_2$$

立即得到不等式

$$f(x_1) < f(x_2) \quad (\text{假若函数是常增的})$$

或不等式

$$f(x_1) > f(x_2) \quad (\text{假若函数是常减的})$$

由几何观点来看，常增函数用朝右上方上升的曲线来表示，常减函数则用朝右下方下降的曲线来表示(图 28，图 29).

常增函数在线段$[a,b]$上的最小值，出现在曲线的最左端，即$x=a$处，其最大值则出现在曲线的最右端，即$x=b$处.常减函数，则反之，最小值在右端b，而最大值在左端a.

若常增函数$f(x)$的自变量x由a增至b，则横坐标为x的点P沿着OX轴向右方移动，同时其对应点M沿着曲线移动，而点M在OY轴的射影点Q沿着该轴一直朝上移动(图 28).反之，若函数$f(x)$是常减的，则当x由a增至b时，点Q总是沿着OY轴朝下移动(图 29).

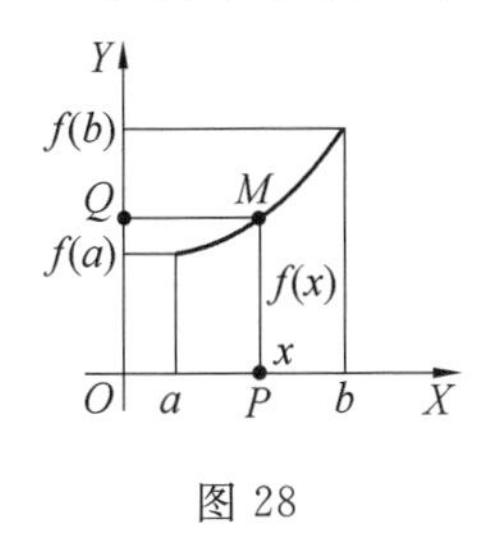

图 28

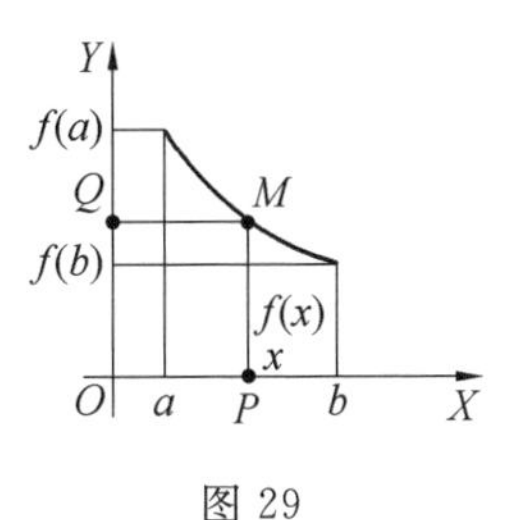

图 29

常增与常减函数统称单调函数.由刚才讲的，得出推论：

推论 若单调函数$y=f(x)$的自变量x是递增的，则该函数的数值为单调变量.

定义 Ⅰ 在线段$[a \leqslant x \leqslant b]$上单调的函数$y=f(x)$，假若其数值为一连续变量的话，称为在该线段上连续的函数.

读者可回忆 §21 里所讲连续单调变量的定义，我们还记得它的一个基本性质，即它依次通过在其两端点间的所有数值.

因为在现在这种情形下，点 y 沿 OY 轴移动，其数值的两个界值就是函数 $f(x)$ 在 $[a,b]$ 上的最大与最小值 $f(a)$ 与 $f(b)$，所以 y 的数值单调连续地变化，没有跳跃，且依次通过介于 $f(a)$ 与 $f(b)$ 之间的所有数值——每个数值只取一次.

图 28 及图 29 中表示的单调函数，显然是在线段 $[a,b]$ 上连续的.

假如单调函数 $f(x)$ 在线段 $[a,b]$ 上不是连续的，则如 §21 中所解释的，y 的数值就是跳跃的，因为 y 不可能跑遍介于 $f(a)$ 与 $f(b)$ 之间的所有中间数值，在它变化时，它应跳过某个区间 (c,d).

图 30 与图 31 中所表示的常增及常减函数，很明显在线段 $[a,b]$ 上是间断的，因为函数有跳跃，这是由于在区间 (c,d) 上没有这两个函数的任何数值.

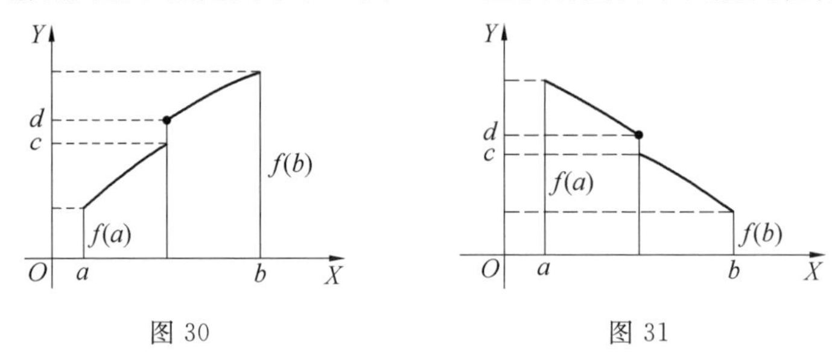

图 30　　　　图 31

假若我们把横坐标 x 看成时间，则函数 $f(x)$ 的数值只依赖于时间，亦即为一真正变量. 于是，§21 中所讲关于单调非连续变量有跳跃的话，对函数 $f(x)$ 也全适用.

最后，我们给出下面的定义：

定义 Ⅱ　在线段 $[a,b]$ 上非单调的函数，称为该线段上摆动的函数.

注　读者留意看下面的定义，是有益处的.

设 $f(x)$ 是线段 $[a,b]$ 上摆动的函数，假如可以将线段 $[a,b]$ 分为有限个小线段，使函数 $f(x)$ 在每个小线段上都是单调而且连续的，则这种摆动函数 $f(x)$ 称为在线段 $[a,b]$ 上连续的函数.

我们极自然地会以为，一般地，对每一个在线段 $[a,b]$ 上的非单调连续函数都可以做一种划分，使线段 $[a,b]$ 分为有限个小线段 $[a,c_1]$，$[c_1,c_2]$，$[c_2,c_3]$，…，$[c_m,b]$，而在每个小线段上，该函数是常增或常减的. 图 32 里的曲线就仿佛印证了这种想法，这个图清晰地表明了应当怎样做划分.

然而事实上不然：线段 $[a,b]$ 的这种分法的可能性，并不是连续性定义的逻辑结论. 我们应预先告诉读者，确有这种函数 $y=f(x)$，它适合连续性定义（在第 6 章中讲），但在 $[a,b]$ 内无论怎样小的任何线段上，该函数既非常增的，

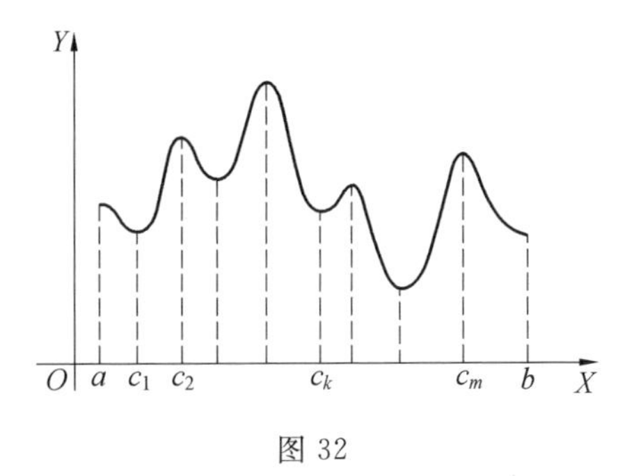

图 32

也非常减的(又不是常数).

33.9 反函数

我们取函数

$$y=f(x) \tag{1}$$

确定在 OX 轴的线段$[a,b]$上.这里的符号 f 像其他时候一样,表示了应施于自变量 x 以得变量 y 的数值的一批解析运算.若将等式(1)中 x 及 y 的地位对调一下,把 y 当作自变量,把 x 当作因变量,则要得到在 y 的任意给定数值处的 x 数值时,就应该解出方程(1)来.显然,解完之后,字母 x 就用 y 表达成下面的形式了

$$x=F(y) \tag{2}$$

这样,x 就是变量 y 的某个函数了,正如同以前 y 是变量 x 的函数 f 一样.

函数 $f(x)$ 及 $F(y)$,互称为反函数.

反函数的相互性由下面的事实得来,假定我们不由方程(1),而由方程(2)出发,解出 y,则很明显,我们应当回到方程(1)了.

因此,从理论上说起来,在两个函数 $f(x)$ 及 $F(y)$ 中取哪一个作正函数,而取另一个作反函数,全靠我们决定.

在下面的例子中,若把第一行的右边部分取作正函数,则第二行的对应部分就各是其反函数.则

$$y=x^2+1, x=\pm\sqrt{y-1}$$

$$y=a^x, x=\log_a y$$

$$y=\sin x, x=\arcsin y$$

但在实用上,正函数常取为单值函数,因为其反函数差不多总是多值的.

为了弄清楚这种原因,先讨论一些少见的情形,即反函数亦为单值函数的情形.这种情形是,所给函数 $y=f(x)$ 在 OX 轴的线段$[a,b]$上是单调连续函数.这时,我们只有两种可能:或者 $f(x)$ 是常增函数(图 33);或者它是常减函数(图 34).

这两个图都说明了同一件事：当变量 x 以连续运动，走过 OX 轴上的线段 $[a,b]$ 时，变量 y 也以连续运动，走过 OY 轴上的线段 $[c,d]$. 假若点 x 总是向右方运动，走过线段 $[a,b]$，则第一种情形时，点 y 朝上运动；第二种情形时，点 y 朝下运动.

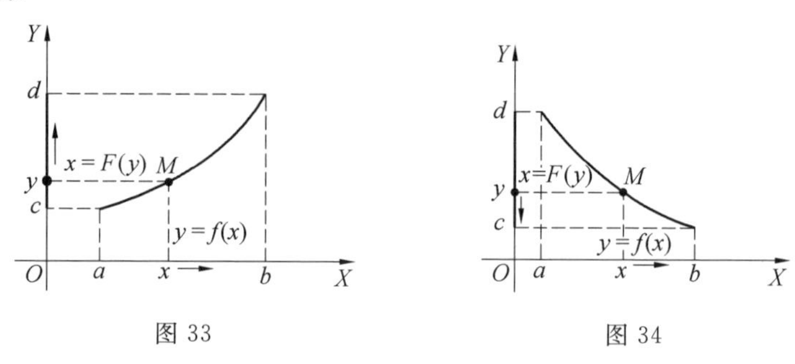

图 33　　　　图 34

这样，在 OX 轴及 OY 轴上的两个线段 $[a,b]$ 及 $[c,d]$ 是彼此一点一点地对应着的.

若 x 已知，欲求 y，只要在所给点 x 处作 OX 轴的垂线，它交曲线于一点 M，该点的纵坐标 $f(x)$ 即为所求的 y 值. 反之，若 y 已知，欲求 x，我们应在所给的点 y 作 OY 轴的垂线，它仍交曲线于同一点 M，其横坐标 $F(y)$ 即为所求的 x 值.

因为新方程(2)，不过是将原方程(1)的 x 解出罢了，所以由几何观点来看，对于原方程(1) $y=f(x)$，及新方程(2) $x=F(y)$，都对应了同一条曲线，只不过对于方程(1)来说，自变量的轴是 OX 轴；而对于方程(2)来说，它是 OY 轴罢了.

比如说，假若一个观察者沿着 OX 轴走，同时他的头往上朝 OY 轴的正方向，他所看到的曲线方程将是原方程(1)，即

$$y=f(x)$$

对于另一个沿着 OY 轴走(是他现在的横坐标轴)而头朝 OX 轴的正方向(是他现在的纵坐标轴)的观察者来说，则同一条曲线的方程就是方程(2)了，即

$$x=F(y)$$

因此，若所给的函数 $y=f(x)$ 是单调连续的，则其反函数 $x=F(y)$ 也是单调连续的.

但是，若所给的函数 $y=f(x)$ 不是单调的，则其反函数总是多值的. 只要看一看图 35 就可了然. 图中，正函数 $y=f(x)$ 虽然是连续的(§33)，但它在线段 $[a,b]$ 上不是单调的，它的反函数在区间 (α,β) 上是三值函数，因为每一条通过该区间上任何点 y 而平行于 OX 轴的直线，与这条曲线交于三点.

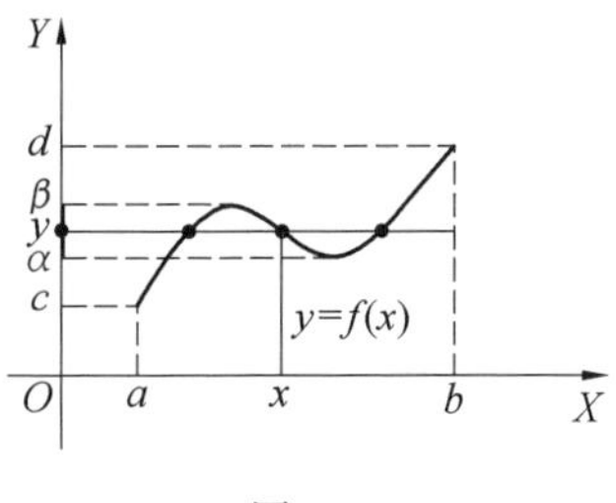

图 35

习　　题

1. 已知 $f(x)=x^2-9x+14$，试证：$f(b+1)=b^2-7b+6$.

2. 已知 $f(x)=x^3-10x^2+31x-30$，试证：$f(0)=-30$，$f(2)=0$，$f(3)=f(5)$，$f(-1)=-6f(6)$.

3. 若 $f(x)=x^3+3x^2-5$，求 $f(0)$，$f(1)$，$f(-1)$，$f(2)$，$f(-2)$.

4. 若 $F(x)=4^x$，求 $F(0)$，$F\left(\frac{1}{2}\right)$，$F(-1)$.

5. 已知 $f(x)=x^3-10x^2+31x-30$，试证：$f(x-2)=x^3-16x^2+83x-140$.

6. 已知 $f(x)=x^2-3x+7$，试证：$f(x+h)=x^2-3x+7+(2x-3)h+h^2$.

7. 已知 $f(x)=x^2+4x-1$，试证：$f(x+h)-f(x)=(2x+4)h+h^2$.

8. 已知 $f(x)=\frac{1}{x}$，试证：$f(x+h)-f(x)=-\frac{h}{x^2+xh}$.

9. 若 $\Phi(x)=a^x$，试证：$\Phi(y)\cdot\Phi(z)=\Phi(y+z)$.

10. 已知 $\Phi(x)=\lg\frac{1-x}{1+x}$，试证：$\Phi(y)+\Phi(x)=\Phi\left(\frac{y+z}{1+yz}\right)$.

11. 已知 $f(x)=\sin x$，试证：$f(x+2h)-f(x)=2\cos(x+h)\sin h$.

第5章 极限

§34 变量的极限

我们现在讨论一直在变化着的变量 x. 变量 x,随着时间的推移而变化时,依次取得无穷多的数值 —— 它“通过”这些数值.

对于我们特别要紧的是:变量 x 一直都在变,就是说,变量 x 绝不会停止变化. 因此,在变量 x 所取的数值之中,没有一个数值是最终的,因为在变量 x 所取得的每一个数值之后,还有一些数值,是变量 x 随后要通过的.

读者一开始就应当特别留心对待这件极其重要的事实. 我们不能设想:存在着一个最后的瞬时,它之后就完全没有时间了. 相仿的,我们也不能设想:在直线上会有最后的一点,而在它之后直线不能再延长. 最后,我们也不能想象有一个最大的自然数,不能往上再加一,或者加一之后不能再把它增大些.

在 §23 中,我们曾讲好把常量当作变量(当作这种变量,它依次通过一列相等的数值). 在讨论变量的极限时,读者不应当只因为“它们完全不变”就不把常量当作变量. 对于我们重要的,其实倒不是变量 x 一直在变化,而是我们一直都在考察它,不管它所通过的是一列根本不同的或是相同的数值.

变量 x 的变化情形可以是各式各样的. 但是在变量 x 的各

种可能的变化情形里，有一种变化特别值得注意，关于变量 x 的这种变化情形，通常表述如下："变量 x 趋近常量 a""变量 x 无限接近 a""x 变得靠近 a""随着时间的推移 x 和 a 相差极微小"，等等.

所以这些内容，都十分明显地说明了一件事，就是变量 x 的变化特征应当是这样的：x 与 a 的差，随着时间的推移，越来越消减. 但是这些内容有一些不妥之处，因每一句这样的话都带着它特有的含义，很可能会使我们对基本现象的理解产生影响. 因此，它们都应当用数学的讲法来代替，就是说把它们换成下面的数学定义.

我们说：变量 x 趋近极限 a，如果差 $x-a$ 的绝对值，随着时间会变得小于，而且以后一直小于任意小的数 ε，就是说，不论所取的正数 ε 怎样小，从某瞬时起，总一直满足不等式

$$|x-a|<\varepsilon$$

从几何上来说明变量的极限的存在，是极其简单的. 我们用点 M 表示变量 x，用点 A 表示常量 a(图 36). 因为 x 是变量，a 是常量，所以点 M 是动点，点 A 是定点.

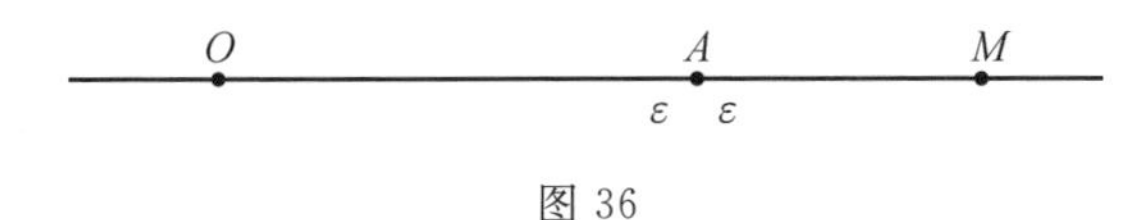

图 36

现在我们任意选择一个正数 ε，它的选择是任意的，但是一旦选定了之后，我们应把 ε 当作一个完全确定了的数，不能再有任何变化了，取好了 ε，我们在定点 A 的左边及右边各作 ε 长的区间. 我们在直线 X 上得到一个不大的固定区间，其长为 2ε，其中心是定点 A.

随着时间推移，点 M 将在直线上做某种运动. 但是一旦数 a 是变量 x 的极限，那么点 M 随后一定会进入这个固定的区间里来，而且从此以后一直在里面，因为按极限的定义，差 $x-a$ 的绝对值会变得小于 ε，而且以后会一直小于 ε 的. 而这个差，正是动点 M 到定点 A(它的极限) 的距离.

这样，当我们说"动点 M 趋近定点 A，以它为极限"这句话时，意思就是说，动点 M 是这样运动的，它会在某时跑进一个我们预先任意选择好了的而又包含点 A 的小区间，且从此以后，它总是在里面.

但是，点 M 进入上述区间后，究竟是怎样在该区间之内运动的，定义中并没有指出来，也没有预先确定. 对于极限概念而言，这是无关紧要的，这样运动可以是各式各样的，我们将看到点 M 可以从右边向 A 运动或从左边向 A 运动，甚至于从两边轮回地向 A 运动.

从以上对于变量 x 的极限的几何说明，我们就知道：

同一个变量 x 不能有多于一个的极限.

事实上，要是有两个不同的极限，那么同一个动点 M 运动到后来会同时接近两个完全不同的点，这是不可能的.

然而有时候一个变量可以完全没有极限.

例如，由等式 $x=\sin t$ 所确定的变量 x（其中 t 为时间），就根本没有极限. 因为我们已经知道 $\sin t$ 一直是在 $+1$ 与 -1 之间摆动的（§21），所以它当然不能趋近任何常量了.

当变量 x 趋近极限 a 时，我们用记号 $\lim x=a$ 或 $x\to a$ 来表示.

前面我们说过，每一个常量 a 都可当作变量（当作这种变量，它通过一列等于 a 的数值）. 根据变量极限的定义本身，可知：该常量 a 具有极限 a. 这可表述为：

常量的极限就是它自己，即 $\lim a=a$.

§35　变量趋近其极限的方式

为了清晰地领会变量的极限观念，我们应当注意到，变量可能以各种不同的方式趋近其极限. 变量可以一直小于其极限，也可以一直大于其极限，也可以一直在其极限近旁摆动，最后这种情况就是说变量取得无穷多的、一会儿大于一会儿又小于其极限的数值. 最后，变量还可以在其变化与趋近其极限的过程中，无穷多次地取得与其极限刚好相等的数值. 我们用例子来说明这些情况，其中有几个例子是读者早已知道的了.

(1) 变量小于其极限. 如果圆内接正多边形的边数无限增加，那么该多边形的面积的极限就是圆的面积. 在这种情形下，变量恒小于其极限.

(2) 变量大于其极限. 跟上面的例子相仿，如果圆外切正多边形的边数无限增加，那么圆的面积，像前面说的一样，是该多边形面积的极限. 现在，变量就恒大于极限了.

(3) 变量趋近其极限时，一直在极限的近旁摆动. 为了举出这种情形的具体例子，读者试设想：我们只画奇数边的圆内接正多边形，以及偶数边的圆外切正多边形. 于是，若 M_n 表示这种 n 边形，则当 n 为奇数时，它是内接于圆的，而当 n 为偶数时它外切于圆. 显然，当边数 n 无限增加时，圆面积仍是多边形 M_n 的面积的极限. 但是在这种情形下，变量一会儿大于、一会儿小于其极限，完全依 n 为偶数或奇数而定.

(4) 变量在趋近极限的变化过程中，无穷多次取得其极限的数值. 在上述几个例子中，变量绝不能达到其极限. 但这只是偶然的情况，不得作为一般规律. 事实上，从变量极限的定义本身就可以明了：这个定义的要点，只在于变量

与其极限之差的绝对值 $|x-a|$,应从某时起及其以后,恒小于预先给定的任意正数 ε(不论 ε 是如何小).这里并没有说更多的东西.

现在举一个例子.变量 x 由下面的式子来确定

$$x=\frac{\sin t}{t}$$

其中 t 为时间.很明显,当 t 无限增加时,x 的极限为零.事实上,分子 $\sin t$ 的绝对值不能大于 1;所以,无论 t 为何时,我们总有

$$|x|<\left|\frac{1}{t}\right|$$

由此即知,当 t 无限增加时,x 趋近 0,即

$$\lim x=0$$

当这个变量 x 变化时,它显然会无穷次地取得刚好等于 0 的数值,即每当时间 t(即角度 t) 等于 $\pi,2\pi,3\pi,4\pi,5\pi,\cdots$(即为平角的倍数) 时,变量 x 的数值就等于 0.

所以,在这种情形时,趋近其极限的变量,在其变化过程中,有无穷次恰好取得其极限值.

§36 无 穷 小

我们现在要介绍一个最基本的概念,在这个概念上建立了整个数学分析.

定义 变量,若具有极限为零,则称为无穷小.因此,若 x 为无穷小,我们应该写 $\lim x=0$ 或 $x\to 0$.

为了要领会无穷小的本质,当然必须追溯到极限的定义,这是我们前面已经用好几页的篇幅讨论过的(§34).在那里我们已说明,当某变量 x 趋近极限 a 时,差 $x-a$ 的绝对值,会变得小于且以后一直小于 ε,即 $|x-a|<\varepsilon$.在 x 为无穷小的情形下,它的极限 a 是零,即 $a=0$.故差 $x-a$ 即等于 x,而绝对值 $|x-a|$ 就是 $|x|$.

由此显然可知:变量 x,如果它是照着下面这样来变化的话,就叫作无穷小,即从某瞬时起及以后,其绝对值 $|x|$ 小于并一直小于任何预先给定的正数 ε,而无论 ε 如何小;就是说,我们由一定瞬时起,一直有不等式 $|x|<\varepsilon$.

为了要正确地领会无穷小的要义,读者应注意:无穷小,按其定义总是一个变量,所以一个常数,不论它如何小,总不是无穷小.引用像"1 cm 与太阳的直径比较起来是无穷小的量"这样的说法,来做比较或比拟时,读者应当谨慎点.这句话是完全错误的.1 cm 与太阳的直径这两个量都是常量,因而都是有限的,只不过其中一个比另一个小得多罢了.何况把 1 cm 与"头发的厚度"之类比

较起来时，1 cm 就完全不是一个很小的量；若与微生物比较，则不知大多少呢！为了避免今后做任何冒险的比较与主观上随便的比拟，读者应牢记，没有一个常量会是无穷小，正像没有一个数——无论它是如何小——会是无穷小.

因此从本质上说起来，用术语“无穷变小”远比“无穷小”正确些，因为“无穷变小”更明显地表达了变化的观念. 但是我们还是按照传统，沿用无穷小这个术语.

在所有的数中“零”是例外，我们把它当作无穷小，虽然它是一个常数. 如果回忆一下以前所讲关于常量可当作变量的话，那么我们在这种情形下就同意把零看成变量，它在变化过程中总是取得同一的数值. 由于变量的数值恒为零时，它的极限亦为零，因此“零”可以当作无穷小. 这种看法使我们在以后叙述许多定义及定理时可以简略些.

从几何上说，如果我们用直线上的点 M 表示无穷小，那我们就得到一个动点，它沿着直线这样移动：不论我们取直线上包含原点 O 的、一个随便怎样小的、长为 2ε 的区间，这个动点 M 总会在某瞬时进入这个区间，而且从此以后只在这里面运动了(图 37).

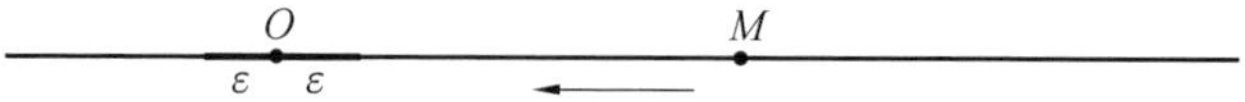

图 37

推论 每一个无穷小都是有界量.

事实上，只有有界量才能用从某瞬时起会逗留在固定有限线段内的动点来表示.

§ 37 极限概念与无穷小概念之间的关系

趋近一极限的变量与无穷小之间的依赖关系，是很容易看到的. 事实上，若某变量 x 趋近极限 a，则差 $x-a$ 显然是个无穷小. 因为按极限定义，从某瞬时起，不论所给正数 ε 如何小，我们应当有不等式 $|x-a|<\varepsilon$. 而这个不等式正是刻画无穷小的标志.

由此，若用 α 记 $x-a$，也就是写出 $x-a=\alpha$，我们就得到

$$x=a+\alpha$$

由此可知：

每一个趋近极限的变量，可分解为两项之和，其中第一项为常数，即等于该变量的极限；第二项为无穷小.

反过来说，也很明显，若变量 x 可写为两项之和的形式，即

$$x = a + \alpha$$

其中首项 a 为常数，第二项 α 为无穷小，则该变量 x 趋近常数 a，以之为极限，有 $\lim x = a$ 或 $x \to a$.

这种依赖的情形，正建立了极限理论与无穷小理论之间的关系.

§ 38 趋近极限的变量的几个性质

我们知道，不是每一个变量都是趋近极限的. 但一旦某个变量 x 趋近极限，那么单单由于这个情况，就使它具有一些应当时时加以重视的性质.

性质 Ⅰ 每一个趋近极限的变量为有界量.

证明 设变量 x 具有极限为 a，则 x 可写为 $x = a + \alpha$，其中 α 为无穷小. 但每一个无穷小均为一个有界量(§ 36). 故由某时起我们将有不等式 $|\alpha| < A$，此处 A 为固定的正数. 所以，由该瞬时起我们就有 $|x| < |a| + A$. 因为这个式子右边是不变的正的和，故 x 为有界变量.

性质 Ⅱ 若变量 x 具有极限 a，且该极限不等于零，则其倒量 $\frac{1}{x}$ 为有界量.

证明 首先我们写 $x = a + \alpha$，其中 α 为无穷小. 按条件，$a \neq 0$，故 $|a| > 0$. 又因 α 为无穷小，故由某瞬时起，我们有不等式 $|\alpha| < \frac{|a|}{2}$. 因此，由该瞬时起我们有

$$|x| > |a| - |\alpha| > |a| - \frac{|a|}{2} = \frac{|a|}{2}$$

亦即最后有 $|x| > \frac{|a|}{2}$. 用此式的两边去除 1，则我们就要把不等式的不等方向倒过来，亦即应当写 $1 : |x| < 1 : \frac{|a|}{2}$，我们有 $\frac{1}{|x|} < \frac{2}{|a|}$. 由此可知 $\left|\frac{1}{x}\right| < \frac{2}{|a|}$. 这就证明了变量 $\frac{1}{x}$ 为一个有界量，因为这个不等式右边是一个不变的正数.

注 若变量 x 的极限为零，那么这个性质就根本不正确，因为在这种情形时，倒量 $\frac{1}{x}$ 不可能是有界量. 例如，设 t 为时间，则 $x = \frac{1}{t}$ 具有极限为零，亦即 $\lim x = 0$，因为 x 随着时间的推移可变得小于任意小的正数. 但是，倒量 $\frac{1}{x}$ 等于时间 t 本身$\left(\text{由}\frac{1}{x} = 1 : \frac{1}{t} = t\text{ 即知}\right)$，显然就不是有界量.

§39 无穷小的最重要的性质

这些性质如下：

性质 Ⅰ 两个、三个，或一般说来，任意固定个数的无穷小之和仍为一个无穷小.

证明 先从两个无穷小α与β之和$\alpha+\beta$开始. 设ε为给定的(亦即不变的)任何正数. 我们知道，由某瞬时T_1起，不等式$|\alpha|<\frac{\varepsilon}{2}$成立. 同样，也存在瞬时$T_2$，使得自该瞬时起，不等式$|\beta|<\frac{\varepsilon}{2}$恒成立. 由此，在$T_1$与$T_2$中最大的那个瞬时之后，我们将有同时成立而且一直保持成立的不等式$|\alpha|<\frac{\varepsilon}{2}$与$|\beta|<\frac{\varepsilon}{2}$. 由此可得

$$|\alpha+\beta|\leqslant|\alpha|+|\beta|<\frac{\varepsilon}{2}+\frac{\varepsilon}{2}=\varepsilon$$

即

$$|\alpha+\beta|<\varepsilon$$

这就证明，两个无穷小之和$\alpha+\beta$仍为无穷小.

现在无须作新的论证，就可以看到，三个、四个、五个，一般说来，有限个无穷小之和仍为无穷小.

因为三个无穷小之和$\alpha+\beta+\gamma$，可利用括号写为$(\alpha+\beta)+\gamma$. 按上述结果可知，括号中的和是无穷小. 故整个和$\alpha+\beta+\gamma$也是无穷小.

完全相仿，四个无穷小之和$\alpha+\beta+\gamma+\delta$可以写为$(\alpha+\beta+\gamma)+\delta$. 按上面所说，括号中的和是无穷小. 故整个和$\alpha+\beta+\gamma+\delta$仍是无穷小. 像这样推下去，重复这种做法，我们可以一步一步地推到任意的、预先给定了的m个无穷小之和. 因此我们可以证明这个和仍为无穷小.

注 所证明的无穷小的第一个性质必须要求：所加起来的无穷小的总个数m，一直是固定的，即有限的.

这个限制是绝对不可省的，因为，假若所加起来的无穷小的个数m不是固定的(即非有限的)，例如，当每项趋近零时，这个个数也无限增大起来，那么第一个性质就可能不对了. 在这种情形下，这些无穷小之和$\alpha+\beta+\gamma+\cdots+\mu$可能不再是一个无穷小. 这种情况正是积分学里经常用到的.

例如，设我们有n个变量$\alpha,\beta,\gamma,\cdots,\nu$，每个都等于$\frac{1}{n}$，即

$$\alpha=\frac{1}{n},\beta=\frac{1}{n},\gamma=\frac{1}{n},\cdots,\nu=\frac{1}{n}$$

当它们的个数 n 无限增加时，每一个量显然都趋近零，所以它们都是无穷小. 但它们的和

$$\sigma=\alpha+\beta+\gamma+\cdots+\nu=\frac{1}{n}+\frac{1}{n}+\frac{1}{n}+\cdots+\frac{1}{n}=n\cdot\frac{1}{n}=1$$

无论何时，恒等于 1.

还有一点应注意. 每个无穷小改变其正负号后，显然仍然是一个无穷小. 由此可知，第一性质不仅为无穷小的算术和所具有，而且也为更一般的代数和 $\alpha+\beta-\gamma$ 所具有，就是说，第一个性质中所讲的和也是指这种和，其中各项的结合，不仅可用加号(+)，也可以用减号(−). 因此，作为特例，我们得到下述定理.

两个无穷小 α 及 β 之差 $\alpha-\beta$ 仍为一个无穷小.

性质 Ⅱ 有界变量 x 与无穷小 α 的乘积 $x\cdot\alpha$，仍为无穷小.

证明 事实上，一旦 x 为有界量，则存在固定的正数 A，使自某瞬时 T_1 起，我们恒有不等式 $|x|<A$.

我们现在给定正数 ε，因为 α 是无穷小，所以从某瞬时 T_2 起，我们有不等式 $|\alpha|<\frac{\varepsilon}{A}$.

但是，因为我们恒有

$$|x\cdot\alpha|=|x|\cdot|\alpha|$$

所以在瞬时 T_1 及 T_2 之后，我们有

$$|x\cdot\alpha|<A\cdot\frac{\varepsilon}{A}=\varepsilon$$

或

$$|x\cdot\alpha|<\varepsilon$$

这就证明了乘积 $x\cdot\alpha$ 是无穷小.

读者已经知道：每个常量与趋近极限的每个变量都是有界量(§23 及 §38).

由此，作为这个性质的特殊情形，我们得到下述定理.

常量与无穷小的乘积，仍为无穷小；趋近极限的变量与无穷小的乘积，仍为无穷小.

性质 Ⅲ 趋近非零的极限的变量 x，除无穷小 α 所得的商 $\frac{\alpha}{x}$，仍为一个无穷小.

证明 事实上，商 $\frac{\alpha}{x}$ 可以写为乘积

$$\left(\frac{1}{x}\right)\cdot\alpha$$

由于 §38 性质中 Ⅱ 的证明，分数$\frac{1}{x}$为有界量，而 α 为无穷小，故应用刚刚建立的无穷小的性质 Ⅱ，性质 Ⅲ 立即得到证明.

注 性质 Ⅲ 中关于 x 的极限 a 不得等于零的话，是非常重要的，这有两个理由.

第一，若极限 a 为零，则 §38 中倒量$\frac{1}{x}$的性质 Ⅱ 的证明全部不能成立，因为在性质 Ⅱ 的证明中 $|a|$（亦即零）到处出现在分母里. 但是我们知道，在任何情况下，用零除一个数是不可以的（§14），故 §38 中性质 Ⅱ 的整个证明变得没有意义. 但是这个证明，是推出上述性质 Ⅲ 时的根据.

第二，若分数$\frac{\alpha}{x}$的分母 x 具有极限为零（即 $a=0$），也就是说，若这个分母本身也是无穷小，则性质 Ⅲ 也可能不对. 关键在于：这时一般说来，商$\frac{\alpha}{x}$不是无穷小，这种情况在微分学中是经常用到的.

例如，设我们有商$\frac{\alpha}{\alpha}$，其中分母与分子为相等的无穷小. 这个商恒等于 1，因为$\frac{\alpha}{\alpha}=1$，所以它不是一个无穷小.

这里性质 Ⅲ 之所以不再成立，乃是因为分母 α 的极限是一个等于零的数.

§40 有关极限的基本定理

上面证明了的无穷小的性质，不难用来建立极限理论中的下面三个基本定理.

定理 Ⅰ 任意固定个变量的代数和的极限，等于各个被加变量的极限的代数和. 用符号来表示，即

$$\lim(x-y+z+\cdots+t)=\lim x-\lim y+\lim z+\cdots+\lim t$$

证明 今证明，比方说，三个变量的代数和为 $x-y+z$ 的情形. 设变量 x，y 及 z 的极限各等于 a，b 及 c. 这样我们可以写出下列等式，即

$$x=a+\alpha,\ y=b+\beta,\ z=c+\gamma$$

其中 α，β 及 γ 都是无穷小. 取这三个式子的代数和，我们得到

$$x-y+z=(a-b+c)+(\alpha-\beta+\gamma)$$

第一个括号 $(a-b+c)$ 显然是常数. 第二个括号 $(\alpha-\beta+\gamma)$ 是无穷小（第一个性质）. 因此第一个括号是变量 $x-y+z$ 的极限，亦即

$$\lim(x-y+z)=a-b+c=\lim x-\lim y+\lim z$$

这就是所要证明的事情.

定理 Ⅱ 任意固定个变量的乘积的极限,等于各个被乘积量的极限的乘积.用符号来表示,即

$$\lim(x\cdot y\cdot z\cdot\cdots\cdot t)=(\lim x)\cdot(\lim y)\cdot(\lim z)\cdot\cdots\cdot(\lim t)$$

证明 首先证明两个变量的乘积 xy 的情形.设 x,y 的极限各为 a 与 b;故

$$x=a+\alpha,y=b+\beta$$

其中 α 与 β 都是无穷小.

因此,做出乘积,我们得到

$$x\cdot y=(a+\alpha)\cdot(b+\beta)=ab+(a\beta+b\alpha+\alpha\beta)$$

右边括号内三项的和,显然是无穷小(§39 性质 Ⅰ 与性质 Ⅱ).所以常数 ab 是变量 $x\cdot y$ 的极限,即

$$\lim(xy)=ab=(\lim x)\cdot(\lim y)$$

现在无须任何计算,就极易证明,我们的定理对于三个、四个以及任意给定个数的变量都是正确的.

例如,有三个变量 x,y 及 z 时,我们有下面的等式

$$\lim(x\cdot y\cdot z)=\lim[(x\cdot y)\cdot z]=\lim(x\cdot y)\cdot\lim z=\lim x\cdot\lim y\cdot\lim z$$

定理 Ⅲ 两个变量的商的极限,等于各个变量的极限的商,不过,分母的极限不能等于零.用符号来表示就是若

$$\lim y\neq 0$$

则

$$\lim\left(\frac{x}{y}\right)=\frac{\lim x}{\lim y}$$

证明 设 x 与 y 的极限各为 a 与 b,并假定 $b\neq 0$.

我们可以写

$$x=a+\alpha,y=b+\beta$$

其中 α 与 β 都是无穷小.

我们这样做:写出 $\frac{x}{y}$ 来,从这个变量减去其假定的极限值 $\frac{a}{b}$,如果这样减了之后所得到的结果是一个无穷小,那么常数 $\frac{a}{b}$ 就真的是变量 $\frac{x}{y}$ 的极限,故有

$$\frac{x}{y}-\frac{a}{b}=\frac{a+\alpha}{b+\beta}-\frac{a}{b}=\frac{ab+\alpha b-ab-a\beta}{b(b+\beta)}=\frac{b\alpha-a\beta}{b(b+\beta)}=\frac{b\alpha-a\beta}{b^2+b\beta}$$

分子是一个无穷小,因为 $b\alpha$ 与 $a\beta$(都是常量乘无穷小)是无穷小(§39 性质 Ⅱ).分母是一个变量,它趋近不是零的极限 b^2,因 $b\beta$ 是无穷小.

故由于 §39 性质 Ⅲ,上面所得到的整个商是一个无穷小.所以

$$\lim\left(\frac{x}{y}\right)=\frac{a}{b}=\frac{\lim x}{\lim y}$$

(但在 $\lim y \neq 0$ 的条件下),这就是所要证明的.

除了上面所证明的三个基本定理,还有下面的一个在计算极限时很有用处的命题,这就是:

假若一个变量恒介于两个趋近同一极限的变量之间,则它一定趋近这个共同的极限.

为了要证明它,我们假设 $\lim x = \lim y = c$,又假设变量 z 恒介于 x 与 y 之间,亦即 $x < z < y$. 假若我们在点 c(图 38) 的两边各作一个区间 ε,则我们就得到一个两倍大的区间,它的中点就是 c. 动点 x 与 y 的极限既是固定点 c,那么一定会有这样的瞬时,在这个瞬时两个动点都进入这个区间,而且从此以后不再离开它了. 很明显,从这瞬时起,介于 x 与 y 之间的点 z 也一定位于这个区间中,而且不再离开. 这就表示,常数 c 就是变量 z 的极限,即

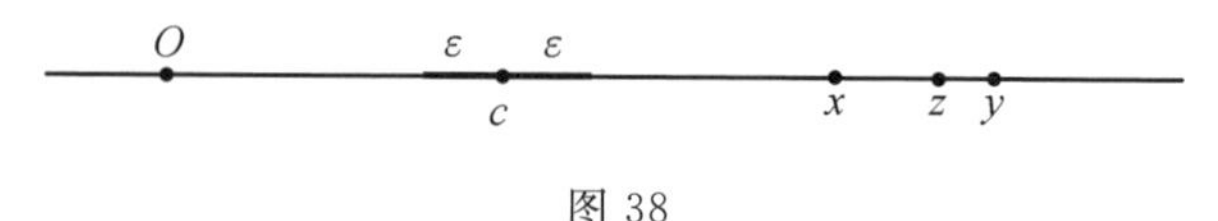

图 38

$$\lim z = c = \lim x = \lim y$$

这三个基本定理,在求变量的极限时,常用得到. 因此它们有极重要的意义.

在叙述这些定理时,我们当然假定了,每一个变量的极限是存在的.

显然,假如在这些定理里,把一个或几个变量换成常量,我们的论证并不失效,这些定理也依然正确,实际上,任意一个常量可当作一个变量,不过它所取的数值(碰巧)都相等. 显然,这样的"变量"有它的极限(按极限概念的定义),而且它的极限显然就等于常量本身. 这一点补充,使得上述各定理可以应用到常量上去.

我们举一些例子,说明这些基本定理对实际的极限计算,应用起来既快又容易,这里我们讨论,当自变量 x 趋近于某极限 c 时(即 $\lim x = c$),多项式 $P(x)$ 与有理函数 $R(x)$(其系数均为常数) 的极限的计算法.

例 1:多项式 $P(x)$ 的极限,等于该多项式在 x 为极限值时的数值. 就是说:若 $\lim x = c$,则

$$\lim P(x) = P(c)$$

实际上,按条件,我们有

$$P(x) = Ax^m + Bx^{m-1} + \cdots + Gx + H$$

其中系数 $A, B, \cdots, G, H$ 都是常数. 因此,当自变量 x 趋近极限 c 时,只要应用基本定理 Ⅰ 及 Ⅱ,即得

$$\lim P(x) = Ac^m + Bc^{m-1} + \cdots + Gc + H = P(c)$$

例 2:有理函数 $R(x) = \dfrac{P(x)}{Q(x)}$(其中 P, Q 都是 x 的多项式) 的极限,等于该

函数在其自变量为极限值时的数值，但分母 $Q(x)$ 在 x 极限值时的数值不得为零，就是说，若 $\lim x = c$，则 $\lim R(x) = R(c)$，但必须在条件 $Q(c) \neq 0$ 之下.

实际上，按条件，我们有

$$R(x) = \frac{Ax^m + Bx^{m-1} + \cdots + Gx + H}{Kx^n + Lx^{n-1} + \cdots + Mx + N} = \frac{P(x)}{Q(x)}$$

其中所有系数都是常数. 按照上面讲的，因为 $\lim x = c$，我们分别得到 $\lim P(x) = P(c)$，及 $\lim Q(x) = Q(c)$，这里对极限 c 并没有任何限制. 假若我们在这时再引入补充条件：$Q(c)$ 不等于零，即 $Q(c) \neq 0$，那么我们可以引用定理 Ⅲ 了. 因而在这种情形下，我们可以写

$$\lim \frac{P(x)}{Q(x)} = \frac{\lim P(x)}{\lim Q(x)} = \frac{P(c)}{Q(c)}$$

由此我们得到结论：

在条件 $Q(c) \neq 0$ 之下，$\lim R(x) = R(c)$.

当 $\lim x = c$ 时，无理函数或超越函数 $f(x)$ 的极限 $\lim f(x)$ 的计算，要困难得多，它需要先讲另外的理论.

§ 41　无穷大概念

在数学分析中常出现下面三个符号，即 $+\infty$，$-\infty$ 及 ∞，这三个符号各称为“正无穷大”“负无穷大”，以及“无穷大”.

在数学分析中，这些符号起着重要的作用. 但是，很遗憾，它们的出现是件非常微妙的事，常常伴随着极大的危险，因为它们总使那些对于数学论证没有经验的人纠缠在数不清的含混、幻觉、误解和诡辨里，而且常在数值计算里引起重大的错误.

这些误解中最根本的是：它不自觉地溜入尚无经验的意识中，它使我们把这些符号当作数. 这种诱惑看来很有力量，以致我们常会听到顺口说出来的一些话，如：“我们取一个有限数”“设 a 为某有限数”，等等. 其实，像这样用“有限”这个形容词来形容有理数与无理数，是根本没有意义而且是多余的，按其本性来说，每一个数，毫无例外，都是“有限”的，因为每一个数 a（有理数或无理数），毫无例外恒介于两个整数 m，n 之间，其中之一小于它，另一个大于它，即有

$$m < a < n$$

而每一个整数，作为有限个数量单位（正或负）的总和，当然总是“有限”的数.

每一个数，有理数或无理数，按其本质来说，总是“有限的”. 这种有限性应属于数的本质，因此，实实在在地说起来，不应该在说话中，把数冠以“有限”一词. 在日常生活中，不讲也都明白的事，是没有人去说它的.

同样,每一个常量一定是“有限的”,因为它是用有理数或无理数来度量的.

无穷大的数是没有的,同样也没有无穷大的常量.数学分析中引入 $+\infty$, $-\infty$, ∞ 这些符号,并不是用来表达类如“空间的无限性”“时间的永恒性”等观念的神秘的数.在数学分析中,符号 $+\infty$, $-\infty$ 及 ∞ 的使命,这样说来,可以说是平凡得多的.

符号 $+\infty$, $-\infty$ 及 ∞ 的作用,只不过是说明变量的一些“变化情况”,而这些变量,在每一瞬时都是“有限的”.

定义 Ⅰ 变量 x,假若它的变化具有下述特征,则称为正无穷大,这个特征是:任意选取一个正数 $N(N>0)$,不论它多么大,x 总可以从某时起并且一直都变得大于它,就是说从那时起及其以后不等式 $x>N$ 恒成立.

在这种情形下,我们有时也说:“x 无限增大”,用下面的惯例等式来记,有

$$\lim x=+\infty$$

因为上面式子中出现了极限符号 lim,而且它的念法也跟前面讲的极限符号(在那里,变量 x 的极限确实存在)相同,所以上述惯例等式有时念作“x 趋近正无穷大的极限”.

虽然这个符号等式 $\lim x=+\infty$ 及其念法有实际方便之处,可是太习惯于此,就可能引起理论上的危险,即可能下意识地以为无穷大是一个数,像平常的“有限”数一样,因此可以对它施行算术运算.这种把无穷大作为常数的看法,很容易引起读者不正确的观念,以致使他在计算中犯错误(特别是在处理无穷大上下限的积分计算中)①.

读者应当好好记住:无穷大不是真正意义上的极限(不是像前面我们曾定义过的那种极限),因为真正的极限是个数,而无穷大并不是个数.最要紧的是:不论是无穷大还是无穷小,都是变量,在每一个瞬时都有一定的(有限的)数值.

在几何上,正无穷大 x 的表示是很简单的.它就是在直线上这样运动的动点 M,即对于每一个由我们任意选择的正的界点 N,总有一个瞬时,它会移动到这个界点的右边,而且从此以后只在这个界点的右边运动(图 39).

定义 Ⅱ 变量 x,假若它的变化具有下述特征,则称为负无穷大.这个特征是:任意选取一个负数 $-N(N>0)$,不论 N 如何大,x 总可以从某时

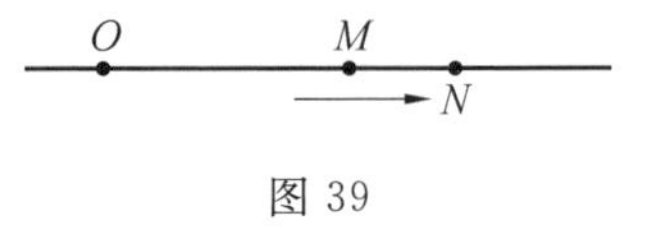

图 39

① 数学分析在历史上经过很长时间,经历了许多困难,才摆脱了把无穷大当作常数的看法.这种看法的摆脱,是由最重要的理论上的思考引起的,现在可以说差不多完成了.可惜,把无穷大当作常数的旧看法,到目前还残留在旧的术语和符号里(如上面讲的那样),还常常引起误解,同时总给教学上带来很大的困难.

起并且一直都变得小于它，就是说：从那时起及其以后，不等式 $x<-N$ 恒成立.

在这种情形下，我们有时说："x 无限减小"①，用下面的惯例等式来记，有

$$\lim x=-\infty$$

这个等式有时候念作"x 趋近负无穷大的极限".

在几何上，负无穷大 x 是用这种动点 M 来表示的，即它总会在某瞬时跑到每一个界点 $-N$ 的左边，而且以后总在它的左边（图 40）.

最后，若变量 x 的正负号时时改变，但其绝对值 $|x|$ 无限增大，则我们就索性把变量 x 只称为无穷大或者说 x 趋近无穷大，并写作

图 40

$$\lim x=\infty$$

无穷大量 x 在几何上是用这样的动点 M 来表示的，即它无限远离原点 O，但是它可以跳跃，一会儿它在原点 O 的这一边，一会儿它又在原点的那一边.

前面所讲的那些，这里都适用. 无穷大 ∞ 不是一个数，不过是变量 x 的一种变化情形的说法 —— 由于这种变化，该变量的绝对值无限增大.

§ 42　无穷大与无穷小的关系

这个关系是最密切的. 设 x 为无穷大，即 $\lim x=\infty$，用 x 除 1，这样得到的分数我们用 α 来记，则有

$$\alpha=\frac{1}{x}$$

很容易看出 α 是一个无穷小.

实际上，任意给出一个正数 ε，因为 x 是无穷大变量，所以会有这样一个瞬时，从这个瞬时起，我们一直有不等式 $|x|>\frac{1}{\varepsilon}$. 由此，根据等式

$$|\alpha|=\frac{1}{|x|}$$

我们便得出结论

$$|\alpha|<1:\frac{1}{\varepsilon}=\varepsilon$$

① 读者不要在这里被普通说法上的某些缺陷所迷惑. 我们这里说"x 无限减小"，但这完全不表示 x 的绝对值是"小"的，就是说不是在算术意义下来说的. 这里 x 的绝对值非常大，超过了千百万个单位，但是在代数意义下，它是很小的，因为它是一个很可观的负数. 因此，"减小"一词，这里应当在代数意义下来理解才对.

即 $|\alpha|<\varepsilon$. 这个不等式是刻画无穷小的特征,也就是所要证明的.

反过来说,若 α 是无穷小,但任何时候都不等于零,则由等式

$$x=\frac{1}{\alpha}$$

所确定的变量 x 是一个无穷大.

实际上,设 N 是任意取的大的正数. 我们用 ε 记正数 $\frac{1}{N}$,也就是 $\varepsilon=\frac{1}{N}$. 因为 α 是无穷小,所以从某瞬时起,我们一直有不等式 $|\alpha|<\varepsilon$. 故根据等式

$$|x|=\frac{1}{|\alpha|}$$

可知:从该瞬时起,我们总有不等式

$$|x|>\frac{1}{\varepsilon}=N$$

亦即 $|x|>N$. 这个不等式正是刻画无穷大的特征,也就是所要证明的事情.

所以,用无穷大除 1,是无穷小;用无穷小(设无论何时它不等于 0) 除 1,则是无穷大.

通常我们用下面的惯例等式来记

$$\frac{1}{\infty}=0,\frac{1}{0}=\infty$$

关于这两个惯例等式,读者应该记住:这些等式不是真的,因为无穷大不是数,而且用零除也是不许可的. 只有像这样去领会这些"等式"才对,这些等式,有的著者甚至于写作

$$\infty^{-1}=0,0^{-1}=\infty$$

而利用了初等代数学中一个公认的写法,即分数 $\frac{1}{\alpha}$ 也可以写为 α^{-1}.

若 α 是正无穷小,则 $\frac{1}{\alpha}$ 是正无穷大;若 α 是负无穷小,则 $\frac{1}{\alpha}$ 是负无穷大;若 α 的正负号时时改变,则 $\frac{1}{\alpha}$ 的正负号也随之改变.

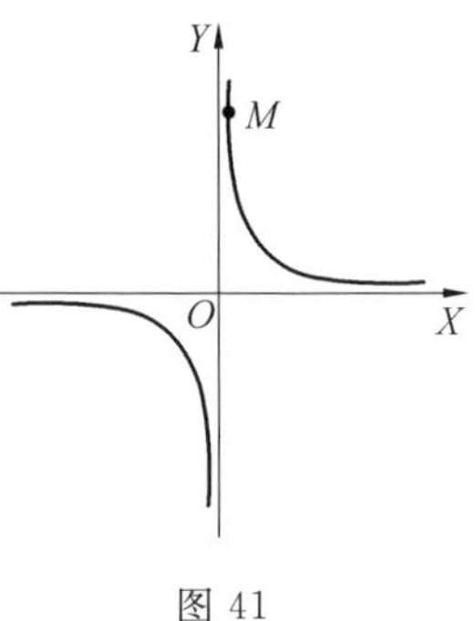

图 41

当读者把函数 $y=\frac{1}{x}$ 表示为曲线(图 41) 的时候,就很容易体会这些内容了.

习　　题

试证明下列各式.

1. $\lim\limits_{x \to 2}(x^2 + 4x) = 12$.

2. $\lim\limits_{z \to 2} \dfrac{z^2 - 9}{z + 2} = -\dfrac{5}{4}$.

3. $\lim\limits_{x \to \infty} \dfrac{x + 2}{3x} = \dfrac{1}{3}$.

4. $\lim\limits_{x \to \infty} \dfrac{5 - 2x^2}{3x + 5x^2} = -\dfrac{2}{5}$.

5. $\lim\limits_{x \to \infty} \dfrac{2x^3 + 3x^2 + 4}{5x - x^2 - 7x^3} = -\dfrac{2}{7}$.

6. $\lim\limits_{h \to 0}(4y^3 + 3hy^2 - 2h^2) = 4y^3$.

7. $\lim\limits_{h \to \infty}(2x^2 - 3hx + h^2) = +\infty$.

8. $\lim\limits_{k \to 0} \dfrac{(2x + k)^2 - 3kx^2}{x(2x + k)} = 2$.

9. $\lim\limits_{x \to \infty} \dfrac{3x^2 + 4x - 2}{x^2 + 2x - 7} = 3$.

10. $\lim\limits_{x \to \infty} \dfrac{2x - 5}{6 - 5x^2} = 0$.

11. $\lim\limits_{x \to \infty} \dfrac{a_0 x^n + a_1 x^{n-1} + \cdots + a_n}{b_0 x^n + b_1 x^{n-1} + \cdots + b_n} = \dfrac{a_0}{b_0}$.

12. $\lim\limits_{x \to 0} \dfrac{a_0 x^n + a_1 x^{n-1} + \cdots + a_n}{b_0 x^n + b_1 x^{n-1} + \cdots + b_n} = \dfrac{a_n}{b_n}$.

13. $\lim\limits_{x \to \infty} \dfrac{ax^3 + bx + c}{dx^2 + ex + f} = \infty$.

14. $\lim\limits_{x \to \infty} \dfrac{ax^2 + bx + c}{bx^3 + ex + f} = 0$.

第6章 连续性

§43 函数的连续性概念

这个概念，看起来是完全清楚的，但实际上却是非常复杂和微妙的.

它的最简单的形式，是函数 $y=f(x)$ 在给定的一点 a 处的连续性. 为了着手来研究它，一开始我们应注意，这种连续性唤起我们的一种观念：当自变量 x 跟 a 差得"很小"时，函数 $f(x)$ 的数值跟它的初值 $f(a)$ 也差得"很少". 这种情况也可以用另外的方式表达，即当自变量 x"足够接近"a 时，函数 $f(x)$ 的数值与 $f(a)$ 的差是"察觉不到的小".

所有这些话 —— 其意义当然都是相同的 —— 都会使我们想说：假若每当 $x-a$ 的绝对值"非常小"时，差 $f(x)-f(a)$ 的绝对值也"非常小"，那么函数 $f(x)$ 在所给的一点 $x=a$ 处是连续的.

这样来理解连续性，看起来，是差不多正确的了，但是这里还有关于"非常小"量这个观念的主观性和相对性是个阻碍，即 1 cm 对一列以全速度运动着的火车来讲，当然是非常小了，它只要一秒的几分之几就通过；但是对运动着的微生物而言，这是一个极大的量，它要好几年才爬得完呢！

§ 44 函数在一点连续的定义

要想摆脱上述“相对性”而完全用数学的方式下定义，我们应当把连续性理解如下.

定义 Ⅰ 函数 $f(x)$，假若不等式 $|f(x)-f(a)|<\varepsilon$（其中 ε 为预先取好的任何正数），每当 $|x-a|<\eta$（其中 η 为某个特别选择的正数，其大小依预先所取的 ε 而定）满足时，就一定成立，则叫作在点 a 连续.

因此，函数 $f(x)$ 在点 a 的连续性，在数学上是用下面两个基本不等式来表达的，即有

$$|f(x)-f(a)|<\varepsilon \tag{1}$$

$$|x-a|<\eta \tag{2}$$

其中不等式(1) 应当是不等式(2) 的推论.

读者不难找到这两个不等式的意义. 不等式(1) 表示：函数 $f(x)$ 的数值与函数在点 a 的数值 $f(a)$ 相差“任意小”. 不等式(2) 表示：自变量 x 是“足够趋近”a 的. 最后，不等式(2) 满足时，不等式(1) 就成立的这个要求，正是说：当自变量足够趋近 a 时，函数 $f(x)$ 与 $f(a)$ 相差“任意小”.

定义Ⅱ 若函数 $f(x)$ 在点 a 不是连续的，则我们说：该函数在该点是间断的.

§ 45 函数在一点的连续性的几何表示法

我们都已知道（见 §30），每一个函数 $y=f(x)$ 在几何上是表示为一条曲线的. 为了要在几何上表现这个函数在给定一点的连续性，只要用几何的言语把 §44 的基本不等式(1) 和不等式(2)“翻译”出来.

§44 的基本不等式(1)，其中我们直接用字母 y 代替 $f(x)$，在平面 XOY 上割出了一条宽为 2ε，中线为 $y=f(a)$ 的水平宽带，直线 $y=f(a)$ 通过曲线上一点 $M(a,f(a))$，平行于 OX 轴. 实际上，只有在这样的宽带内才包含这种点，其纵坐标与 $f(a)$ 的差小于 ε（图 42）.

§44 的基本不等式(2)，在平面 XOY 上割出了一条宽为 2η，中线为 $x=a$ 的垂直宽带，直线 $x=a$ 通过曲线上所给的点 M，且平行于纵坐标轴 OY. 实际上只有在这条宽带之内才包含这种点，其横坐标与 a 的差小于 η（图 43）.

因此，§44 的基本不等式(1)(2) 两个一起，在平面 XOY 上割出了一个小长方形 R，它是上述两条带 —— 水平的与垂直的 —— 交割的共同部分. 这个长

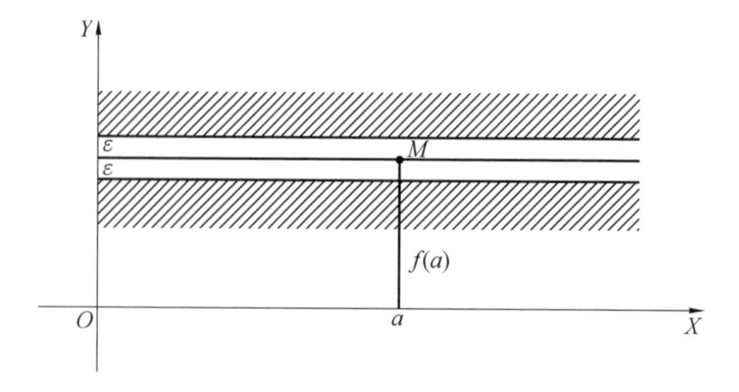

图 42

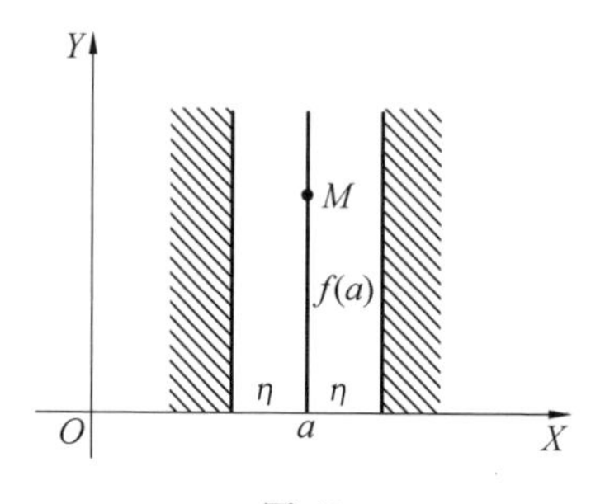

图 43

方形的高是任意小，等于 2ε；其底边等于正数 2η；而其中心正好是曲线 $y=f(x)$ 上所给的点 M. 要紧的是：当自变量 x 与 a 相差小于 η 时，曲线 $y=f(x)$ 的整个弧段都包含在这个小长方形之内. 这就是函数 $f(x)$ 在点 a 的连续性的几何表示法. 因此，曲线 $y=f(x)$ 在给定的一点 $M(a, f(a))$ 处是连续的，假若可找到一个各边平行于坐标轴的长方形 R，其中心即该点，其高为任意小的数 2ε，而当 x 在 OX 轴上 R 的射影内活动时，其相应的曲线部分完全包含在这个长方形之内(图 44).

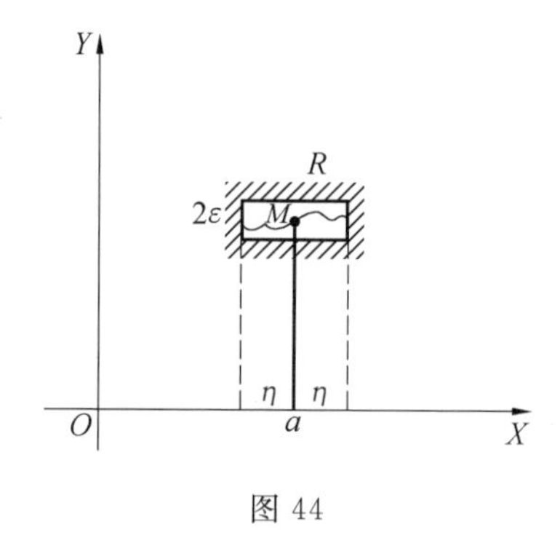

图 44

至于取好任意小的 2ε，曲线 $y=f(x)$ 移到这个高为 2ε 的矩形 R 之内后画成什么样的形状，则是完全无所谓的，因为这丝毫不影响函数 $f(x)$ 在所论点 a

处的连续性(图 45).

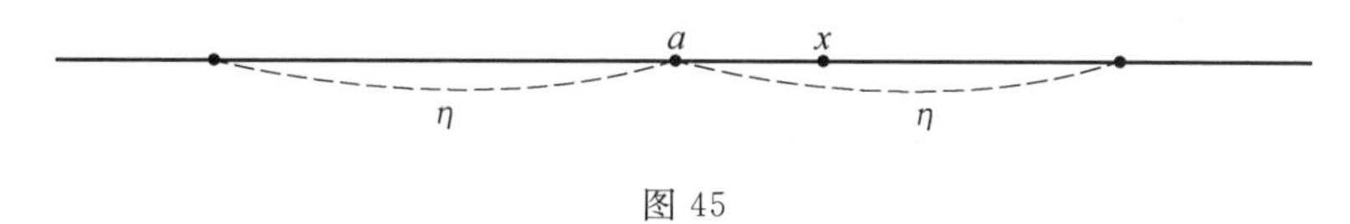

图 45

§ 46　在一点的一边及两边的连续性

函数 $f(x)$ 在点 a 连续的定义中,我们已经默认函数是确定在整个 OX 轴上,或至少确定在某个包含点 a 作为内点的线段$[c,d]$上的.这个假设的目的是要把自变量 x 大于 a 及小于 a 的一切邻近数值都考虑到,因此在 § 44 的基本不等式(2)中,自变量 x 的数值,不论是大于或小于 a 都没有关系,只要假定 x 与 a 两点的距离小于常数 η 即可.

因此,§ 44 的基本不等式(2)的成立,与 x 在 a 的哪一边,即左边或右边,毫无关系.

这样定义的函数 $f(x)$ 在点 a 的连续性,称为在点 a 的普通连续性或两边连续性.

假若 § 44 的基本不等式(2),只假定在点 a 的一边(左或右)成立,而且这样满足之后,§ 44 的基本不等式(1)也就满足了,那么函数 $f(x)$ 的这种连续性称为一边连续性,即当点 x 位于点 a 的右边或与点 a 重合时,则称为右边连续型;又当点 x 位于点 a 的左边或与点 a 重合时,则称为左边连续性.

在几何上,一边连续性的表示法与两边连续性的相同,即像以前一样,当点 x 位于长方形 R 在 OX 轴上的射影内时,则曲线应包含在这个长方形 R 之内.这个长方形的高仍为 2ε,不过现在曲线 $y=f(x)$ 上的所给点 $M(a,f(a))$ 不是长方形的中心,而是其左边的中点(在右边连续的情形)或其右边的中点(在左边连续的情形)(图 46,图 47).

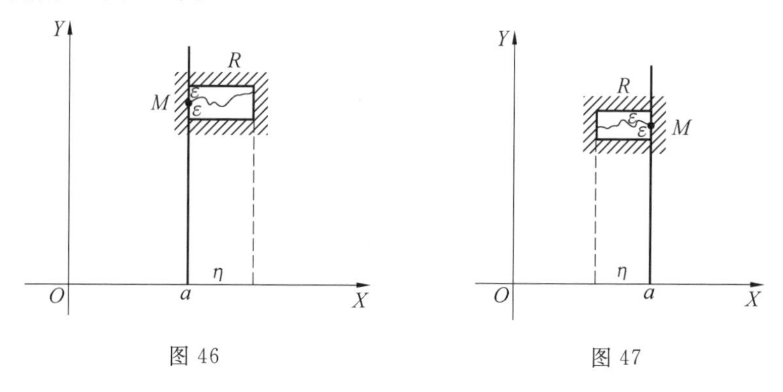

图 46　　图 47

很明显，假若函数 $f(x)$ 在点 a 是两边连续的话，则它同时是左边和右边连续的. 在这种情形，长方形 R 被直线 $x=a$ 一切为二，各表明左边连续性及右边连续性. 反之，也很明显，若函数在点 a 同时是左边及右边连续的，则它在该点是两边连续的. 这只要把两个长方形 R（右边及左边的）合并为一个就可以明了；要是两个长方形的底边不相等，就削减较长的那个底边，使之相等.

例：函数 $f(x)$ 当 x 为负数时，等于 -1，又当 x 为其他一切数值时，$f(x)$ 等于 $+1$. 显而易见，该函数在点 $x=0$ 是右边连续的；在点 $x=0$ 的左边它是不连续的，因为对于每一个小于零的 x 数值，我们有 $|f(x)-f(0)|=2$，故 §44 的基本不等式(1) 对于 x 的负值不能成立（图 48）.

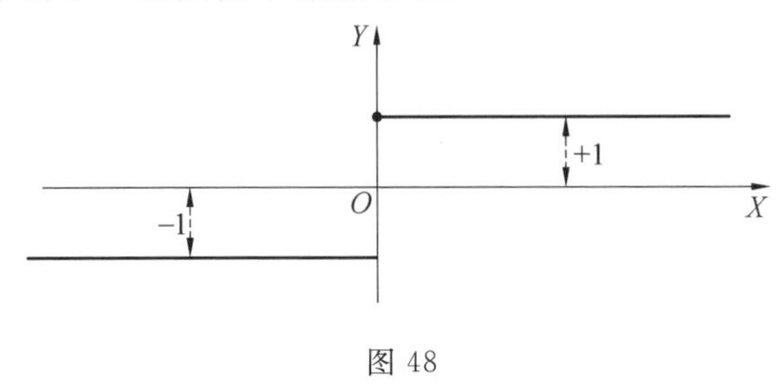

图 48

§47 在一点连续的函数的最重要性质

性质Ⅰ 函数 $f(x)$ 在一点 a 的连续性，完全相当于下面一回事，即当自变量 x 以任意方式趋近 a 时，函数 $f(x)$ 的数值趋近 $f(a)$.

证明 所谓“相当”应使我们把证明分为两部分. 第一，要假定函数 $f(x)$ 在点 a 是连续的，然后证明：当 x 以任意方式趋近 a 时，变量 $f(x)$ 趋近 $f(a)$. 第二，要假定当 x 以任意方式趋近 a 时，$f(x)$ 的数值是趋近于极限 $f(a)$ 的，然后证明：函数 $f(x)$ 在点 a 是连续的.

证明的第一部分 若变量 x 趋近极限 a，则由某瞬时起，§44 的基本不等式(2) 就一定满足了. 但按假设，函数 $f(x)$ 在点 a 是连续的，故由那瞬时起，§44 的基本不等式(1) 也成立了，这说明了 $f(a)$ 是变量 $f(x)$ 的极限.

证明的第二部分 因为当自变量 x 以任意方式趋近极限 a 时，$f(x)$ 的数值即趋近 $f(a)$，所以我们可以选择两种特别的趋近法，让 x 由这一边或另一边单调连续地趋近 a，就是说让点 x 随着时间的推移无限地接近点 a，而且总是以同一方向向点 a 运动，绝不跳跃，也不会达到点 a. 由此可知，从某瞬时起（即 x 足够接近极限 a，§44 的基本不等式(2) 成立时）§44 的基本不等式(1) 就一定成立，这就是说，函数 $f(x)$ 在点 a 是连续的.

证明完毕.

注 从上述性质 Ⅰ 的证明可看到:函数 $f(x)$ 在点 a 一边的连续性相当于:当自变量 x 由一边(函数连续的一边)以任意方式趋近点 a 时,该函数的数值趋近极限 $f(a)$.

普通连续性(两边连续性)相当于:x 由两边以任意方式趋近点 a 时,$f(x)$ 趋近于极限 $f(a)$.

上面所证明的,在一点连续的函数的重要性质 Ⅰ,还可以叙述如下:

函数在一点 a 的连续性,相当于下面两个基本等式

$$\lim f(x)=f(a) \tag{1}$$

$$\lim x=a \tag{2}$$

其中第一个等式,当 x 以任意方式,或至少以单调无跳跃的方式趋近 a 时,一定成立.

由性质 Ⅰ 的证明即可证明这个叙述是正确的.

注 上面说的"无跳跃"这个词是非常重要的,不是多余的.因为,当自变量 x 单调跳跃地趋近 a 时,第一个基本等式的成立,并不保证函数 $f(x)$ 在点 a 是连续的.

例:我们取函数 $f(x)=\sin\dfrac{1}{x}$,除 $x=0$ 之外(在该点函数无数值),对于一切 x,函数值都已确定.因此,我们可以假定 $f(x)=0$.

设 n 为正整数,若 n 无限增大,则 $x=\dfrac{1}{2\pi n}$ 是一个正变量,单调地,也就是常减地趋近于 0.因此,我们得到以单调方式满足的基本等式(2)$\lim x=0$.另外,对于自变量 x 的这些数值,显然我们有恒等式 $f(x)=0$,故在取极限时,有 $\lim f(x)=0$.鉴于 $f(0)=0$,因此基本等式(1)$\lim f(x)=f(0)$ 也成立了.

这样,基本等式(1) 及(2) 都满足了,而且第二个等式还是以单调方式满足的.可是,点 $x=0$ 确实是所论函数 $f(x)$ 的间断点(左边右边都不连续).为了证明这件事,只要让自变量 x 连续地减小到 0 就行了.在这种情形,分数$\dfrac{1}{x}$ 连续增大,趋向正无穷大.因此,当 x 趋近 0 时,函数 $f(x)=\sin\dfrac{1}{x}$—— 因为它是连续增加的角度$\dfrac{1}{x}$ 的正弦 —— 应当在 $+1$ 与 -1 之间摆动无穷次,所以,当 x 连续减小趋近 0 时,它不可能有极限.这样,函数 $f(x)=\sin\dfrac{1}{x}$ 在 $x=0$ 处是右边间断的.同样它在 $x=0$ 处也是左边间断的,因为自变量 x 的正号变为负号时,函数 $f(x)$ 只改变它的正负号,并不失掉它(在 $+1$ 与 -1 之间) 的摆动性质.

为什么上面的两个基本等式(1) 及(2) 都成立,而函数依然不是连续的

呢？这个理由可以说明如下：当n趋向$+\infty$或$-\infty$时，我们在那里所引用的自变量$x=\frac{1}{2\pi n}$虽然是单调趋近于0的，然而是跳跃地趋近于0的，所以不能保证函数的连续性.

推论 Ⅰ　连续函数取极限时，可以把极限符号搬到函数符号之内，就是说：下面的等式是正确的，即

$$\lim f(x)=f(\lim x) \tag{3}$$

这个等式告诉我们，若要计算连续函数的极限，只需计算该函数在其自变量的极限处的数值.

为了证明它，我们将基本等式(1)中的字母a用基本等式(2)的表达式代替，这就得到所要证明的等式(3).

等式(3)的简单明了，使我们想把它用作函数在一点连续的定义，来代替前述两个基本等式(1)及(2).但是应该注意，等式(3)有些不清楚的地方，因为还需另外指出：函数f还不一定是处处连续的，而只是在点$\lim x$处是连续的，并且这时x是以任意方式趋近于点$\lim x$的.但是附带着这种说明的等式(3)，就变得太烦琐，失去了它表面上的简单性.因此，还不如取两个基本等式(1)和(2)了.

推论 Ⅱ　回到§40，我们看到，对于多项式与有理函数(在分母不为零的条件下)基本等式(1)及(2)都是证明了的.由此，我们可得出结论：系数为常数的多项式

$$P(x)=Ax^{m}+Bx^{m-1}+\cdots+Gx+H$$

到处都是连续的，以及系数为常数的有理函数

$$R(x)=\frac{Ax^{m}+Bx^{m-1}+\cdots+Gx+H}{Kx^{n}+Lx^{n-1}+\cdots+Mx+N}=\frac{P(x)}{Q(x)}$$

在每一点(但使分母变为零的自变量x的点是例外)，都是连续的.这些例外的点都是方程$Q(x)=0$的根，其个数不大于n，在这些点处函数$R(x)$有时候是间断的.

例：函数$f(x)=\frac{1}{x-1}$在每一点(但$x=1$是例外)都是连续的.在$x=1$这一点，它是不连续的，因为当x无限趋近1时，函数没有极限，由于它的数值趋向无穷大.

虽然函数的连续性是一般性的现象，但是对于其他函数(即非有理函数)，这种连续性的证明要难得多，需要先讲特别的，检验连续性的法则留在下节中讲.

性质 Ⅱ　(关于连续性的算术定理)将两个在点a连续的函数相加、相减、相乘、相除(但分母在点a不得为零)之后，我们得到的依然是在这一点连续的

函数.分母在点 a 为零时,一般地,就会失去在点 a 的连续性.

证明 我们已经知道:两个函数 $u(x)$ 及 $v(x)$ 在点 a 连续,相当于,当 $\lim x=a$ 时,有一组等式 $\lim u(x)=u(a)$ 与 $\lim v(x)=v(a)$ 成立.因此,根据关于极限的几个基本定理(§40),我们得到等式

$$\lim[u(x)+v(x)]=u(a)+v(a)$$

$$\lim[u(x)-v(x)]=u(a)-v(a)$$

$$\lim[u(x)\cdot v(x)]=u(a)\cdot v(a)$$

$$\lim\frac{u(x)}{v(x)}=\frac{u(a)}{v(a)}\quad(v(a)\neq 0)$$

因为在取这些极限时,自变量 x 可以以任意方式趋近 a,所以上述关于连续性的算术定理证明完毕.

我们要知道:上述性质不一定限于两个在点 a 连续的函数,而是对于三个、四个,一般说来任意固定个数的函数都是成立的.因为利用括号总可以把,例如,三个函数的和与乘积表达为两个函数的和与乘积,即

$$u(x)-v(x)+w(x)=[u(x)-v(x)]+w(x)$$

$$u(x)\cdot v(x)\cdot w(x)=[u(x)\cdot v(x)]\cdot w(x)$$

但是,若函数的个数不是有限的,例如是无止尽地增加着的,则上述性质就可能不成立了.

推论 Ⅲ (关于函数的函数连续性)对于函数的函数 $\varphi(f(x))$ 来说,若内函数 $f(x)$ 在点 a 是连续的,外函数 $\varphi(y)$ 在点 $f(a)$ 是连续的,则函数的函数 $\varphi(f(x))$ 在点 a 是连续的.

证明 因内函数 $f(x)$ 在点 a 连续外,故当 $\lim x=a$ 而且 x 可以以任意方式接近 a 时,$\lim f(x)=f(a)$.另外,因为外函数 $\varphi(y)$ 在点 $f(a)$ 是连续的,所以当 $\lim y=f(a)$ 时,$\lim\varphi(y)=\varphi(f(a))$.因此,我们有

$$\lim_{x\to a}\varphi(f(x))=\lim_{y\to f(a)}(\varphi(y))=\varphi(f(a))$$

因为 x 可以以任意方式趋近 a,所以函数的函数 $\varphi(f(x))$ 在点 a 的连续性证明完毕.

举个例子来说:函数的函数 $\varphi(f(x))$ 的连续性,是由两个个别连续性的作用产生的,即内函数 f 的连续性和外函数 φ 的连续性.

完全相仿,多重函数的函数,例如 $\Psi(\varphi(f(x)))$,只要内函数 $f(x)$ 在点 a 是连续的,中函数 φ 在点 $f(a)$ 是连续的,又外函数在点 $\varphi(f(a))$ 是连续的,则 $\Psi(\varphi(f(x)))$ 在点 a 是连续的.其他依此类推.

§ 48　检验连续性的法则

为了要做出这个法则,先把表达函数 $f(x)$ 在点 a 连续的两个基本等式,即 $\lim f(x)=f(a)$,$\lim x=a$ 改写为:$\lim[f(x)-f(a)]=0$ 和 $\lim(x-a)=0$. 这样写是可以的,因为 $f(a)$ 与 a 都是常数,所以 $f(a)$ 与 a 的极限就是它们本身.

其次用 h 来表示差 $x-a$,也就是写出 $x-a=h$. 由此我们有 $x=a+h$,这使我们把上面两个等式改写为

$$\lim[f(a+h)-f(a)]=0 \tag{1}$$

$$\lim h=0 \tag{2}$$

我们不难表述上面这组等式. 为此,我们把数 a 当作自变量的老值,而把 x 当作它的新值. 在这些条件下,差 $x-a=h$ 显然就是自变量的增量,而差 $f(a+h)-f(a)$ 就是增量 $\Delta x=h$ 所引起的函数的增量(见 § 29).

显然,等式(1) 及(2) 应该念作:函数 $f(x)$ 在点 a 连续相当于,当自变量 x 的增量 h 为无穷小时,函数的增量 $f(a+h)-f(a)$ 变为无穷小.

由等式(1) 与(2) 很容易导出一个非常重要的,检验连续性的实用法则. 不过,根据实际上有用的原则有:

在函数 $y=f(x)$ 的符号 f 内应尽可能少做变化,所以仅仅为了实用方便起见,我们常用别的符号.

因此,我们仍用字母 x 代替字母 a,用自变量增量的符号 Δx 代替字母 h. 于是等式(1) 及(2) 取得下面的形式,即

$$\lim[f(x+\Delta x)-f(x)]=\lim \Delta y=0$$

$$\lim \Delta x=0$$

由此得检验连续性的法则,有:

第一步:在函数 $f(x)$ 中用 $x+\Delta x$ 代替 x,就得到函数的新值 $f(x+\Delta x)$.

第二步:从函数的新值 $f(x+\Delta x)$ 减去其老值 $f(x)$,因而求得函数的增量 $\Delta y=f(x+\Delta x)-f(x)$.

第三步:把 x 当作常数,令 Δx 无限减小,求出表达式

$$f(x+\Delta x)-f(x)$$

的极限. 如果对于点 x,得到 $\lim \Delta y=0$,那么函数 $f(x)$ 在该点连续.

读者应当做许多例题以熟练这项法则.

例:试检验函数 $\sin x$ 的连续性.

解:设 $y=\sin x$.

第一步:$y+\Delta y=\sin(x+\Delta x)$.

第二步

$$\begin{aligned} y+\Delta y &= \sin(x+\Delta x) \\ -y \quad &= \sin x \\ \hline \Delta y &= \sin(x+\Delta x)-\sin x \end{aligned}$$

应用三角公式

$$\sin a-\sin b=2\sin\frac{a-b}{2}\cdot\cos\frac{a+b}{2}$$

（设 $a=x+\Delta x$ 及 $b=x$）我们得到

$$\Delta y=2\sin\frac{\Delta x}{2}\cdot\cos\left(x+\frac{\Delta x}{2}\right)$$

第三步：令 Δx 无限减小，则显然 $\sin\frac{\Delta x}{2}$ 也无限减小. 因为其他两个因子 2 和 $\cos\left(x+\frac{\Delta x}{2}\right)$ 是有界量，而“有界量乘无穷小仍是一个无穷小”（§39，性质 Ⅱ），所以 $\lim\Delta y=0$. 因此，函数 $\sin x$ 在每一点 x 都是连续的，这可以从图 49 看出来.

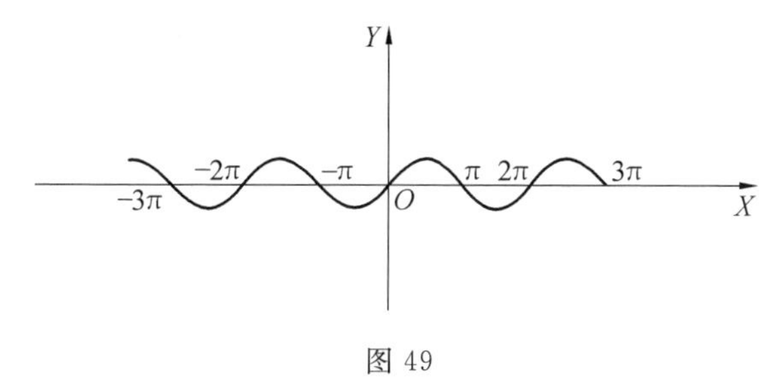

图 49

我们要知道：现在无须任何计算就可以肯定函数 $\cos x$ 在每点 x 都是连续的，因为 $\cos x$ 可以写为 $\sin\left(\frac{\pi}{2}-x\right)$，而根据函数的连续性定理，这是在每一点 x 都连续的函数.

由此得出了所有基本三角函数 $\tan x$，$\cot x$，$\sec x$ 及 $\csc x$ 的一般连续性，因为它们的正弦与余弦的表达式可用$\frac{\sin x}{\cos x}$，$\frac{\cos x}{\sin x}$，$\frac{1}{\cos x}$ 和$\frac{1}{\sin x}$ 表明，它们的连续性只在其分母等于零时才可能不存在，亦即对于正切与正割来说，在 $\cos x=0$ 的各点是不连续的；对于余切与余割来说在 $\sin x=0$ 的各点是不连续的. 故 $\tan x$ 及 $\sec x$ 只在 $x=n\pi+\frac{\pi}{2}$ 处可能是间断的；而 $\cot x$ 及 $\csc x$ 则只在 $x=n\pi$ 时可能是间断的，其中 n 表示整数.

§49　在线段上连续的函数的性质

基本定义　确定在线段$[a,b]$上的函数 $f(x)$，假若在该线段上每点（包括端点）处都是连续的，则称 $f(x)$ 为该线段上连续的函数.

因为函数 $f(x)$ 可能在线段$[a,b]$之外根本不存在，所以函数在端点的连续性应当理解为一边连续，即在点 a 是右边连续；在点 b 则是左边连续.

在线段上连续的函数，具有一系列极重要的性质，我们将讲述其中三个最主要的.

现在，我们只叙述这三个性质，并不想证明它们，因为虽然这些性质是从线段上连续性的定义本身所导出的逻辑结论，然而它们的导出是非常难的，并且必须依据于一个特别的原理，而这个原理读者以后也不会碰到.

我们建议读者在第一遍阅读时，不去读它，把所讲的性质认为是"明显的"，至少对于那些从几何上或力学（运动学）上得来的连续函数来说，是这样的.

性质 Ⅰ　线段上连续的函数，在该线段上所取的数值中，总有一个最大值，及一个最小值.

就几何意义而言，这表示连续曲线 $y=f(x)$ 在线段$[a,b]$上总有最大的纵坐标 $f(c)=M$，及最小的纵坐标 $f(d)=m$，其中 c 与 d 是该线段上两个适当的点. 因此，在该线段$[a,b]$上函数 $f(x)$ 的所有数值恒介于这两个数 M 及 m 之间，就是说我们有

$$m\leqslant f(x)\leqslant M$$

其中 x 是线段$[a,b]$上的任意一点（图 50）.

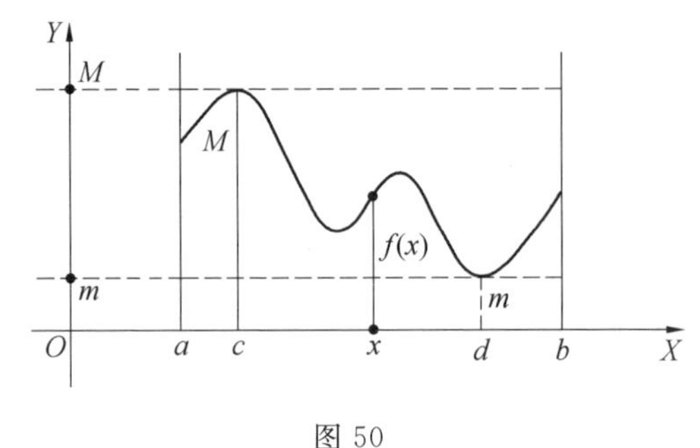

图 50

由此而知，在线段上连续的函数不可能跑向无穷大（不跑向$+\infty$，也不跑向$-\infty$），因为在整个线段上它的全部数值应该是有界的，而这又是由于函数 $f(x)$ 在该线段上可能取到的数值，都应该位于 OY 轴的线段$[m,M]$上的缘故. 我们注意：这个线段是不能再减小的，因为它的端点 m 及 M 是函数能取到的.

性质 Ⅱ 在线段上连续的函数,若其正负号有所改变,则一定通过零. 在线段上连续的函数,若其最大数值为 M,最小数值为 m,则在该线段上可以取到任意的中间数值 l,这里 $m < l < M$.

这个性质的第一部分表明:联结着 OX 轴上下两点 A,B 的连续曲线 $y = f(x)$,一定和 OX 轴交于某个中间点 C(图 51).

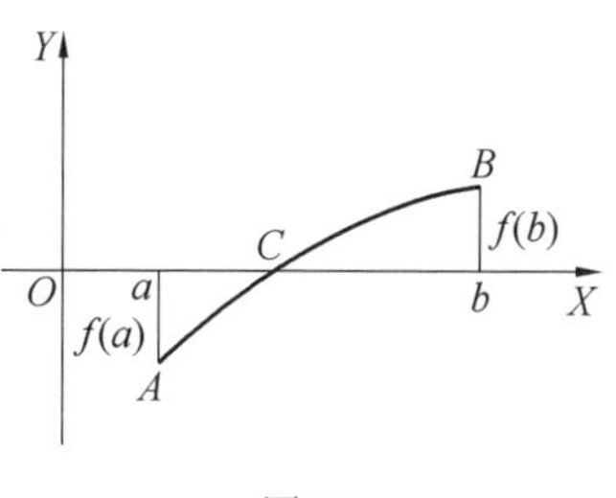

图 51

这个性质的第二部分,当然是更广泛的命题,它立刻可以归结到第一部分去. 事实上,我们取函数 $\varphi(x) = f(x) - L$. 显然,它也是在线段 $[a,b]$ 上连续的. 但是在点 $C(c,0)$(在这点 $f(c) = M$),我们有 $\varphi(c) = M - L > 0$,而在点 d(在这点 $f(d) = m$),我们有 $\varphi(d) = m - L < 0$. 故 $\varphi(x)$ 在线段 $[a,b]$ 上改变正负号. 因此,根据本性质的第一部分,在这个线段上存在一点 ξ,使 $\varphi(\xi) = 0$. 这就是说,$f(\xi) = L$;这样,性质 Ⅱ 的第二部分就证明完了.

性质 Ⅲ 当自变量的差 $x'' - x'$ 趋近零时,在线段上连续的函数 $f(x)$ 的数值差 $f(x'') - f(x')$ 也趋近零.

这是在线段上的连续性的重要性质之一,但不要把它与通常的在一点的连续性混为一谈. 就连续于一点的情形来说,x' 和 x'' 之中有一个点,当另一个点以它为极限而无限趋近时,是固定的. 但就连续于线段上的情形来说,无须固定 x' 与 x'' 之中的任何一个,即它们两个都可能是动点,都可以在基本线段 $[a,b]$ 上任意运动. 例如,它们可以从线段的一端到另一端不停地,而且振幅并不减小地、像钟摆似地荡来荡去. 唯一我们所要求于它们的,是要它们在运动的过程中彼此无限接近,因为,只要在这个条件下,函数的数值差 $f(x'') - f(x')$,就成为无穷小了.

在线段上连续的函数的这个性质,常称为均匀连续性.

像在一点的普通连续性一样,在线段上的均匀连续性,也能用一组(包括两个)基本不等式来表达,而完全无须提到时间. 这组不等式如下

$$| f(x'') - f(x') | < \varepsilon \tag{1}$$

$$| x'' - x' | < \eta \tag{2}$$

这里一旦我们使第二个不等式满足时,第一个不等式就应当自动满足,其中正数 ε 应该是先选择好了的任意小的数,而正数 η 应当在 ε 已知之后再选择好. 在这种意义之下,η 是在一定程度上依赖于数 ε 的.

在线段上连续的函数的性质的证明 线段收缩于一点的原理:如果直线上有无穷多个一个包含一个的线段 $\sigma_1 > \sigma_2 > \sigma_3 > \cdots > \sigma_n > \cdots$,且当 n 增加时,这些线段的长趋近零,那么在直线上恒存在一个定点,它位于所有的这些线

段之中.

这个原理的名称本身是由下述情况而来的,当指标 n 增加时,无限减小的线段 σ_n 不是在直线上乱七八糟地移动,而是向一个定点 ξ 收缩,并且每个线段都必然包含这一点(图 52).

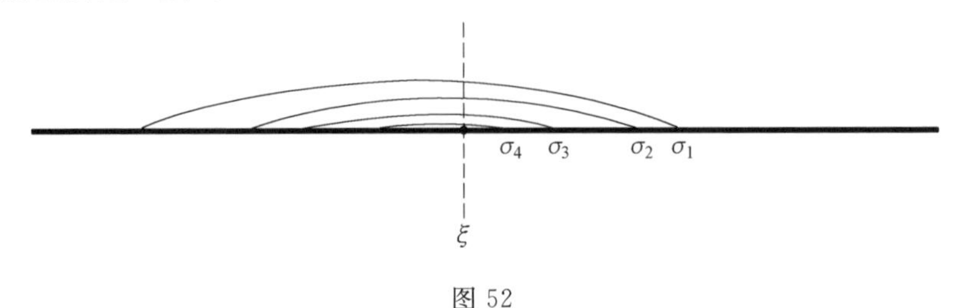

图 52

这个原理使我们马上可以建立下述的一般定理,这个定理在数学里有极大的理论意义,特别在我们要讲的证明里,都要以它为根据.

关于区间的一个定理 假若对于线段$[a,b]$的每一个点 c,都有一个包含它的特有区间 δ_c,则在许多特有区间中可以选取有限个区间,使它们全体包含全部线段$[a,b]$.

证明 将所给的线段$[a,b]$记为 σ_1,将它分为两个相等的线段.假若 σ_1 不能被有限个所说那种特有区间完全包含,则至少它的两个小线段(半个原来的线段)之一是不能这样辨别到的.把这个小线段记为 σ_2,又将 σ_2 二等分.因为线段 σ_2 不能被有限个所说那种特有区间包含,所以至少它有一半是不能这样办到的.我们用 σ_3 表示这半个线段,再如法炮制,继续做下去.

很明显,我们得到无穷个线段

$$\sigma_1 > \sigma_2 > \sigma_3 > \cdots > \sigma_n > \cdots$$

其中每一个都是其前面一个的一半,而且每一个都不能用有限个所说那种特有区间来包含.一方面,根据线段收缩于一点的原理,在原来的线段 σ_1 中存在一个定点 ξ,当 n 增加时,σ_n 向它收缩.

另一方面,这个位于原来的线段 $\sigma_1=[a,b]$ 中的定点 ξ,是一定被某一个固定的特有区间 δ_ξ 所包含的(图 53).这个定点自己就包含在这个区间之内,而且当指标 n 充分大时,线段 σ_n 一定整个在这个区间之内,因为 σ_n 是向定点 ξ 收缩的,而点 ξ 与区间 $\sigma_\xi=(\alpha,\beta)$ 的两个固定点 α 与 β 相差一段有限的距离.

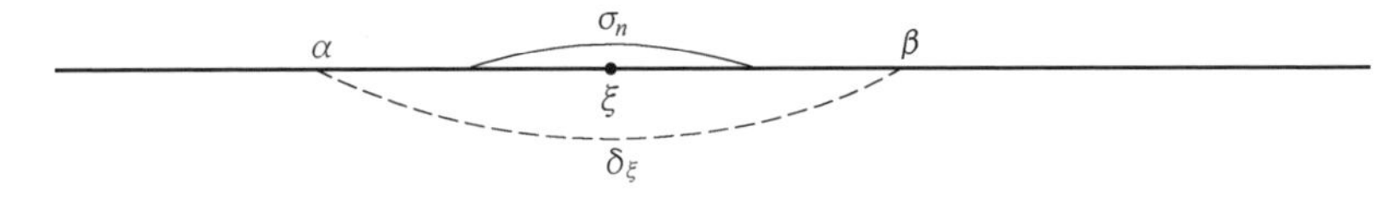

图 53

这样,就发现了:不能用有限个特有区间 δ_c 来包含的线段 σ_n,事实上却被一

个区间 δ_ξ 所包含了.

由推导的这个矛盾可知,最初的一个线段 $\delta_1=[a,b]$,应该是能够被有限个特有区间 δ_c 所包含的.

证明完毕.

最后我们引入下面的定义.

定义 一组有限个包含了所给线段 $\sigma=[\alpha,\beta]$ 的特有区间 Σ:$\delta_1,\delta_2,\cdots,\delta_k$,假若,为了要使该线段 σ 的每一点都包含在内,这些区间之中一个都不能省掉,则称为"最小组".

"最小组"Σ 具有一个特别的结构,这种结构可以使排列其区间 $\delta_1,\delta_2,\cdots,\delta_k$ 时不致有任何紊乱.为了看到这种结构是怎样的,我们首先注意下面这个非常简单的事实:

假若三个区间 Δ_1,Δ_2 及 Δ_3 具有公共点 M,则其中必有一个是包含在另外两个之和里的,这就是说,就包含而言,这个区间是多余的.

在图 54 中,区间 Δ_2 就显得是多余的,因为它包含在 Δ_1 与 Δ_3 的和里面.

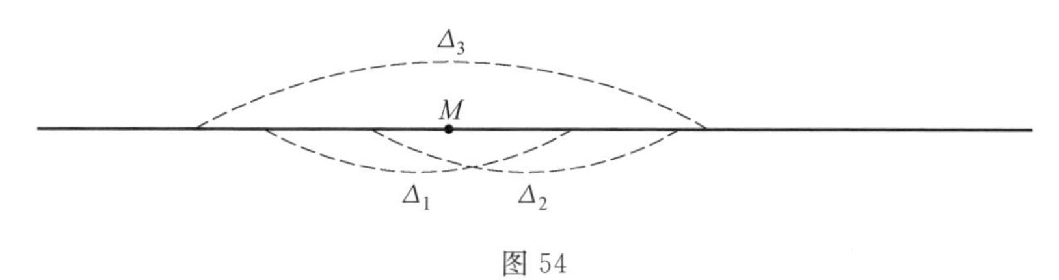

图 54

根据这个理由,我们可以说:在"最小组"Σ 里,其区间 $\delta_1,\delta_2,\cdots,\delta_k$ 中,不可能有任何三个是有公共点的.因此,只有两个连接的区间才能有公共点,这意味着,"最小组"总具有图 55 所示的样子.

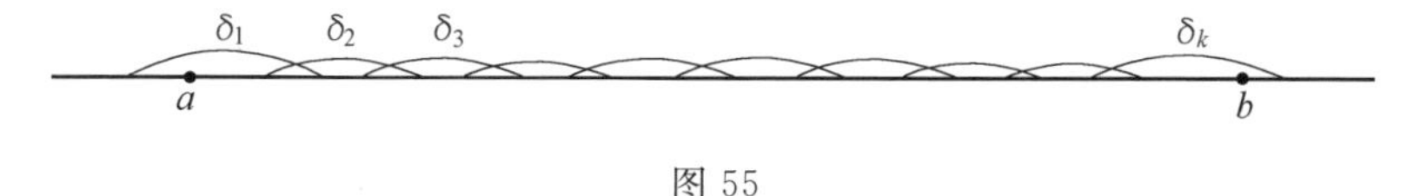

图 55

现在,我们就直接证明在线段$[a,b]$上连续的函数 $f(x)$ 的基本性质.证明的次序是反过来的,即先证明性质 Ⅲ,最后证明性质 Ⅰ.

性质 Ⅲ 的证明 设 $\varepsilon>0$ 是给定的数.因为函数 $f(x)$ 在线段$[a,b]$上每一定点 c 是连续的,所以基本不等式组

$$|f(x)-f(c)|<\frac{\varepsilon}{2} \tag{3}$$

$$|x-c|<\eta_c \tag{4}$$

是满足的,其中 η_c 是某一个正数,特别为所给的定点 c 及所给的 ε 选取的.

我们用 δ_c 表示一个区间,其中心是点 c,长为 $2\eta_c$,并称之为包含点 c 的"特有区间".

根据“关于区间的定理”，存在由特有区间 $\delta_1,\delta_2,\cdots,\delta_k$ 所组成的“最小组”Σ(图 55)，一起包含了整个线段$[a,b]$.

显然，这些特有区间 $\delta_1,\delta_2,\cdots,\delta_k$ 的界点把所给线段$[a,b]$分为许多小线段，我们用 η 表示其中最小线段的长度，$\eta>0$.

若 x' 及 x'' 是线段$[a,b]$中的任意两个点，又它们之间的距离小于 η，则我们有，不等式(2)

$$|x''-x'|<\eta$$

显然这样的两个点 x' 与 x''，一定都在最小组区间 $\delta_1,\delta_2,\cdots,\delta_k$ 中的某一个区间里. 设它们位于区间 δ_i(其中心是点 c_i)里，则由于不等式(3)，我们有

$$|f(x')-f(c_i)|<\frac{\varepsilon}{2}$$

及

$$|f(x'')-f(c_i)|<\frac{\varepsilon}{2}$$

这是因为两个点 x' 及 x'' 都在区间 δ_i 里. 由第二个式子减去第一个式子，我们最后得到不等式(1)

$$|f(x'')-f(x')|<\varepsilon$$

显然不等式(1)(2)就证明了性质 Ⅲ.

证明完毕.

性质 Ⅱ 的证明 首先我们注意，若函数 $f(x)$ 在线段$[a,b]$上某点 c 不等于零(即 $f(c)\neq 0$)，则总可以作一个包含点 c 的特有区间 δ_c，使在这个区间之内，处处有 $f(x)>\frac{f(c)}{2}$(若 $f(c)$ 是正数)，或 $f(x)<\frac{f(c)}{2}$(若 $f(c)$ 是负数).

要证明这点，我们取 $\varepsilon=\frac{1}{2}|f(c)|$. 由于函数 $f(x)$ 在点 c 连续，故总存在一个正数 η_c，使不等式

$$|x-c|<\eta_c \tag{5}$$

成立时，下面的不等式也成立

$$|f(x)-f(c)|<\varepsilon \tag{6}$$

我们可以取中点在 c，长为 $2\eta_c$ 的区间，作为包含点 c 的“特有区间”δ_c. 由上面所讲的可知，在这个区间 δ_c 内，不等式(6)恒成立. 这个不等式又可以写为等式 $f(x)-f(c)=\theta\varepsilon$，其中 $|\theta|<1$. 因此，我们有 $1+\theta>0$ 及 $-1+\theta<0$. 由于选择了 $\varepsilon=\frac{1}{2}|f(c)|$，故在 δ_c 内，我们到处有

$$f(x)=f(c)+\theta\frac{1}{2}|f(c)|=\frac{1}{2}f(c)+\frac{1}{2}\{f(c)+\theta|f(c)|\}$$

若 $f(c)>0$，则 $f(c)=|f(c)|$. 在这种情形下，括号$\{f(c)+\theta|f(c)|\}$是正数，

因为$\{f(c)+\theta\mid f(c)\mid\}=\mid f(c)\mid\cdot(1+\theta)>0$，所以$f(x)>\frac{f(c)}{2}$. 但是若$f(c)<0$，则$f(c)=-\mid f(c)\mid$. 在这种情形下，$\{f(c)+\theta\mid f(c)\mid\}$是负数，因为$\{-\mid f(c)\mid+\theta\mid f(c)\mid\}=\mid f(c)\mid\cdot(-1+\theta)<0$. 因此$f(x)<\frac{f(c)}{2}$.

由此，我们得到一个推论：若$f(c)\neq 0$，则我们所选择的全部特有区间δ_c上，函数$f(x)$的正负号处处与$f(c)$的相同.

我们立刻可以证明性质 Ⅱ. 设Σ是包含整个线段$[a,b]$的"最小组"区间$\delta_1,\delta_2,\cdots,\delta_k$. 由于我们假定函数$f(x)$在线段$[a,b]$的任何点处总不等于 0，故在所有的区间$\delta_1,\delta_2,\cdots,\delta_k$上，函数数值的正负号必定与函数在第一个区间$\delta_1$上的相同. 事实上，按上面所证明的，函数$f(x)$的正负号在每一个特有区间$\delta_i$上都不能改变. 但是第二个区间$\delta_2$是与第一个区间$\delta_1$有共同部分的. 因此，在这两个区间$\delta_1$与$\delta_2$上函数的正负号相同. 但$\delta_3$交接$\delta_2$，而$\delta_4$又交接$\delta_3$，等等，所以函数$f(x)$在所有这些区间$\delta_1,\delta_2,\cdots,\delta_k$上的正负号都一样，因此，它在线段$[a,b]$上没有一个地方变号.

因此，在线段上连续的函数，若在该线段的任何点都不等于 0，则该函数不可能变号.

这样就证明性质 Ⅱ 的第一部分. 至于性质 Ⅱ 的第二部分（连续函数$f(x)$，若取得两个数值，则必定取得介于这两值中间的任何一值），前文中早就证过了.

性质 Ⅰ 的证明　我们依然取性质 Ⅲ 的证明里所作的最小组区间Σ:$\delta_1,\delta_2,\cdots,\delta_k$. 在每一个区间$\delta_i$上我们都有不等式$\mid f(x)-f(c_i)\mid<\frac{\varepsilon}{2}$，其中$c_i$是该区间的中点. 由此可得不等式

$$f(c_i)-\frac{\varepsilon}{2}<f(x)<f(c_i)+\frac{\varepsilon}{2}$$

因此，若取k个常数$f(c_1),f(c_2),\cdots,f(c_k)$，并以$A$表示其最小值，$B$表示其最大值，我们就得到不等式

$$A-\varepsilon<f(x)<B+\varepsilon \tag{7}$$

这个不等式对于每一个区间δ_i都是正确的，这就是说，当自变量x跑遍所给的整个线段$[a,b]$时，它都是正确的.

由不等式(7)可知，函数$f(x)$在整个线段$[a,b]$上是有界的. 但是因为根据性质 Ⅱ，若函数$f(x)$取到某两个数值m'及M'，有$m'<M'$，则它一定也取得介于m'及M'之间的任何数值L'，有$m'<L'<M'$，作为它在线段$[a,b]$上某点ξ'处的数值亦即$L'=f(\xi')$，所以可知函数$f(x)$在线段$[a,b]$上所取到的数值，连续地填满了OY轴上的某个区间(m,M)（图 56）；而在界点m及M之外

的数值总不能被线段$[a,b]$上的函数$f(x)$所取到(译者注——这就是说x在$[a,b]$上活动时,$f(x)$取不到m及M以外的数值).

应当特别注意,m与M这两个界数是一定会被函数$f(x)$在$[a,b]$上取到的.

事实上,若说M是函数在$[a,b]$上所取不到的数值,则函数$\frac{1}{f(x)-M}$在线段$[a,b]$上是连续的,所以是有界的,但是这又是不可能的,因为$f(x)$分明可以取到任意趋近于M的数值.

这样就完全证明了性质Ⅰ.

图 56

注 性质Ⅲ(均匀连续性),显然只有对于连续函数才正确.而性质Ⅱ(取得一切中间数值)也常常是一些间断函数所有的.例如,函数$y=f(x)=\sin\frac{1}{x}$,补上条件$f(0)=0$后,取得线段$[-1\leqslant y\leqslant+1]$上的一切数值,而它在$x=0$处又是不连续的.

§50 函数的极限及其表示法·在无穷大处的极限

有时候有这种情形,对于自变量x的每一个数值都已定义了的函数$f(x)$,当变量x不跳跃地无限增加时,趋近于完全确定了的有限的极限.

这时候这个极限用$f(+\infty)$来记,写为

$$\lim_{x\to+\infty} f(x)=f(+\infty)$$

假若在这种情形下,$f(x)$根本没有极限,那么符号$f(+\infty)$并不表示什么内容,也不能写它,因为它根本没有意义.

相仿地,$f(-\infty)$表示变量$f(x)$在x连续(也就是不跳跃)且无限减小(代数值)时的极限(假如它存在的话),则有

$$\lim_{x\to-\infty} f(x)=f(-\infty)$$

举一个似是而非的定义函数的例子:"对于每一个有限的x数值,函数$f(x)$的数值等于零,即$f(x)=0$,而当x是正无穷大时,函数等于1,即$f(+\infty)=1$".像这样定义一个函数,根本没有意义,因为无穷大并不是数,所以自变量x的数值不可能等于$+\infty$.若写$f(+\infty)=1$,就应该注意,那不过是$\lim\limits_{x\to+\infty} f(x)=1$的缩写罢了.而在现在的情形下,这是不可能的,因为对于x的每

一个有限数值，$f(x)=0$，所以我们有 $\lim\limits_{x\to+\infty} f(x)=0$，而不是 1.

例 1：在图 57 中表示了一种情形，即 $f(+\infty)$ 及 $f(-\infty)$ 也是在 x 不大的两个数值处的函数 $f(x)$ 的真正数值. 在下面的例子中就完全没有这种情况.

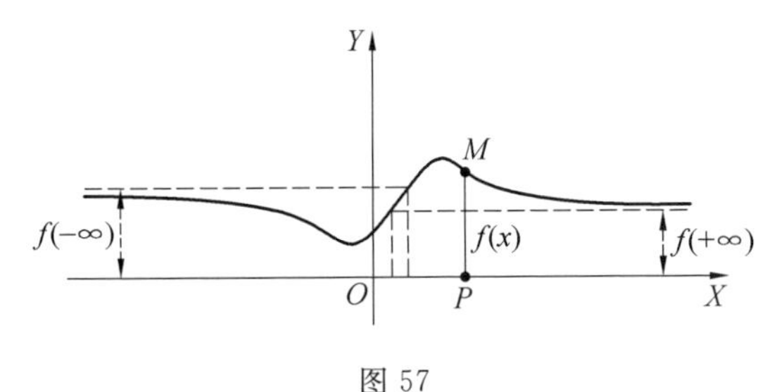

图 57

例 2：在图 58 的情形中，无论 x 是什么数值，两个极限值 $f(+\infty)$ 及 $f(-\infty)$ 都是函数 $f(x)$ 所取不到的.

因此，这两个数 $f(+\infty)$ 及 $f(-\infty)$ 不是在 x 的什么数处的函数值，而只是这些真正的函数数值的极限.

不难给出这个函数的式子来，即 $f(x)=\dfrac{x}{1+|x|}$. 若 $x>0$，则 $|x|=x$，故 $f(x)=\dfrac{x}{1+x}=1-\dfrac{1}{1+x}$. 因此，$f(x)$ 随着 x 的增加而变大，我们有 $\lim\limits_{x\to+\infty} f(x)=1$. 若 $x<0$，则 $x=-|x|$，故 $f(x)=-\dfrac{|x|}{1+|x|}=-f(|x|)$. 因此，$f(x)$ 随着 $|x|$ 的增加而减小，我们有 $\lim\limits_{x\to+\infty} f(x)=-1$.

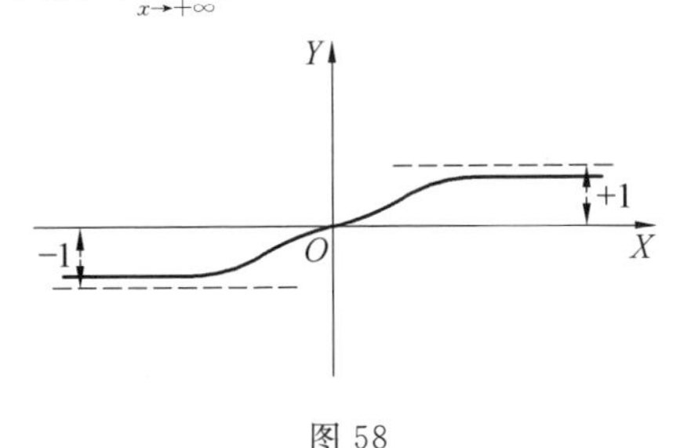

图 58

在一点的极限：像无穷大的情形一样，这种极限也有两个，即由左边趋近于 c，以及由右边趋近于 c，我们用符号 $f(c-0)$ 及 $f(c+0)$ 表示它们.

第一个极限 $f(c-0)$ 是这样得到的：假设自变量 x 连续增加，并且无限地趋近 c，但不等于 c. 假若在这种条件下，变量 $f(x)$ 具有极限，则称之为函数 $f(x)$ 在点 c 的左极限，以 $f(c-0)$ 记之，并写

$$\lim_{\substack{x\to c\\ x<c}} f(x)=f(c-0)$$

假若在所述条件下 $f(x)$ 没有极限，则符号 $f(c-0)$ 什么也不表示，也不能

写它，因为它根本没有意义.

第二个极限 $f(c+0)$ 也是同样得到的：令自变量 x 连续减小，并且无限地接近 c，但不等于 c. 假若在这种条件下，变量 $f(x)$ 具有极限，则称之为函数 $f(x)$ 在点 c 的右极限，以 $f(c+0)$ 记之，并写

$$\lim_{\substack{x \to c \\ x > c}} f(x) = f(c+0)$$

注　符号 $f(c-0)$ 及 $f(c+0)$ 的来源如下. 当 $x<c$，则 $x=c-h$，此处 h 是一个正数. 若 x 连续增加，无限接近 c（但不等于 c），则 h 连续地减至零，而且无论何时，我们恒有 $h>0$. 因此，在取极限之前，$f(x)$ 写成 $f(c-h)$，这里面的正的 $h \to 0$ 是连续减小到零的. 自然而然地，也把函数 $f(x)$ 的极限写为相仿的形式，就是说使得符号 $f(c-0)$ 依然保留了一个迹印，一望而知它所代表的那个数的来源①.

完全相仿，当 $x>c$，则 $x=c+h$，其中 h 为正数. 若 x 连续减小而无限接近 c，但又不等于 c，则 h 连续减至零，而且无论何时，我们恒有 $h>0$. 因此，在取极限之前 $f(x)$ 写成 $f(c+h)$，其中正数 h 连续减小趋于零. 自然而然地，我们要用 $f(c+0)$ 来表示这个极限本身.

无穷大不是一个数，读者还不至于把 $f(+\infty)$ 当作函数 $f(x)$ 的真正数值，以为是当 x 在某一定数值时函数的数值.

但是，在符号 $f(c-0)$ 中，若用得不小心，自己不搞清楚它的真正意义，那就会出问题，以为 $c-0$ 是一个数，而等于 c，于是就用以替代 $f(x)$ 中的 x，而后开始计算，最后把 $f(c-0)$ 与 $f(c)$ 混为一谈. 这是一个极大的错误，为了避免犯它，读者应牢记下面的法则：

把 $f(c-0)$ 当作一种象征的记法，就是说，不把 $f(c-0)$ 当作 x 等于 c 时函数 $f(x)$ 的真正数值，而当作，当 x 连续增加（恒小于 c）无限接近于 c 时，$f(x)$ 的真正数值的极限.

因此，不能把符号 $f(c-0)$ 里面的差 $c-0$ 拿出来做某些计算，而应当把 $f(c-0)$ 作为一个整体的符号，它是不能分割的，正如同我们不能把 $\arcsin x$ 中的 arc 与 $\sin x$ 分开来一样.

上面所讲的一切也适合于 $f(c+0)$.

从几何观点来看，符号 $f(c-0)$ 及 $f(c+0)$ 是极其明显的，不可能会有任何误解的. 这只要看一看图 59 就行了，图中表示了某个常增函数 $y=f(x)$.

这里可见，当自变量 x 恒小于 c，增加着，无限趋于极限 c 时，曲线的纵坐标

---

① 照字面（表面的，非象征的）来了解它们，当然是不能够的，因为往 c 上加一个或减一个零并不改变 c，$c+0=c$，$c-0=c$，所以从表面上而不是从象征的意义去了解它们时，$f(c+0)$ 及 $f(c-0)$ 不能给出什么有意义和有趣味的东西，只不过表示函数在点 c 的数值，这还不如干脆写成 $f(c)$ 好了.

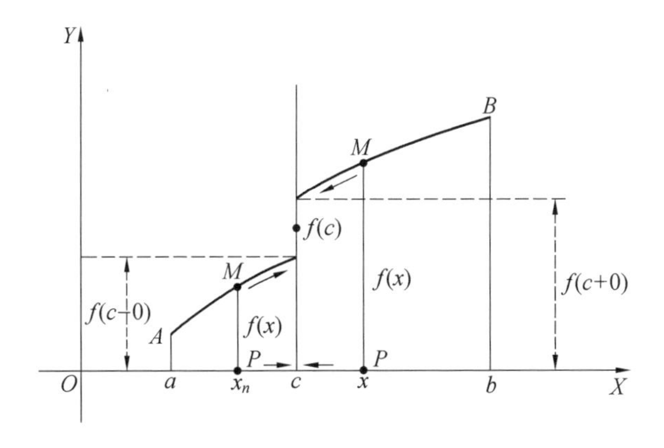

图 59

PM 趋近于某个极限 $f(c-0)$，它显然小于点 c 处函数 $f(x)$ 的数值 $f(c)$. 当 x 大于 c，减少而趋于极限 c 时，纵坐标 MP 趋近某极限 $f(c+0)$，它显然大于点 c 处函数 $f(x)$ 的数值 $f(c)$.

从这里足可以看到，一般地，三个数

$$f(c-0),f(c),f(c+0)$$

是彼此不同的. 在上面这种情形，只有第二个数 $f(c)$ 才是函数的真正数值(在点 c 的数值)，其余两个数 $f(c-0)$ 及 $f(c+0)$ 完全不是所论函数在什么点 x 处的数值，而只是函数的真正数值的极限.

例 3：取函数 $f(x)=\frac{x}{|x|}$，此中假设 $x\neq 0$. 若 $x>0$，则显然 $x=|x|$，故 $f(x)=+1$. 若 $x<0$，则 $x=-|x|$，故 $f(x)=-1$.

因此，函数 $f(x)$ 的整个图形是一根折断了的直线的两部分，各放在 OX 正轴之上，及负轴之下，距离 OX 轴都是 1. 应注意被折断的直线的下半部没有最右边的点，上半部也没有最左边的点(图 60).

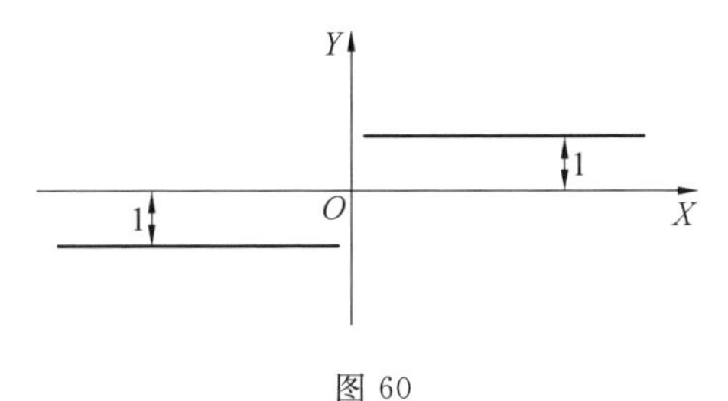

图 60

显然，$f(-0)=-1$，$f(+0)=+1$，而函数 $f(x)$ 在 $x=0$ 处完全没有数值，因为 $f(x)$ 的式子当 $x=0$ 时，就取得不能计算的形式 $\frac{0}{0}$.

下面来介绍函数在一点连续的充分和必要条件.

利用函数 $f(x)$ 在点 c 的左极限 $f(c-0)$ 和右极限 $f(c+0)$，我们可以很简单地把函数在这点的连续性表达出来.

根据在一点连续的函数的性质 Ⅰ（§47）我们知道，函数 $f(x)$ 在点 c 连续的充分必要条件是：当 x 单调无跳跃地趋近于 c 时，有等式 $\lim\limits_{x\to c} f(x)=f(c)$. 这就意味着，函数 $f(x)$ 的连续点 c 是完全由下面两个等式所刻画的，即

$$f(c-0)=f(c+0)$$

这样，函数 $f(x)$ 在点 c 连续的充分必要条件是下面两等式的实现，即

$$f(c-0)=f(c)=f(c+0) \tag{1}$$

注　等式(1)刻画了函数 $f(x)$ 在点 c 的普通(或两边)连续性. 假若我们只有第一个等式 $f(c-0)=f(x)$，那我们只能保证函数 $f(x)$ 在点 c 是左边连续的. 相仿地，若第二个等式 $f(c+0)=f(c)$ 成立，则函数 $f(x)$ 在点 c 一定是右边连续的.

§51　函数的间断的类型·可移去与不可移去的间断

从上面所讲的，显然可知，每一个间断点 c 的产生，只能出于下述两个原因.

第一个原因：两个极限 $f(c-0)$ 及 $f(c+0)$ 之中至少有一个不存在.

第二个原因：上面两个极限都存在而等式 $f(c-0)=f(c)=f(c+0)$ 不成立.

51.1 间断的第一个原因

这种间断的发生，是当 x 无限趋近于点 c 时，函数 $f(x)$：

(1) 或是跑到无穷大去(图 61 及图 62).

(2) 或是做无止尽的不减灭的摆动(图 63).

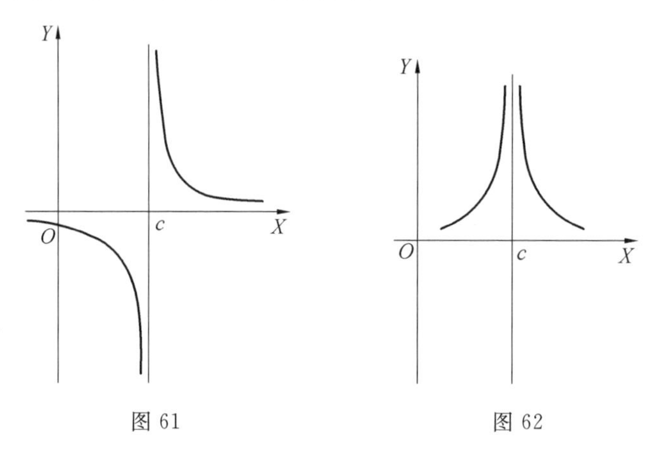

图 61　　图 62

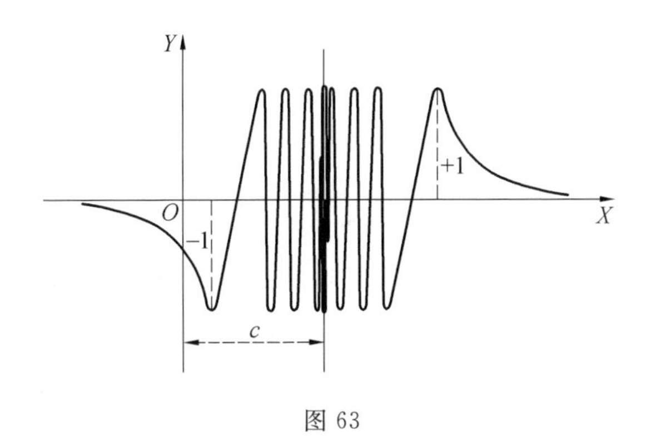

图 63

图 61 表示了函数 $y=\dfrac{1}{x-c}$ 的图线. 当 x 由左边趋近于 c 时, y 跑到 $-\infty$ 去; 当 x 由右边趋近于 c 时, y 跑到 $+\infty$ 去了. 图 62 表示了曲线 $y=\dfrac{1}{(x-c)^2}$. 当 $x\to c$(任意由一边), y 都跑到 $+\infty$ 去.

图 63 表示了函数 $y=\sin\dfrac{1}{x-c}$. 当 x 无限趋近于 c 时,它无穷次地在 $+1$ 与 -1 之间摆动.

51.2 间断的第二个原因

它是当两个极限 $f(c-0)$ 及 $f(c+0)$ 都存在时所发生的,因此:

(1) 或是我们有不等式 $f(c-0)\neq f(c+0)$(图 64).

(2) 或是在等式 $f(c-0)=f(c+0)$ 成立时,我们又有不等式 $f(c-0)\neq f(c)$(图 65).

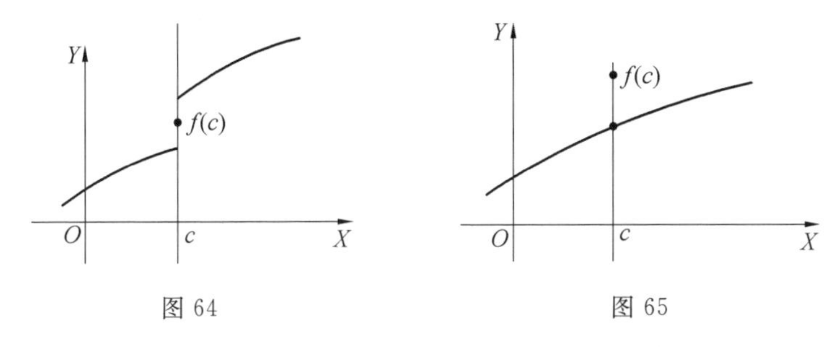

图 64　　图 65

图 64 表示了曲线 $f(x)$ 折断了的两支. 在这种情形下,函数在间断点 c 处的数值等于多少,完全没有关系,因为无论它是多少,总不能去掉左、右两支的折断性. 这表示,我们无法消去函数 $f(x)$ 在点 c 的间断性. 假若,由于某些缘故,我们可以任意选择函数 $f(x)$ 在点 c 的数值,那么至多只能使 $f(c)=f(c-0)$ 或

$f(c)=f(c+0)$. 显然,在第一种情形下,函数 $f(x)$ 在点 c 就变为左边连续的;在第二种情形下,则变成右边连续的了.

图 65 表示了最有趣味的所谓可移去的间断的情形,曲线的左、右两支都趋近于(垂线 $x=c$ 上的)同一极限点 $f(c-0)=f(c+0)$. 在这种情形,只是因为函数 $f(x)$ 在点 c 的函数值不等于这个共同的极限值 $f(c-0)=f(c+0)$,而等于某个别的数值 $f(c)$,才发生间断的现象.

从几何上说,我们应当把这个情形看作是:从连续于点 c 的曲线中取出了其横坐标为 c 的点,把它或者升到曲线之上或者落到曲线之下去了. 在这种情形,假若我们把从曲线取出的这一点拖回"原来的位置",那么我们显然又恢复曲线在点 c 的连续性了. 因此,若 $f(c-0)=f(c+0)$,我们只要改变 $f(x)$ 在一点 c 的数值,就总可以使 $f(x)$ 在点 c 连续. 所以,这种间断常称为可移去的间断.

所有别的间断,若只改变函数 $f(x)$ 在单独一点 c 的数值,是不能变为连续的,因此它们常称为不可移去的间断.

读者切不要以为函数的所有这些间断情形都是"非常抽象的""只有理论上"的意义而实践上"决不会"碰到的. 正相反,现代的技术正要碰到函数的这种性质[①]. 例如,在建筑问题中,梁的负荷常常是不均匀的,在它的一边有一种负荷,而在其紧接的另一边又有完全不同的另一种负荷. 这正相当于负荷函数的不可移去的间断(图 64). 梁上集中于一点的负荷,相当于其负荷函数的可移去的间断.

§52 表面间断以及所谓函数的"真值"·不定式的定值法

常常有这种情形,函数用算式表达,而算式在自变量的某个数值处失去了数的意义.

例如,函数

$$\frac{(x-c)^4}{x^3-3x^2\cdot c+3x\cdot c^2-c^3}$$

在 $x=c$ 时,什么也不等于,因为当 $x=c$ 时,式中的分子和分母都变为零了. 在这

① 据克路洛夫院士说:"实践上所碰到的典型的间断(或不连续)负荷情形如下,梁的各段上的负荷,个别说来都是连续的,但各段上连续的方式各自不同,而在好些点处有有限的限量",见克路洛夫院士著的《关于在弹性垫基上的梁的计算法》,列宁格拉 1930 年版第 26 页.

种情形,这个式子当然是不能计算的.

但是表示函数 $y=f(x)$ 的算式 $f(x)$ 在点 c 有这种不成立的情形,并不意味着函数本身在这一点也不成立.常常算式 $f(x)$ 在 $x=c$ 时不成立,以致不能计算 $f(x)$ 这个量(因为算式在点 c 失去了一切意义),而函数在这点并不显得特别,它还是照样平滑地通过去了,像在旁边的点一样.

更一般地来讲,当某个包含字母 x 的算式 $f(x)$,在自变量 x 的某个特殊数值 c 处,失去了数的意义时,我们自然而然地会以为,在点 c 函数的行程一定会有某种中断的现象,例如,有不可移去的间断.可是常常有这种情形,我们可以指定函数 y 在点 c 的一个数值,使得该函数在线段 $[a,b]$ 上依然是连续的.

显然,要这样的话,当自变量 x 趋近于点 c 时,这个函数应趋近某个确定的极限,而且这个极限应当与自变量由哪边(左或右)趋近于点 c 毫无关系.显然,若指定这个极限作为 y 在该点的数值,则我们就使得函数 y 在点 c 变成连续的了.这种可移去的间断,称为表面间断;而函数 y 在点 c 的极限值,称为函数在该点的"真值".

从几何上说,我们用一个点,让其在函数的左、右两支之间(函数趋近于这一点),来表示函数 y 的真值(图 66).

这样,发生这种情况时,只要直接算出 $f(c+0)$ 及 $f(c-0)$,就求得出函数 $y=f(x)$ 在点 c 的数值.假若这两个数相等,那么我们认为在点 c 函数依然成立,不成立的只是给出该函数的算式,这时就直接取共同的数值

$$f(c+0)=f(c-0)$$

作为 $f(c)$.这个数值,在这个情形之下,称为函数在点 c 的真值.我们知道,这样我们就恢复了函数 $f(x)$ 在点 c 的连续性.

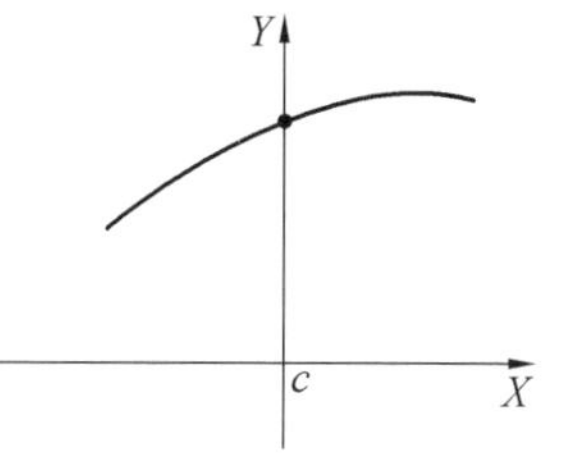

图 66

有时可以用代数方法恢复函数 $y=f(x)$ 的连续性,就是说,在式子中用适当的初等代数变换,如简化,消去同类项等方法,就去掉了算式在 $x=c$ 不成立的情形而不改变该函数在其他点处的数值.

由上面所讲的,可以知道,这种情形自然要作为表面间断的情形;这个间断并非由于函数本身有什么缺陷(就几何意义而言),而只因为表示这个函数的算式不能胜任,碰巧在 $x=c$ 时它失去了数的意义.

例如,算式

$$f(x)=\left(3x^2+\frac{1}{x-1}\right)-\frac{1}{x-1}$$

当 $x=1$ 时,就不能用来计算函数的数值了,因为这时两个分母都变成了零.

假如我们打开上面的括号,把 $+\frac{1}{x-1}$ 及 $-\frac{1}{x-1}$ 这两项"消去",这样做,

我们并没有改变在自变量 x 数值异于 1 处的函数数值，但是所讨论的算式却变成另一个算式了，即

$$\Phi(x)=3x^2$$

这个式子给出了一个连续函数，当 $x=1$ 时它的数值等于 3.

因为当 x 不等于 1 时

$$f(x)=\Phi(x)$$

所以由此可知，$f(1+0)=3$ 及 $f(1-0)=3$.

因此，只要假设 $f(1)=3$，我们就可以恢复函数的连续性，去掉因算式 $f(x)$ 在 $x=1$ 时不成立而引起的函数的表面间断. 一些算式可能纯粹由偶然的原因而同样失去数的意义，这样的例子，读者可由下面的情况发现得到，即只要把任一个连续函数 $f(x)$ 写为 $\frac{xf(x)}{x}$ 或 $\left[\frac{1}{x}+f(x)\right]-\frac{1}{x}$ 的形式，就足够使新的式子在 $x=0$ 处失去数的意义.

在现在的情形下，函数 $f(x)$ 所失去的数值 $f(0)$，只要经过"简化"之后就可以恢复.

所谓"简化"按其本质而言，就是把算式中某些部分消掉(正由于它们的存在，使得所写算式在某些点不成立而不能计算)，使算式在这些点变为可以计算. 同时这种简化并不改变这些点以外各自处的函数值，在简化后，显示出在这些点函数原是连续的，只不过这些被简化部分的存在，隐蔽了函数的连续性.

不过，用简单的纯粹代数方法恢复函数在点 c(算式不能计算处)的连续性，发现它在点 c 的真值，这种办法，还不是总可以办到的. 例如算式

$$f(x)=\frac{\sin x}{x}$$

显然在 $x=0$ 时不能算，因为分母为 0. 但是又不可能用任何纯粹代数方法消去这个零. 可是这个算式所给出的函数 $y=f(x)$ 在 $x=0$ 处是连续的，在这节之末我们将证明它，在证明里我们找到它在 $x=0$ 处的"真值"是 1.

求函数的"真值"一般说来是一件很难的事，因为在点 c 算式失去了意义，而求 x 趋近于 c 时的极限 $\lim f(x)$，又要用到微分学. 在微分学里，有极有效的确定函数的真值的方法，这些方法有时称为"不定式的定值法"(因为函数 $f(x)$ 在点 c 是未定的).

函数 $f(x)$ 在点 $x=c$ 的不定性，是由于在算式中设 $x=c$ 时，算式失去意义. 这种失去意义的情形，常常是由于 $x=c$ 时函数取得 $\frac{0}{0}$ 的形式. 一般地，不定性可以因函数在 $x=c$ 时取得下面七种不定形式的任一种而发生. 则有

$$\frac{0}{0},\frac{\infty}{\infty},0\cdot\infty,\infty-\infty,0^0,\infty^0,1^\infty$$

这些不定形式的定值法以后会讲到的(第 15 章).

作为结尾,我们在下面列出一个简单极限的表 1,它们在数学分析的研究中占很重要的地位. 在表 1 中假设 $a > 0$,c 总表示不等于零的数.

表 1

极限形式	常用的省写形式
$\lim\limits_{x\to 0}\dfrac{c}{x}=\infty$	$\dfrac{c}{0}=\infty$
$\lim\limits_{x\to\infty}cx=\infty$	$c\cdot\infty=\infty$
$\lim\limits_{x\to\infty}\dfrac{x}{c}=\infty$	$\dfrac{\infty}{c}=\infty$
$\lim\limits_{x\to\infty}\dfrac{c}{x}=0$	$\dfrac{c}{\infty}=0$
$\lim\limits_{x\to-\infty}a^x=+\infty$,若 $a<1$	$a^{-\infty}=+\infty$
$\lim\limits_{x\to+\infty}a^x=0$,若 $a<1$	$a^{+\infty}=0$
$\lim\limits_{x\to-\infty}a^x=0$,若 $a>1$	$a^{-\infty}=0$
$\lim\limits_{x\to+\infty}a^x=+\infty$,若 $a>1$	$a^{+\infty}=+\infty$
$\lim\limits_{x\to 0}\log_a x=-\infty$,若 $a>1$	$\log_a 0=-\infty$
$\lim\limits_{x\to+\infty}\log_a x=+\infty$,若 $a>1$	$\log_a(+\infty)=+\infty$

表中第二行的表达式不应该当作是数的等式(∞ 不是数),它们不过是符号等式而已,看到它们时,应想到表中第一行的关系,同时也只能这样来了解.

下面来介绍一下正弦与弧之比的极限.

通晓这个极限,对于微分学的研究是必须的. 讲的是:当 x 趋近于零而不等于零时,比值$\dfrac{\sin x}{x}$ 的极限的求法.

取半径为单位 1 的圆,在圆内作 $\angle AOB$ 使其等于 $2x$(图 67),但是要假设这个角是很小的. 很明显的,弦 AB 等于 $2\sin x$,曲线弧 AB 等于 $2x$,因为我们假设角是用弧度而不是用六十分制来量的. 最后引圆在点 A 及 B 的切线 AD 与 BD,我们看到 $AD=\tan x$,因而外围的折线 $ADB=2\tan x$. 由初等几何即知,外围折线 ADB 大于圆弧 AB. 故我们有不等式 $2\sin x<2x<2\tan x$,两边各除以

$2\sin x$ 可得

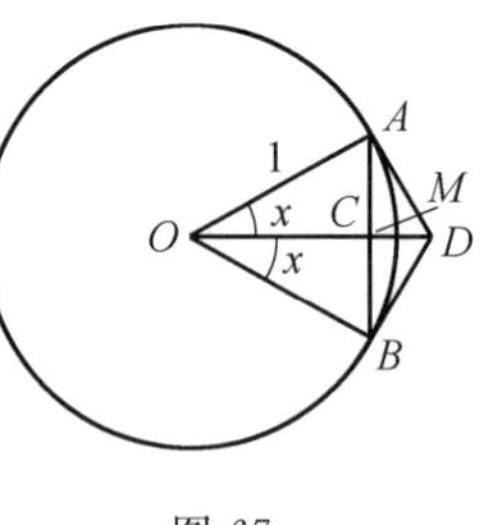

图 67

$$1<\frac{x}{\sin x}<\frac{1}{\cos x}$$

假若先设 x 为正，并令其无限接近于 0，则 $\cos x$ 将趋近于 1. 因此，上面的不等式的右边趋近于 1. 故由 § 40，当正的 x 趋近于 0 时，比值 $\frac{x}{\sin x}$ 趋于 1. 又因为我们常有显明的恒等式

$$\frac{(-x)}{\sin(-x)}=\frac{-x}{-\sin x}=\frac{x}{\sin x}$$

所以由此而知，当自变量 x 取负数值趋近于 0 时，比值 $\frac{x}{\sin x}$ 仍趋近于 1. 所以在任何情形下 $\lim\limits_{x\to 0}\frac{\sin x}{x}=1$，因此我们得到

$$\lim_{x\to 0}\frac{\sin x}{x}=1$$

其中 x 可以通过正数或负数趋近于 0.

如果现在我们讨论函数 $y=\frac{\sin x}{x}$，那么读者看得出来，它在原点 $x=0$ 处是表面间断的，它在该点的真值(也就是 x 趋近 0 时它的极限)，等于 1.

因为分母只在原点处才等于 0，所以该函数在别的地方没有任何间断. 因为自变量 x 变号时，函数不变号，所以曲线 $y=\frac{\sin x}{x}$ 对于 y 轴是对称的. 当 x 趋向 $+\infty$ 时，因为分子的绝对值不超过 1，而分母增至 $+\infty$，所以函数趋近于 0.

上面所说的足够使我们看出函数

$$y=\frac{\sin x}{x}$$

的图形是图 68 所表示的那种样子.

我们可以说：虽然曲线在 x 轴的上下摆动，一会儿在上，一会儿在下，但是这些摆动是逐渐减弱的，因为 x 增至 $+\infty$ 时曲线的纵坐标趋近于 0.

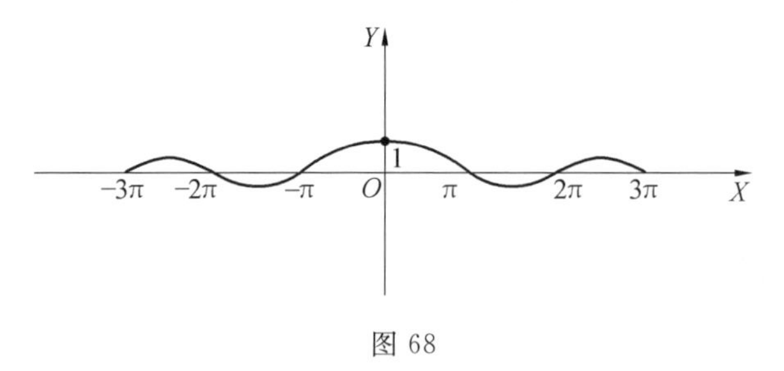

图 68

§53 自然对数

53.1 指数函数的图形

所谓指数函数就是下面这种形式的函数,即

$$y=a^x$$

其中 a 是常数.这个常数称为指数函数的"底",我们取它大于1,即 $a>1$.假若把函数的底 a 设想为某个正整数,例如10,读者就可以看出这个指数函数的一切性质了.

初等代数的公式 $a^0=1$ 告诉我们,当 $x=0$ 时指数函数的数值等于1.假定 x 由0增至 $+\infty$,指数函数增大得非常快.读者不难相信这点,只要给 x 一些数值1,2,3,4,…,该函数的数值就是

$$a,aa,aaa,aaaa,\cdots$$

这一列数增大得非常之快,例如10,100,1 000,….

为了要透彻地研究指数函数 a^x,那么应当严格地说,查看在自变量 x 是分数和无理数时的函数数值,并证明它对于每一个 x 的数值都是连续的,而且当 x 从 $-\infty$ 增到 $+\infty$ 时它的数值从0增到 $+\infty$.但是,我们并不详细介绍这个太难而且超出本书范围的研究.我们只能限制于下面的叙述而不加以证明,即底数 a 大于1的指数函数 a^x,总是正的,又在每一点都是连续的,它在整个横坐标轴上,是常增函数,在 x 的负轴上,它从0增到1,在 x 的正轴上,它从1增到 $+\infty$.

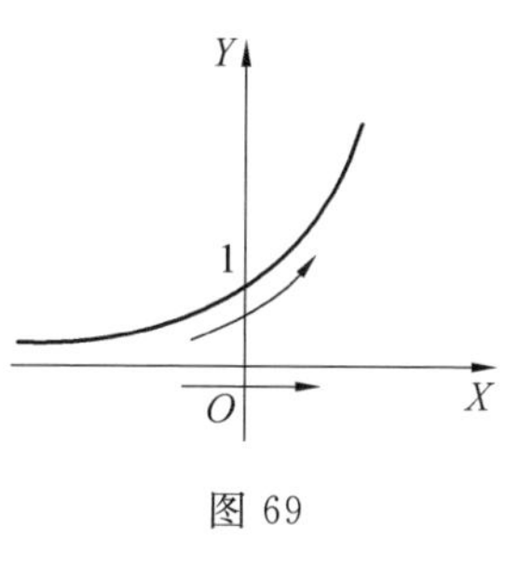

图 69

底大于1的指数函数的图形如图69所示.

53.2 对数函数的图形

现在我们讨论对数函数

$$y=\log_a x\ (a>1)$$

这个等式表示了

$$x=a^y$$

由此可知,横坐标 x 就是纵坐标 y 的指数函数.因此,如果要把关系式 $x=a^y$ 用几何曲线表示出来,只需把图69的字母 X 改为 Y,Y 改为 X 就行了.显然,这时横轴是 OY 轴,纵轴就是 OX 轴了.但是因为坐标轴的这种放法并不符合习惯而

且也不方便，为把图形变成正常的形式起见，就需要把图形转一下使新的 OY 轴竖起来，而新的 OX 轴放在水平方向. 这是可以这样办到的，即以直线 $y=x$ 为旋转轴将图纸反转过来，这时，OY 轴的正轴部分就与 OX 轴的正轴部分重合. 但最简单的办法，是把图 69 的指数函数，像映在镜子里似的，把它在这条直线里照出来，这时，就像图 70 所示. 指数曲线 $y=a^x$ 直接反射为对数曲线 $y=\log_a x$ 了.

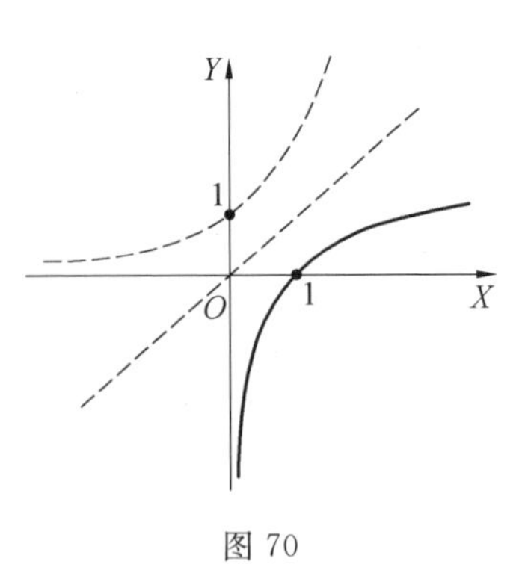

图 70

由图中我们立刻看得出：

(1) 对数函数 $\log_a x$ 是 OX 轴的正的部分上的连续函数，在区间 $(0,1)$ 上它是负的，从 $-\infty$ 增到 0，在区间 $(1,+\infty)$ 上它是正的，从 0 增到 $+\infty$.

(2) 对于自变量 x 的负数值，函数 $\log_a x$ 不存在，因负数没有对数（在实数范围内来说的）.

(3) $\log_a 1=0$（不论底数 a 是多少，但 $a>1$）.

在不到点 $x=1$ 时，对数曲线是在 OX 轴之下的，即小于 1 的数的对数是负数；在这点之后，曲线升到 OX 轴以上，此时大于 1 的数的对数是正数. 当 x 无限增加时，$\log_a x$ 也无限增加. 这个情形可以用下面的符号等式来表示，即

$$\log_a(+\infty)=+\infty$$

（因为 $+\infty$ 不是数也不具有对数，所以它只是符号等式）.

53.3 自然对数及其与普通对数之间的变换关系

我们已看到，对于每一个底数 $a(a>1)$ 都对应了一根对数曲线 $y=\log_a x$，就是说有它自己的对数体系. 因此对数的体系有无穷多.

但是在实际上只用到两种对数体系即：

(1) 布利格对数体系，又称为普通对数或十进制对数. 这个体系的底数取为 10，即 $a=10$.

(2) 纳皮尔对数体系，又称为自然对数或双曲对数. 在这个体系中底数 a 取为一个特别的无理数，通常用 e 表示，它的近似值是不难记忆的，即

$$\mathrm{e}=2.718\ 281\ 828\ 459\ 045\cdots$$

这样，若 y 是 x 的十进制对数，则 $10^y=x$，要是 y 是 x 的自然对数，则 $\mathrm{e}^y=x$.

最初接触对数理论时，好像觉得取数 10 作为对数的底是件十分自然的事，就是说：我们用的总是布利格对数. 这之所以自然，首先是因为我们习惯于用 10 进位的计数体系表达整数，及在计算里用十进制小数. 因此，用 10 作为对数

的底，本来是由于照顾实用上的方便所致的.

可是，进一步了解对数和对数函数之后，就发现取 10 为底不过是偶然的事罢了，它反而使以后在公式上引起一些不必要的复杂性，这无论在理论上或实用上来说，都是没有理由的.

正相反，即使在初等微分学里，最适用的对数的底并不是 10 而是上面讲的那个无理数，即

$$\mathrm{e}=2.718\ 281\ 828\ 459\ 045\ \cdots$$

只有用这个无理数 e 作为对数的底，公式才会得到最简单的形式. 两个无理数，e 和 $\pi=3.141\ 592\ 653\cdots$，在数学里面起着非常重要的作用，第一个在分析里，第二个在几何里.

以 e 为底的对数称为自然对数(或纳皮尔对数)，简记作

$$\ln N$$

而不把底表示出来. 记号 $\lg N$ 是用于十进制对数的(即布利格对数).

我们假定：读者在初等代数中都熟悉了布利格对数 $\lg N$ 的用法，也都会使用这种对数表.

乍看起来，也许觉得，有了十进制对数表 $\lg N$，还同时必须有一个自然对数表 $\ln N$. 事实不然，因为从一种对数换算到另一种对数有个极简便的方法，所以不必有新的对数表.

事实上，设 y 是 x 的对数(底为 a)，即

$$a^y=x$$

取这个等式两边的自然对数，我们得到

$$y\ln a=\ln x \tag{1}$$

因此，假若我们知道了数 x 的自然对数 $\ln x$，只要将它乘以一个数 $M=\frac{1}{\ln a}$，就可以得到 x 的以任意常数 a 为底的对数了. 这个乘数常称为底数 a 的"模". 这意味着只需将整个自然对数表乘以底数 a 的模，我们就立即得到底为 a 的对数表.

这个模 M 还可以用别的方法算出来. 在等式(1)中设 $x=\mathrm{e}$. 于是 $\ln \mathrm{e}=1$(因为无论底 a 是多少，我们恒有 $\log_a a=1$)，故 $y=\frac{1}{\ln a}$. 另外，$y=\log_a x=\log_a \mathrm{e}$. 故

$$\log_a \mathrm{e}=\frac{1}{\ln a}=M$$

反之，若已知 x 的、底为 a 的对数，则乘以 $\frac{1}{\ln a}$ 之后，像式(1)所告诉我们的，立即就可得这个数的自然对数.

特别地，对于十进制对数时，有

$$a=10, M=0.434\ 294\ 481\ 903\cdots, \frac{1}{M}=2.302\ 585\ 092\ 994\cdots$$

为了要从一种对数变换到另一种对数,只需乘以 M 或$\frac{1}{M}$,则有

$$\ln=\frac{1}{M}\cdot\lg, \lg=M\cdot\ln$$

53.4 **数** e

我们已经说过,从理论方面来说,最适用的对数不是以 10 为底而是以无理数 e 为底的对数,这个数称为纳皮尔数或简称数 e,它的近似值是很容易记忆的,即

$$\mathrm{e}=2.718\ 281\ 828\ 459\ 045\cdots$$

这种对数体系称为自然(或纳皮尔,或双曲)对数体系.某数 A 的自然对数简记为 $\ln A$.

在数学分析中,数 e 是用下述重要的预备定理来引入的.

预备定理 表达式$\left(1+\frac{1}{n}\right)^n$,其中 n 为正整数,当 n 无限增加时趋近于一完全确定的极限.这个极限大于 2,小于 3.

实际上,由牛顿二项定理有

$$(a+b)^n=a^n+\frac{n}{1}a^{n-1}b+\frac{n(n-1)}{1\cdot 2}a^{n-2}b^2+\cdots+\frac{n(n-1)(n-2)\cdot\cdots\cdot(n-k+1)}{1\cdot 2\cdot 3\cdot\cdots\cdot k}a^{n-k}b^k+\cdots+b^n$$

设 $a=1, b=\frac{1}{n}$,可得

$$\left(1+\frac{1}{n}\right)^n=1+\frac{n}{1}\cdot\frac{1}{n}+\frac{n(n-1)}{1\cdot 2}\cdot\frac{1}{n^2}+\cdots+\frac{n(n-1)\cdot\cdots\cdot(n-k+1)}{1\cdot 2\cdot 3\cdot\cdots\cdot k}\cdot\frac{1}{n^k}+\cdots+\frac{1}{n^n}$$

所得到的这个式子最好写为另外的形式,以便容易看出它的某些性质,即

$$\left(1+\frac{1}{n}\right)^n=1+1+\frac{1}{1\cdot 2}\left(1-\frac{1}{n}\right)+\frac{1}{1\cdot 2\cdot 3}\left(1-\frac{1}{n}\right)\left(1-\frac{2}{n}\right)+\cdots+\frac{1}{1\cdot 2\cdot 3\cdot\cdots\cdot k}\left(1-\frac{1}{n}\right)\left(1-\frac{2}{n}\right)\cdot\cdots\cdot\left(1-\frac{k-1}{n}\right)+\cdots+\frac{1}{n^n}$$

为了搞清楚它是怎样得到的,读者应直接注意前式中的一般项(第 k 项),其中分子里的括号共有 $k-1$ 个,第一个乘数 n 与分母中的 n^k 消去之后,分母就变成了 n^{k-1},就是说分母里的 n 连乘的次数与分子中的括号数目相当.把每一个括号都除以一个 n,就得到上面的式子了.

上面这个式子的性质如下：

从一方面来看，每一个括号都是正数，由此，若将每一个括号都换为零，那么该式右边就小于原式了，就是说，无论何时恒有

$$\left(1+\frac{1}{n}\right)^{n}>2$$

从另一方面来看，每一个括号都小于 1. 由此，若把它们都换为 1，并且把括号前的分母 2,3,4,… 都用 2 代替，则该式的右边就大于原式了，就是说

$$\left(1+\frac{1}{n}\right)^{n}<1+1+\frac{1}{2}+\frac{1}{2^{2}}+\frac{1}{2^{3}}+\cdots+\frac{1}{2^{n}}$$

读者不难由几何级数得知

$$2=1+\frac{1}{2}+\frac{1}{4}+\frac{1}{8}+\frac{1}{16}+\frac{1}{32}+\cdots$$

故上面的不等式的右边常小于 3.

因此，对于任意一个正整数 n，我们恒有

$$2<\left(1+\frac{1}{n}\right)^{n}<3$$

现在假设 n 无限增加. 我们来看 $\left(1+\frac{1}{n}\right)^{n}$ 的展开式是如何变化的.

首先应注意：这个展开式的项数是增加的，而且每项是正的. 然后应当注意，把每一项分别来看时，则它自身的数值也是增加的，因为每一个括号

$$\left(1-\frac{1}{n}\right),\left(1-\frac{2}{n}\right),\cdots$$

当 n 增加时，都无限接近于其极限 1.

因为这些项数之和就给出了表达式 $\left(1+\frac{1}{n}\right)^{n}$ 的数值，所以由此一定会得出结论：当正整数 n 增加时，表达式 $\left(1+\frac{1}{n}\right)^{n}$ 的数值也随之增加.

因此，当 n 无限增加时，表达式 $\left(1+\frac{1}{n}\right)^{n}$ 是正变量，一直增加而且恒小于 3. 因此，当 n 无限增加时，这个变量一定趋近于一个极限①；而且，这个极限显然不小于 2 也不大于 3，因为变量 $\left(1+\frac{1}{n}\right)^{n}$ 恒介于这两个数之间.

有了上面证明的预备定理，我们就可做下面的定义.

---

① 依据于无理数的理论，不难证明，每个常增变量，若恒小于某个常数，则一定趋近于一个极限. 我们不可能扩大本书范围，只好把这个事实作为原理来接近，而不追到底. 就几何意义而言，这个原理相当于说：恒朝一个方向运动而不跑向无穷远的动点，一定趋近于某个一定的极限位置.

表达式$\left(1+\frac{1}{n}\right)^n$，当$n$无限增加时的极限称为纳皮尔数，用字母e来记，有

$$\lim_{n\to\infty}\left(1+\frac{1}{n}\right)^n=\mathrm{e}$$

上面我们已经看到数e介于2与3之间，它的近似值如下

$$\mathrm{e}=2.718\ 281\ 828\ 459\ 045\cdots$$

注 由数e的例子里，读者可以很清楚地看出，在处理极限同无穷大时，是不能大意和疏忽的. 读者很可能会这样去“论证”，要求表达式$\left(1+\frac{1}{n}\right)^n$在$n$无限增加时的极限；那么就让$n=\infty$，于是$\frac{1}{\infty}=0$，这样

$$1+\frac{1}{\infty}=1+0=1$$

所以，我只要把1连乘无穷次就得了. 但是因为

$$1^2=1,1^3=1,\cdots,1^n=1$$

所以在取极限时，我就得到$1^\infty=1$，所以

$$\lim\left(1+\frac{1}{n}\right)^n=1$$

我们都看到上面的结论是完全错误的，它之所以错误是因为读者在表达式$\left(1+\frac{1}{n}\right)^n$中，先让括号里的$n=\infty$，并设$\lim\frac{1}{n}=0$，然后再在括号$(\quad)^n$的指数上让$n=\infty$.

要知道，∞不是一个数，我们不能一起始就计算$n\to+\infty$时的$1+\frac{1}{n}$，然后再计算当$n\to+\infty$时的$(\quad)^n$. 事实上，在括号里及括号上的指数n应同时无限增加. 假若我们这样做的时候，我们就看出

$$\lim_{n\to+\infty}\left(1+\frac{1}{n}\right)^n=2.7\cdots$$

而不是1. 如果读者分成两步，则可分别得出下面的结论，即

$$\lim_{n\to+\infty}\left(1+\frac{1}{n}\right)=1$$

及

$$\lim_{n\to+\infty}1^n=1$$

这是绝对正确的.

这样个别的推理是许可的. 当n表示的还是数时（正整数，故为有限的），读者计算$\left(1+\frac{1}{n}\right)^n$时，可以先计算括号内的和，然后再计算它的乘方，但是对于符号∞，我们可不能这样做，因为这个符号根本不是数. 这时应当在括号里及指数里同时令n无限增加.

我们刚刚证明了当 n 是自然数(即正整数)时,表达式 $\left(1+\frac{1}{n}\right)^n$ 具有极限(当 n 无限增加时),这个极限是纳皮尔数 e,即

$$\left(1+\frac{1}{n}\right)^n \to \mathrm{e}$$

用简单的计算[①]可发现,所讨论的表达式,不仅当 n 取正整数无限增加时,具有极限 e,而且当 n 取得一切正数(包括正整数,分数甚至于无理数),趋向 $+\infty$ 时,还是具有这个极限 e,更进一步,甚至当 n 取得所有的负数(有理数和无理数)而趋向 $-\infty$ 时,它的极限仍然是这个数 e.

因此,有下面这个定理:常 n(可以取任何数值)的绝对值无限增加 $|n|\to+\infty$ 时

$$\lim\left(1+\frac{1}{n}\right)^n=\mathrm{e}$$

由这个定理就产生下面这个极重要的定理,可以说就是为了它,数学分析里才引入纳皮尔数 e 的.

定理 自变量 x 的函数 $(1+x)^{\frac{1}{x}}$ 在 $x=0$ 这一点是连续的;当 x 趋近于零时,它趋近于极限 e—— 纳皮尔数.

证明 在函数表达式

$$y=(1+x)^{\frac{1}{x}}$$

中的自变量 x 可以是任意的数,正数或者是负数,但是只有一个例外,它不能等于零,因为当 $x=0$ 时,函数 y 的算式 $(1+x)^{\frac{1}{x}}$ 就不成立而且没有任何意义.

因此,可能在开始时,我们以为 $x=0$ 是函数 $y=(1+x)^{\frac{1}{x}}$ 的间断点.可是,这只是表面间断,而函数 $y=(1+x)^{\frac{1}{x}}$ 在 $x=0$ 的“真值”等于纳皮尔数 e.

为了证明这点,设 $x=\frac{1}{n}$.于是表达式就变为 $\left(1+\frac{1}{n}\right)^n$ 了.假若 x 以任意方式接近于零(就是说它取得正数或负数),那么 n 的绝对值就无限增大,亦即 $|n|\to+\infty$,但是我们已经知道,在这些条件下,$\lim\limits_{n\to\infty}\left(1+\frac{1}{n}\right)^n=\mathrm{e}$.

因此,当自变量 x 的绝对值 $|x|$ 无限减小时,函数 $y=(1+x)^{\frac{1}{x}}$ 的数值就无限接近纳皮尔数 e.

不用微分学,只利用初等方法,无法把所讨论的这个函数的图形完全作出

① 读者可以从篇幅较多的数学分析书中找到这些计算.我们不把它们引在这里.因为它们长而乏味,而且不能给读者什么新的思想.即使上面这个事实的证明很简短,也不能作为它放置在简短的分析教科书中的理由.

来.但是,我们可以先告诉读者,函数 $y=(1+x)^{\frac{1}{x}}$ 的图形恰如图 71 所示.

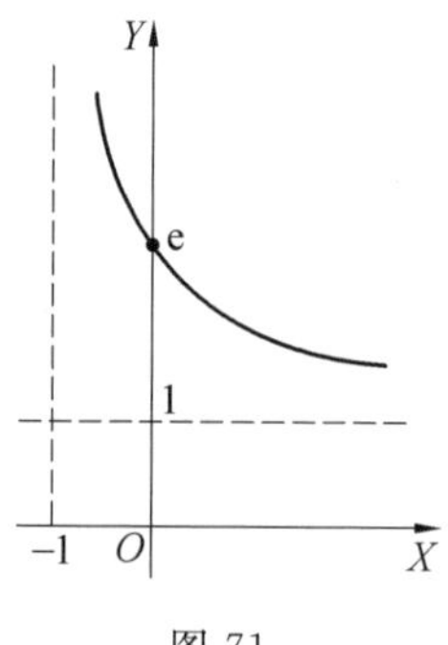

图 71

这样:它是一根连续曲线,形式上像双曲线的一支.在 $x=-1$ 时它从 $+\infty$ 一直降下来,但无论何时,总在直线 $y=1$ 之上.当自变量 x 趋向 $+\infty$ 时,曲线无限靠近这条直线.因此曲线具有两条渐近线,即直线 $x=-1$ 及 $y=1$,图 71 中的曲线是无限接近于它们的.

Y 轴与这条曲线交于点 $y=\mathrm{e}$,正如我们上面所见到的.因此,曲线

$$y=(1+x)^{\frac{1}{x}}$$

在 $x=0$ 的间断,只是"表面间断",这不能归罪于曲线有"毛病",而只是由于表达式 $(1+x)^{\frac{1}{x}}$ 有缺陷,碰巧它在 $x=0$ 时失去了数的意义.

函数 $y=(1+x)^{\frac{1}{x}}$ 在整个区间 $(-1<x<+\infty)$ 上是常减函数,这个事实只能用极有效的微分学的方法来说明.

自然对数具有下述特征性质,当变量 α 以任意方式趋近于零时,我们恒有等式

$$\lim_{\alpha\to 0}\frac{\ln(1+\alpha)}{\alpha}=\lim_{\alpha\to 0}\ln\left[(1+\alpha)^{\frac{1}{\alpha}}\right]=\ln\left[\lim_{\alpha\to 0}(1+\alpha)^{\frac{1}{\alpha}}\right]=\ln \mathrm{e}=1$$

因为对数是连续函数,所以取极限时可把极限符号放在函数符号之内(§47).

微　分　法

第7章

§54 引　　言

现在我们要有系统地研究，当自变量 x 变化时，所讨论的函数 $y=f(x)$ 的数值是如何变化的. 微分学的基本课题，就在于有计划地研究函数数值的这种变化.

通常，按照传统的说法，总把微分学的发现归之于牛顿(Newton)，把这件事说成全是他个人创作的结果. 这种观点未免把问题看得太简单，甚至于太幼稚了. 事实上在科学发展的过程中，牛顿之前就已有许多前驱者将无穷小方法应用在分析、几何与力学上. 在20世纪之初，就有人指出，当时(1906年)所找到的阿基米德(Archimedes，公元前287年 — 公元前212年)的原稿中，在求一些阿基米德所研究的平面图形的面积和求物体及曲面的重心时，就含有积分学的典型方法的应用. 其他许多前驱者彼此之间的影响以及对牛顿的影响是不能否认的. 我们举出一件事就足够说明这点：在巴罗(Barrow，牛顿的老师)的《几何学讲义》中有一张图(是著者用来解决对曲线引切线问题的)正和牛顿所作的图相似 —— 想不用有争论的无穷小来作图，只不过牛顿在巴罗的图里添了一根弦. 牛顿的这张图(1704年)，通常认为是新计算学兴起的契机. 实际上巴罗的方法与讲述微分学通常所采用的方法相差不过符号而已，正因为这个原因有研究者肯定“依萨克・巴罗是无穷小学的首创者”. 可是，不论是巴罗，或是牛顿，都没有给出新计算学的条例. 然而一个发现在不同的地方被彼此没有直接关系的、不同的人同时做出，足以证明那个发现已到了完全成熟，到了“思想酝酿期满”的时候. 大家都知道，莱布尼兹(Leibniz)在创造微积分学这项事业上是牛顿的竞争者. 如果历史在它的安排中并没有这两个赋有如此卓越创造力而彼此又如此不同的天才，那么微分学还是必然会被以后的某个思想家创造出来的.

在几何学方面，也可以观察到类似的事. 只要讲讲苏联伟大几何学家 Н. И. 罗巴契夫斯基(Лобачёвский，1792—1856，图 72)发现非欧几何的事就够了. 归功于罗氏的而且对整个数学的发展有巨大影响的这个发现，同样也是已成熟了的，是不可避免地会被人做出的.

思想家与时代所酝酿的思想无关，是少有的现象. 技术与科学上一些发现的偶然失传，证实着这种现象的确也有. 想起曾经失传，到现在还没有恢复的费马方法时，还可以指出俄罗斯最著名的数学家 П. Л. 切比雪夫(Чебышев，1821—1894，图 73)，他在分析学、概率论与数论方面有非常大的贡献，而他在数论里的某些发现，超出了当时的数学思想. 他的证明的失传，可能使以后数论的进展延缓几个世纪. 此外，我们还指出失传了一个切比雪夫关于级数定理的证明，这个定理相当于到现在尚未证明的关于函数 $\zeta(s)$ 的零点的著名定理.

牛顿在 1687 年用拉丁文把微分学的基本原理发表在其主要著作《自然哲学的数学原理》(*Philosophiae Naturalis Principia Mathematica*)中，在这本书中，牛顿极精细地亲自画了一些对研究所必须的图形，他还非常重视这些图形，认为它们是能迅速做出近似计算的工具.

在力学与数学方面著名的苏联学者 А. Н. 克雷洛夫(Крылов，1863—1945，图 74)把牛顿的《自然哲学的数学原理》译成了俄文，而且附加了他自己的注解. А. Н. 克雷洛夫在微分方程的近似积分法及其对弹道学的应用方面，有过一系列的工作，他构造了苏联的第一架微分方程积分器.

图 72　Н. И. 罗巴契夫斯基

图 73　П. Л. 切比雪夫

图 74　А. Н. 克雷洛夫

§55　增　　量

上面所指出的有计划地研究,由于自变量数值变化而引起的函数数值的变化,可以用相对地估计函数与自变量二者增量的办法来做到.

一般地,所谓自变量由前值变到新值的增量,就是应加在前值上以得新值的那个数量.也就是说,变量的增量就是新值与前值二者的差,是由新值减去前值而得到的①.

变量 x 的增量,我们用符号 Δx 来记.这样,若该变量的前值记为 x,则其新值(增大了的数值)是 $x+\Delta x$.

显然,变量的增量并不一定要是正的.当新值小于前值的时候,它是负的,例如,当变量是常减的时候,就是这种情况.

同样地,Δy 表示 y 的增量,Δz 表示 z 的增量,$\Delta\varphi$ 表示变量 φ 的增量,$\Delta f(x)$ 表示函数 $f(x)$ 的增量,等等.

如果在等式 $y=f(x)$ 里自变量 x 得到增量 Δx,那么我们总把 Δy 了解为函数 $f(x)$ 的对应增量,亦即因变量 y 的增量.

增量 Δy 总应当由确定的初值算起,这个初值对应于 x 的任意取的初值,即对应于增量 Δx 所算起的值.例如,我们来看函数 $y=x^2$.取 x 的初值 $x=10$,我们得到 y 的初值 $y=100$.设 x 增到 $x=12$,亦即 $\Delta x=2$.于是 y 增加到 $y=144$,故 $\Delta y=144-100=44$.设 x 减到 $x=9$,亦即 $\Delta x=-1$.于是 y 减到 $y=81$,因此 $\Delta y=81-100=-19$.

一般地,如果函数 $y=f(x)$ 是常增的,例如,区间 $0<x<+\infty$ 中的上述函数 x^2,那么显然,若当 Δx 是正时,Δy 也是正的;当 Δx 是负时,Δy 也是负的,就是说,在这种情形,两个增量恒具有相同的正负号.

如果函数 $y=f(x)$ 是常减的,那么对于正的 Δx,显然对应着负的 Δy,因为 y 的新值比前值小;又对于负的 Δx,则对应着正的 Δy,因为现在新值大于前值了.就是说,在这种情形 Δx 与 Δy 总是正负号相反的.

最后,我们知道(参阅 §48),如果函数 $y=f(x)$ 在点 x 连续,又如果自变量的增量 Δx 趋近于零,即

$$\lim \Delta x=0$$

那么函数的增量也趋近于零,即

$$\lim \Delta y=0$$

① 要更仔细懂得增量概念,读者应温习 §22,§29 与 §31.

就是说，两个增量 Δx 与 Δy 同时是无穷小.

§56 增量的比较

我们取函数

$$y=x^2 \tag{1}$$

设自变量的初值是 x，又设这个初值得到了一个增量 Δx. 就是说，x 是自变量的初值(前值)，又 $x+\Delta x$ 是自变量的新值(增大了的数值).

如果自变量取得前值，那么函数也取得前值，因此，等式 $y=x^2$ 两边都是函数的初值(前值).

当自变量取新值(增大了的数值) 的时候，那么函数的对应数值也就刚好是新值(增大了的数值) 了. 因此，等式

$$y+\Delta y=(x+\Delta x)^2 \tag{2}$$

两边都是函数的新值(增大了的数值).

要求出函数的增量 Δy，我们只要用等式(2) 减去等式(1). 就可得出

$$\Delta y=(x+\Delta x)^2-x^2$$

或打开括号，归并同类项后，得出

$$\Delta y=2x\cdot\Delta x+(\Delta x)^2 \tag{3}$$

我们现在得到了函数的增量 Δy，把它用自变量的初值 x 与增量 Δx 表示出来了.

如果自变量的这个增量开始趋近于0，就是说成为一个无穷小，$\lim\Delta x=0$，那么对应的函数增量 Δy 也将趋近于0，$\lim\Delta y=0$，就是说，也是一个无穷小，这正是所求得的函数增量 Δy 的值(3) 所告诉我们的事.

这样，我们有两个无穷小：Δx 与 Δy.

要比较这两个无穷小，我们用 Δx 除 Δy，就是说作比值，即$\dfrac{\Delta y}{\Delta x}$.

为了计算这个比的数值，我们只要把等式(3) 两边各除以 Δx，可得

$$\frac{\Delta y}{\Delta x}=2x+\Delta x \tag{4}$$

为了要看一看增量 Δx 与 Δy 是怎样同时变化的，我们取自变量的一个确定的初值，例如取 $x=4$.

在这种情形，式(4) 给出

$$\lim_{\Delta x\to 0}\frac{\Delta y}{\Delta x}=8$$

如果我们要更仔细地观察：当自变量的增量 Δx 变得越来越小时，增量 Δy

与 Δx 之比是怎样变化的，我们就看一看表 1.

表 1

自变量 x 的初值	自变量 x 的新值	自变量的增量 Δx	函数 y 的初值	函数 y 的新值	函数的增量 Δy	$\frac{\Delta y}{\Delta x}$
4	5.0	1.0	16	25	9	9
4	4.8	0.8	16	23.04	7.04	8.8
4	4.6	0.6	16	21.16	5.16	8.6
4	4.4	0.4	16	19.36	3.36	8.4
4	4.2	0.2	16	17.64	1.64	8.2
4	4.1	0.1	16	16.81	0.81	8.1
4	4.01	0.01	16	16.080 1	0.080 1	8.01

我们看到，当自变量的增量 Δx 逐渐减小时，函数的增量 Δy 也逐渐减小，但是它们的比依次等于下列数值

$$9,8.8,8.6,8.4,8.2,8.1,8.01$$

这里我们确定看到比值 $\frac{\Delta y}{\Delta x}$ 逐渐接近于 8. 实际上，我们已经由理论上知道，如果使自变量的增量 Δx 适当小，就能够使这个比任意接近于 8，因为在自变量的初值 $x=4$ 时，有

$$\lim_{\Delta x \to 0} \frac{\Delta y}{\Delta x}=8$$

§ 57　单变量函数的导数

微分学的基本定义　所给函数的导数，是当自变量的增量接近于零时，该函数增量对自变量增量的比的极限.

当这个比的极限存在，且是有限数的时候，我们说所给的函数是可微分的，或者说它具有导数.

上面叙述的定义，可以用下面的方法以紧凑的符号(数学)形式写出来.

给定连续函数

$$y=f(x) \tag{1}$$

设自变量 x 得到增量 Δx. 于是函数 y 得到增量 Δy. 函数的新值是

$$y+\Delta y=f(x+\Delta x) \tag{2}$$

要得到函数的增量 Δy，只要用等式(2) 减去等式(1)，可求得

$$\Delta y = f(x + \Delta x) - f(x) \tag{3}$$

将这个等式两边除以自变量 x 的增量 Δx,我们有

$$\frac{\Delta y}{\Delta x} = \frac{f(x + \Delta x) - f(x)}{\Delta x} \tag{4}$$

这样一来,当自变量的增量 Δx 趋近于零的时候,这个比的极限,按照刚才所叙述的定义,正是导数.

随着自然科学的进展,许许多多各式各类问题的解决,都归结于计算形式(4)的那种比的极限.因此,式(4)里的比的极限,得到了一个特别的名称——导数,人们给了它一个特别的记号,在这个记号里,仿佛还保存着这个极限产生的痕迹以便于记忆.就是说,导数用符号$\frac{\mathrm{d}y}{\mathrm{d}x}$来记,于是我们有

$$\frac{\mathrm{d}y}{\mathrm{d}x} = \lim_{\Delta x \to 0} \frac{\Delta y}{\Delta x} \tag{5}$$

或者写得详细点,有

$$\frac{\mathrm{d}y}{\mathrm{d}x} = \lim_{\Delta x \to 0} \frac{f(x + \Delta x) - f(x)}{\Delta x} \tag{6}$$

这个等式就定义了函数 y(或 $f(x)$)对变量 x 的导数.

求出函数的导数的方法,叫作函数的微分法.

应当注意,导数是比的极限,绝非极限的比,因为,由于 Δx 与 Δy 都是无穷小(亦即其极限为零),后面所讲的这个比,应该写成$\frac{0}{0}$的形式,而这是完全不定的形式.

§58 导数的各种记号

增量 Δx 与 Δy 在趋近于其极限的过程中,就是说,在每一瞬时,都是有限的,具有一定的数值.这时,这个增量,亦即自变量的增量 Δx,因为完全由我们支配,所以总可以取作不等于零的数.因此,比$\frac{\Delta y}{\Delta x}$在取极限以前,是真正的分数,因为在取极限以前,有分子也有分母,而且后者又不为零.

当我们求到了这个比的极限,亦即当我们算出了导数$\frac{\mathrm{d}y}{\mathrm{d}x}$的时候,那么这个导数就只是一个抽象的数(像随便哪一个极限一样),它已经不是分数了,因为在这个作为极限而算出的有限的抽象数里,我们再也不能分辨出分子和分母了.因此,我们不能把符号$\frac{\mathrm{d}y}{\mathrm{d}x}$看成不变的真正分数,而只应当把它看成是某个

变的真正分数的极限. 这个变的真正分数以前写成形式$\frac{\Delta y}{\Delta x}$，在它的极限的特别记号$\frac{\mathrm{d}y}{\mathrm{d}x}$里还留下了痕迹. 但是读者应当记住，导数的符号$\frac{\mathrm{d}y}{\mathrm{d}x}$绝对不是真正的分数，因此这个符号的个别部分，即 $\mathrm{d}y$ 和 $\mathrm{d}x$ 如果单独取出的话，只是象征性的分子与分母，各个自身暂时是一点数的意义也没有的. 可见符号$\frac{\mathrm{d}y}{\mathrm{d}x}$的一切部分是互相之间被一个共同意义密切连接起来而不可分割的（正如同对数符号 $\lg N$ 中字母 l 与 g 相互间不可分割一样）. 因此，我们应当把符号$\frac{\mathrm{d}y}{\mathrm{d}x}$看成是一个整体①.

导数符号$\frac{\mathrm{d}y}{\mathrm{d}x}$不是真正分数的这种情况，使我们对待这个符号比较随便得多，要是它是具有真正分子、分母的真正分数的话，那我们就不敢这样随便了. 这样，函数 $y=f(x)$ 的导数，不仅可以记为$\frac{\mathrm{d}y}{\mathrm{d}x}$或$\frac{\mathrm{d}f(x)}{\mathrm{d}x}$，甚至于可以把函数记号 $f(x)$ 拉下来而记成$\frac{\mathrm{d}}{\mathrm{d}x}f(x)$. 这里显然只应该把符号$\frac{\mathrm{d}}{\mathrm{d}x}$看成是"导数"这个词，它也正好代替了这个词②.

例如，函数 $y=x^2$ 的导数可以写成$\frac{\mathrm{d}(x^2)}{\mathrm{d}x}$或者$\frac{\mathrm{d}}{\mathrm{d}x}(x^2)$. 同样，函数

$$y=3x^5-6x+\sqrt{x}$$

的导数，可以记成

$$\frac{\mathrm{d}}{\mathrm{d}x}(3x^5-6x+\sqrt{x})$$

读者注意，增量之比$\frac{\Delta y}{\Delta x}$在取极限以前是依赖于两个自变量的，即：

(1) 依赖于自变量的初值 x.

(2) 依赖于自变量的增量 Δx.

例如，当我们讨论函数 $y=x^2$ 的时候，按照上面做过的计算，$\frac{\Delta y}{\Delta x}$具有表达

---

① 在第 8 章（微分）读者会学到能够把导数符号$\frac{\mathrm{d}y}{\mathrm{d}x}$看成真正的分数，具有有限的分子与分母. 不过暂时读者不要把符号$\frac{\mathrm{d}y}{\mathrm{d}x}$解释为分数，应当把它看成是一个整体，并无分子与分母.

② 译者注："函数 $f(x)$ 的导数"这句话，若用俄语念起来是"Производная от функции $f(x)$"，"导数"依俄语语法是念在"函数"前面的. 把记号$\frac{\mathrm{d}}{\mathrm{d}x}$念成导数，然后念函数 $f(x)$，就相当于我们汉语里说函数的导数，因此对俄语来说，导数的写法与念法是一致的.

式如下

$$\frac{\Delta y}{\Delta x}=2x+\Delta x$$

但是，令自变量的增量Δx趋近于0，亦即令$\lim \Delta x=0$，求到了增量之比$\dfrac{\Delta y}{\Delta x}$的极限之后，此时，这个极限$\lim\limits_{\Delta x\to 0}\dfrac{\Delta y}{\Delta x}$再也不依赖于已经消失了的$\Delta x$了，因为在求上述极限的时候，自变量的初值$x$是当作常量的，而变量的极限总归是一个常量．因此，极限$\lim\limits_{\Delta x\to 0}\dfrac{\Delta y}{\Delta x}$是一个常量，只可能依赖于自变量$x$的初值．这就是说，这个极限即导数$\dfrac{\mathrm{d}y}{\mathrm{d}x}$本身，是一个只包含字母$x$的表达式，因此，这是自变量$x$的某个新的函数．

自变量x的这个新的函数，因为是由自变量x给定的函数$y=f(x)$导出来的，因此得到它是所给函数$y=f(x)$的导函数这个名称．

这个新的函数是由所给函数$y=f(x)$借助于某种方法导出来的，这种情况，也常常在形式上标记出来，此时是用y'或$f'(x)$来记导数，亦即在函数的上方打一撇．

因此，若给定的函数是$y=f(x)$，那么它的导数有六种写法，即

$$\frac{\mathrm{d}y}{\mathrm{d}x}\text{ 或 }\frac{\mathrm{d}f(x)}{\mathrm{d}x},\ \frac{\mathrm{d}}{\mathrm{d}x}y\text{ 或 }\frac{\mathrm{d}}{\mathrm{d}x}f(x),\ y'\text{ 或 }f'(x)$$

对于函数$y=f(x)$的导数，大家最常写为等式

$$\frac{\mathrm{d}y}{\mathrm{d}x}=f'(x)$$

符号$\dfrac{\mathrm{d}}{\mathrm{d}x}$自身，称为微分法符号，它不过是指出，应当把写在它之后的函数对字母x微分．

例：算出并用符号表示函数$y=x^2$的导数．

解：照上面对这个和所做过的计算，我们得到增量之比$\dfrac{\Delta y}{\Delta x}$的表达式是$\dfrac{\Delta y}{\Delta x}=2x+\Delta x$．在等式中令自变量的增量$\Delta x$趋近于零，亦即令$\lim \Delta x=0$，我们求得$\lim\limits_{\Delta x\to 0}\dfrac{\Delta y}{\Delta x}=2x$（因$\Delta x$是一个无穷小）．因此，函数$y=x^2$的导数刚好等于$2x$．最后，把所求得的结果，用下列六个等式中的任一个来记，即

$$\frac{\mathrm{d}y}{\mathrm{d}x}=2x,\ \frac{\mathrm{d}}{\mathrm{d}x}y=2x,\ y'=2x,\ \frac{\mathrm{d}(x^2)}{\mathrm{d}x}=2x,\ \frac{\mathrm{d}}{\mathrm{d}x}(x^2)=2x,\ (x^2)'=2x$$

§ 59 可微分函数

不难看到,只有连续函数 $y=f(x)$ 才可能具有导数.

事实上,一旦函数 $y=f(x)$ 在自变量初值 x 处的导数存在,这就表示当增量 Δx 趋近于零的时候,增量之比$\frac{\Delta y}{\Delta x}$是趋近于完全确定的有限极限(趋近于导数)的一个变量.因此,这个比是一个有界变量(§38).另外,Δx是无穷小,因为按条件 $\lim \Delta x=0$.因为有界变量乘无穷小仍然是一个无穷小(§39),所以由此而知,乘积

$$\left(\frac{\Delta y}{\Delta x}\right)\cdot \Delta x=\Delta y$$

是一个无穷小.所以我们有

$$\lim \Delta y=0$$

而这正是函数 $y=f(x)$ 在点 x 连续的定义(§48).

因此,间断函数,在间断点处,一定没有导数.

可是,逆结论并不总是可靠.事实上,现代已经知道一些函数,它们是连续的,却没有导数.这种函数,在应用数学里一般遇不着,在本书中,只讨论可微分的函数,亦即只讨论这种函数:它们对于自变量的一切数值,除了或许有的一些个别数值外,都具有导数.

不具有导数的连续函数的源起,是数学史中大有教益的一节.最初大家单纯地认为,每个函数 $f(x)$,除了在自变量 x 的个别数值处外,到处都有导数 $f'(x)$.关于这点,有人说:“没有不具有速度的运动,没有不具有切线的曲线,没有不具有导数的函数”.后来在科学意义上逐渐有了必须精密证明每个连续函数具有导数 $f'(x)$ 的思想.早在魏尔斯特拉斯(Weierstrass)的批判工作开展之前,俄罗斯著名几何学家 Н. И. 罗巴契夫斯基一直坚持在处理各个连续函数 $f(x)$ 时,每次都必须确实证明其导数 $f'(x)$ 存在.随后许多闻名的数学家(杜哈梅尔(Duhamel)及其他人)都认真地尝试证明导数存在.这些尝试的失败,现在清楚了,因为他们想证明一个错误的定理.实际上,每次都发现,在证明过程中,除了连续性之外,总不自觉地引入了某个假定,例如,假定了曲线 $y=f(x)$ 包含有限的弧长.此后,魏尔斯特拉斯举出一个不具有导数的连续函数 $f(x)$ 的例子.但是,探讨后,他的例子还不足令人完全信服,因为他的函数 $f(x)$ 实际上在每一个任意小区间 δ 的某些点处,还具有导数 $f'(x)$.最后,A. C. 白哲柯维奇举出了一个连续函数 $f(x)$ 的例子,它在 OX 轴的任何一点都没有导数(无论是有限的或是无穷大的导数),才终于解决了这个问题.

不具有导数的连续函数,暂时在技术上还没有应用,不过物理学家,想把它们和液体中粒子的布朗运动联系起来.

§60 一般的微分法则

由导数的定义可知,函数 $y=f(x)$ 的微分法可以分成下列几个步骤来做.

第一步:在函数里,用 $x+\Delta x$ 置换 x,这就得出函数的新值,亦即 $y+\Delta y$.

第二步:由函数的新值,减去函数的已给初值,这样就求得函数的增量 Δy.

第三步:把函数的增量 Δy 除以自变量的增量 Δx.

第四步:求当 Δx(自变量的增量)接近于零时,商的极限.这就是所要求的导数.

读者应当切切实实地掌握这个法则,尽量应用它来做例题.

我们举三个类似的例子,详细计算.应当注意,在第四步里,要用到关于极限的定理(§40),而且把字母 x 看成是常量.

例 1:微分 $3x^2+5$.

解:设 $y=3x^2+5$,照一般法则里的步骤一步一步地做.

第一步

$$y+\Delta y=3(x+\Delta x)^2+5=3x^2+6x\cdot\Delta x+3(\Delta x)^2+5$$

第二步

$$\begin{array}{rl} y+\Delta y & =3x^2+6x\cdot\Delta x+3(\Delta x)^2+5 \\ -y & =3x^2 \qquad\qquad\qquad\qquad\quad +5 \\ \hline \Delta y & = \qquad 6x\cdot\Delta x+3(\Delta x)^2 \end{array}$$

第三步

$$\frac{\Delta y}{\Delta x}=6x+3\cdot\Delta x$$

第四步

$$\frac{\mathrm{d}y}{\mathrm{d}x}=6x$$

也可以把答案写成 $y'=\frac{\mathrm{d}}{\mathrm{d}x}(3x^2+5)=6x$.

例 2:微分 x^3-2x+7.

解:设 $y=x^3-2x+7$.则:

第一步

$$y+\Delta y=(x+\Delta x)^3-2(x+\Delta x)+7=$$
$$x^3+3x^2\cdot\Delta x+3x\cdot(\Delta x)^2+(\Delta x)^3-2x-2\cdot\Delta x+7$$

第二步

$$\begin{array}{ll} y+\Delta y & =x^3+3x^2\cdot\Delta x+3x\cdot(\Delta x)^2+(\Delta x)^3-2x-2\cdot\Delta x+7 \\ -y & =x^3 \qquad\qquad\qquad\qquad\qquad\qquad\qquad\quad -2x \qquad\qquad +7 \\ \hline \Delta y & = \quad 3x^2\cdot\Delta x+3x\cdot(\Delta x)^2+(\Delta x)^3 \quad -2\cdot\Delta x \end{array}$$

第三步

$$\frac{\Delta y}{\Delta x}=3x^2+3x\cdot\Delta x+(\Delta x)^2-2$$

第四步

$$\frac{\mathrm{d}y}{\mathrm{d}x}=3x^2-2$$

或
$$y'=\frac{\mathrm{d}}{\mathrm{d}x}(x^3-2x+7)=3x^2-2$$

例 3：微分$\frac{c}{x^2}$.

解：设 $y=\frac{c}{x^2}$. 则：

第一步

$$y+\Delta y=\frac{c}{(x+\Delta x)^2}$$

第二步

$$\Delta y=\frac{c}{(x+\Delta x)^2}-\frac{c}{x^2}=\frac{-c\cdot\Delta x(2x+\Delta x)}{x^2(x+\Delta x)^2}$$

第三步

$$\frac{\Delta y}{\Delta x}=-c\cdot\frac{2x+\Delta x}{x^2(x+\Delta x)^2}$$

第四步

$$\frac{\mathrm{d}y}{\mathrm{d}x}=-c\cdot\frac{2x}{x^2\cdot x^2}=-\frac{2c}{x^3}$$

或
$$y'=\frac{\mathrm{d}}{\mathrm{d}x}\left(\frac{c}{x^2}\right)=-\frac{2c}{x^3}$$

习题及部分习题答案

用一般法则来微分下列函数.

1. $y=4x^2$. 答：$\frac{\mathrm{d}y}{\mathrm{d}x}=8x$.

2. $y=3-x^2$. 答：$\frac{dy}{dx}=-2x$.

3. $s=2-5t$. 答：$\frac{ds}{dt}=-5$.

4. $\rho=\theta^3-3\theta$. 答：$\frac{d\rho}{d\theta}=3\theta^2-3$.

5. $y=mx+b$. 答：$\frac{dy}{dx}=m$.

6. $z=3t^2-2t^3$. 答：$\frac{dz}{dt}=6t-6t^2$.

7. $y=\frac{2}{x^2}$. 答：$\frac{dy}{dx}=-\frac{4}{x^3}$.

8. $y=\frac{x^2}{2}$. 答：$\frac{dy}{dx}=x$.

9. $s=\frac{1}{2t+1}$. 答：$\frac{ds}{dt}=-\frac{2}{(2t+1)^2}$.

10. $\rho=\frac{1}{1-\theta}$. 答：$\rho'=\frac{1}{(1-\theta)^2}$.

11. $y=\frac{1}{3}x^3-x$. 答：$y'=x^2-1$.

12. $y=\frac{1-x}{x}$. 答：$y'=-\frac{1}{x^2}$.

13. $y=\frac{x}{1-x}$. 答：$y'=\frac{1}{(1-x)^2}$.

14. $y=\frac{x+2}{x^2}$. 答：$y'=-\frac{x+4}{x^3}$.

15. $y=\frac{1}{x^2+1}$. 答：$y'=-\frac{2x}{(x^2+1)^2}$.

16. $u=\frac{v}{v^2+1}$. 答：$u'=\frac{1-v^2}{(v^2+1)^2}$.

17. $s=\frac{at+b}{ct+d}$. 答：$s'=\frac{ad-bc}{(ct+d)^2}$.

18. $y=(x+2)^2$. 答：$y'=2x+4$.

19. $y=5x^2-6x+7$.

20. $s=4-t-2t^2$.

21. $\rho=9\theta-3\theta^3$.

22. $y=(a-x)^2$.

23. $y=(x+1)(x+2)$.

24. $y=(3+x)(4-x)$.

25. $y=(b+x)^3$.

26. $y=\frac{x^2-2x}{2}$.

27. $y=\frac{x+2}{x-2}$.

28. $s=\frac{t}{1-t^2}$.

29. $y=\frac{x^2}{2x+1}$.　　　　30. $y=\frac{x^2}{2-x}$.

§61　导数的几何意义

我们现在讨论一个定理，它在微分学对几何的一切应用里，是最基本的. 为此，我们必须提一提曲线在其某点 M 处的切线的定义.

在图 75 中，通过曲线上所给的定点 M 与邻近于它的点 M'（在曲线上）引割线 S. 令 M' 沿曲线移动，无限接近 M. 于是割线 S 在点 M 转动，它的极限位置 T，就是曲线 AB 在点 M 的切线.

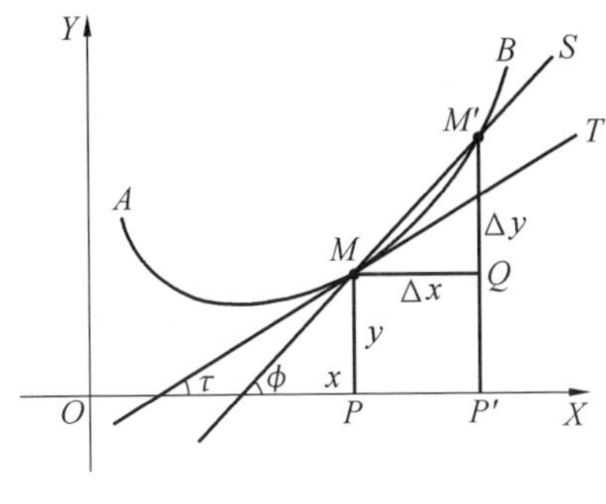

图 75

假定用某种方法，例如，用平面解析几何的方法，我们作好了曲线 AB 在笛卡儿(Descartes) 坐标中的方程，又假定把纵坐标 y 解出来后，这个方程是 $y=f(x)$.

在这种情形，这条曲线就是函数 $f(x)$ 的图形.

现在我们按一般法则来微分函数 $f(x)$，同时我们将在图上，用几何来说明这个法则的每一个步骤.

我们这样开始：在曲线上取一点 $M(x,y)$，又取一点 $M'(x+\Delta x,y+\Delta y)$，靠近 M，也位于曲线上. 则：

第一步

$$y+\Delta y=f(x+\Delta x)=P'M'$$

第二步

$$\begin{aligned} y+\Delta y&=f(x+\Delta x) &&=P'M' \\ -y\quad&=f(x) &&=PM=P'Q \\ \hline \Delta y&=f(x+\Delta x)-f(x) &&=QM' \end{aligned}$$

第三步

$$\frac{\Delta y}{\Delta x}=\frac{f(x+\Delta x)-f(x)}{\Delta x}=\frac{QM'}{PP'}=\frac{QM'}{MQ}=\tan\angle QMM'=$$

$$\tan\Phi=\text{割线 } MS \text{ 对水平线(即 } OX \text{ 横轴) 的斜率}$$

这就是说,函数的增量Δy与自变量的增量Δx之比,不是别的,正是通过函数 $f(x)$ 图形上两点 $M(x,y)$ 与 $M'(x+\Delta x,y+\Delta y)$ 的割线的斜率①.

在第四步的几何解释中,我们把 x 看成常量. 因此,曲线上的点 M 是固定的. 但是 Δx 开始变化,无限接近于零. 与此相应,M' 开始运动,沿着曲线无限接近于点 M,把点 M 作为极限位置. 在图上

$$\Phi=\text{割线 } MS \text{ 的倾角}$$

$$\tau=\text{切线 } MT \text{ 的倾角}$$

就是说,我们有$\lim\limits_{\Delta x\to 0}\Phi=\tau$. 因为正切对于自变量的一切数值(除了 $m\frac{\pi}{2}$ 形式的数值之外,其中 m 为正的或负的奇数) 是连续函数,所以第四步的几何意义如下:

第四步

$$\frac{\mathrm{d}y}{\mathrm{d}x}=f'(x)=\lim_{\Delta x\to 0}\tan\Phi=\tan\tau=\text{切线 } MT \text{ 的斜率}$$

这样,我们得到一个重要的定理:

在曲线上任何点处,导数的数值,等于曲线在该点的切线对水平线(亦即对横轴) 的斜率.

正是这个关于引切线的问题,使得莱布尼兹②从他自己这方面发现了微分学.

例:求抛物线 $y=x^2$ 在顶点及在点$\frac{1}{2}$ 处的切线的斜率.

解:按一般法则微分,我们有:

$\frac{\mathrm{d}y}{\mathrm{d}x}=2x=$曲线在任何给定点 $M(x,y)$ 处的切线的斜率.

要求抛物线在顶点处的切线斜率,我们在$\frac{\mathrm{d}y}{\mathrm{d}x}$ 的式子里置 $x=0$. 此时可得,$\frac{\mathrm{d}y}{\mathrm{d}x}=0$.

---

① 以后凡说到倾角的时候,我们指的是直线与横轴 OX 的交角(OX 轴恒认为是水平的),斜率则是倾角的正切.

② 莱布尼兹,祖先是斯拉夫人,生在莱比锡. 关于这方面的报道,莱布尼兹本人在他的自传里,已经写了.

他在各种知识领域中独创的研究,表现了他的出色创造力. 他首先用短文形式发表了其微分学的发现,短文登在 1684 年莱比锡地方学术杂志 *Acta Eruditorum* 上.

这就是说，在顶点处的切线（其斜率为零）平行于横轴，在本例题的情形下，它正和横轴重合.

要求在 $x=\frac{1}{2}$ 的点 M 处的切线斜率，我们在 $\frac{dy}{dx}$ 的式子里置 $x=\frac{1}{2}$，此时可得，$\frac{dy}{dx}=1$.

因此，在点 M 处的切线，与横轴相交 45° 的角度(图 76).

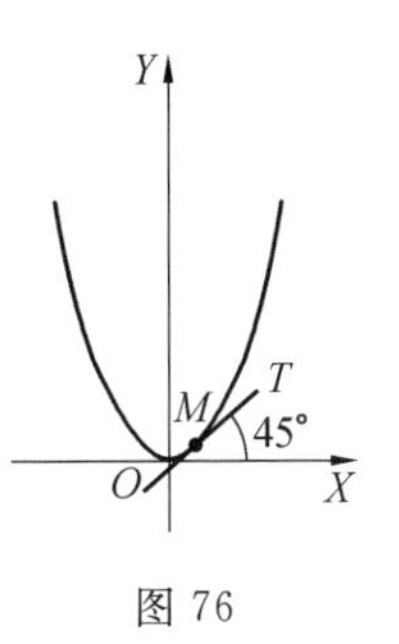

图 76

习题及部分习题答案

一、用微分法求下列曲线在指定点处的切线斜率. 画出曲线与切线来证实所得的结果.

1. $y=4-x^2$；点 $x=2$. 答：-4；$104°2'$.
2. $y=4x-x^2$；点 $x=2$. 答：0；0°.
3. $y=\frac{9}{x}$；点 $x=3$. 答：-1；135°.
4. $y=x^2-\frac{x}{2}$；点 $x=0$. 答：$-\frac{1}{2}$；$153°26'$.
5. $y=x^3-3x$；点 $x=1$. 答：0；0°.
6. $y=2x-x^3$；点 $x=-1$. 答：-1；135°.

二、在下列三题中：

(1) 求每对曲线的交点.

(2) 求该对曲线在各个交点处的切线斜率.

(3) 求在其交点处切线之间的夹角(参阅第 1 章 §3(2)).

1. $y=2-x^2$，$y=x^2$.

答：交角 $=\arctan\frac{4}{3}=53°8'$.

2. $y=x^2-5$，$y=3x-5$.

答：$\arctan 3=71°34'$ 与 $\arctan\frac{3}{19}=8°59'$.

3. $y=x^2-2x+1$，$y=7+2x-x^2$.

答：$\arctan\frac{8}{15}=28°4'$

三、求两条曲线 $y=\frac{x^3}{4}$ 与 $y=6-x^2$ 在点(2，2)处的交角.

第8章 代数式的微分法则

§62 一般法则的重要性

上章中所讲的一般微分法则(§60)是基本的法则,是直接由导数的定义求得的,读者无论如何应当要好好地掌握它.可是,这个法则应用到具体情形上的步骤,一般来说是麻烦的甚至于是艰难的.因此,为了减轻困难起见,我们由一般法则导出一系列特别的法则,以便能很快地微分许多实际遇到的标准表达式.

这些法则,最好是用下面的那些公式表达出来.

这套公式形成了微分学的条例,因为这套公式是这样完全,以致于任何一个函数,只要它是用有限形式表示的,也就是说,只要它是用这套公式中任何有限个运算写出来的,我们就能把它微分出来.

换句话说,有了条例之后,微分一个函数,再也不用取什么极限,因此也不要求求导数的人有什么创造力,只要求他小心从事.因为,一旦条例搞好之后,微分法只是一种方法,比如说,只是一种机械方法.因此,微分法是遵照一定计算法则的,就是说,是照一套严密确定的计算程序来做的,这里面的计算,现在既不需要左右推敲,又是完全确定的,因而总是应当做得出来的.

这套科学条例,归功于莱布尼兹,他寻找这个条例很久了,最后用下面那样完全的形式登在*Acta Eruditorum*(1684年)上.这套条例很快就被到处采用,获得一致承认,并淘汰掉由牛顿引入的一套记号.

这套条例究竟花了莱布尼兹多少精力,可以从下面这件事看出来:两个函数乘积的微分公式$(uv)'=u'v+uv'$,据莱布尼兹自己承认,他花了六个星期不断地探求与思索,而现在学生在考试的时候,只要五分钟就完全导得出来.

牛顿没有这套条例.微积分学发明者之一牛顿,是一个自然科学家,他用到微分方法时,不是当作微分学这样来对待的,也就是说,不是当作一般形式的方法来用的,而只是在具体的个别情形中用这个方法,每次都重新搞一遍.许多古代数学家也是这样,他们在讨论圆锥曲线的时候,每个问题都重新研究一遍,一点也不跟以前解决了的问题连接起来.直到笛卡儿发明了解析几何,才根本改变了这种情况.他引入了"二次曲线"(代替了个别讨论的各种类型的圆锥曲线)的一般方法,立刻给出了解决这一类问题的一般条例.

莱布尼兹跟牛顿相反,按其才智来说,莱布尼兹是一个逻辑学家.他最先奠定了形式逻辑的基础.这一方面的工作,在他之后有了发展,并且引起了近代"理论逻辑"的一系列研究.莱布尼兹坚决相信这种逻辑的实际重要性,他说:"最伟大的画家,也不可能随手画出一条无可指责的、像每一个用尺的人都可以画得出来的那样的直线".

这样,制定微分学条例,是完全合乎莱布尼兹的工作风格的,他把它的形式搞得这样完美,以至从1864年到今天,它仍然没有改变.

读者不仅要把每一个公式熟记在心里,而且要能够把相当的法则表述出来.在下面的公式中u,v,w表示了x的函数,所有这些函数都假定是可微分的.

微分法的公式有:

1. $\dfrac{\mathrm{d}c}{\mathrm{d}x}=0.$

2. $\dfrac{\mathrm{d}x}{\mathrm{d}x}=1.$

3. $\dfrac{\mathrm{d}}{\mathrm{d}x}(u+v-w)=\dfrac{\mathrm{d}u}{\mathrm{d}x}+\dfrac{\mathrm{d}v}{\mathrm{d}x}-\dfrac{\mathrm{d}w}{\mathrm{d}x}.$

4. $\dfrac{\mathrm{d}}{\mathrm{d}x}(cv)=c\dfrac{\mathrm{d}v}{\mathrm{d}x}.$

5. $\dfrac{\mathrm{d}}{\mathrm{d}x}(uv)=u\dfrac{\mathrm{d}v}{\mathrm{d}x}+v\dfrac{\mathrm{d}u}{\mathrm{d}x}.$

6. $\dfrac{\mathrm{d}}{\mathrm{d}x}(v^n)=nv^{n-1}\dfrac{\mathrm{d}v}{\mathrm{d}x}.$

6*. $\dfrac{\mathrm{d}}{\mathrm{d}x}(x^n)=nx^{n-1}.$

7. $\frac{\mathrm{d}}{\mathrm{d}x}\left(\frac{u}{v}\right)=\frac{v\frac{\mathrm{d}u}{\mathrm{d}x}-u\frac{\mathrm{d}v}{\mathrm{d}x}}{v^2}$.

7*. $\frac{\mathrm{d}}{\mathrm{d}x}\left(\frac{u}{c}\right)=\frac{\frac{\mathrm{d}u}{\mathrm{d}x}}{c}$.

8. $\frac{\mathrm{d}y}{\mathrm{d}x}=\frac{\mathrm{d}y}{\mathrm{d}u}\cdot\frac{\mathrm{d}u}{\mathrm{d}x}$,这里 y 是 u 的函数.

9. $\frac{\mathrm{d}y}{\mathrm{d}x}=\frac{1}{\frac{\mathrm{d}y}{\mathrm{d}x}}$,这里 y 是 x 的函数.

§63 常量的微分法

一个函数,假若我们知道,对于自变量的一切数值,恒保有同一数值(§23),则是一个常量.我们可以用字母 c 来表示它,即 $y=c$.

当 x 取得增量 Δx,函数的数值并不改变,亦即 $\Delta y=0$,故

$$\frac{\Delta y}{\Delta x}=0$$

因此得到

$$\lim_{\Delta x\to 0}\frac{\Delta y}{\Delta x}=0$$

但

$$\lim_{\Delta x\to 0}\left(\frac{\Delta y}{\Delta x}\right)=\frac{\mathrm{d}y}{\mathrm{d}x}$$

因此

$$\frac{\mathrm{d}c}{\mathrm{d}x}=0$$

故常量的导数为零.

这个结果是很容易预料得到的.因为 $y=c$ 的几何轨迹是一根平行于横轴的直线,所以它对水平线的倾角是零,而倾角的正切就是它的导数.

§64 变量对于其自身的微分法

设 $y=x$,按一般法则,我们有:

第一步

$$y+\Delta y=x+\Delta x$$

第二步

$$\Delta y = \Delta x$$

第三步

$$\frac{\Delta y}{\Delta x} = 1$$

第四步

$$\frac{\mathrm{d}y}{\mathrm{d}x} = 1$$

我们得到$\frac{\mathrm{d}x}{\mathrm{d}x} = 1$.

因此,变量对于其自身的导数是 1.

这个结果也是早可预料到的. 因为直线 $y = x$ 对水平线的倾角是 $45°$,而 $\tan 45°$ 等于 1.

§ 65 代数和的微分法

设 $y = u + v - w$,按一般法则,我们有:

第一步

$$y + \Delta y = u + \Delta u + v + \Delta v - w - \Delta w$$

第二步

$$\Delta y = \Delta u + \Delta v - \Delta w$$

第三步

$$\frac{\Delta y}{\Delta x} = \frac{\Delta u}{\Delta x} + \frac{\Delta v}{\Delta x} - \frac{\Delta w}{\Delta x}$$

因为

$$\lim_{\Delta x \to 0} \frac{\Delta u}{\Delta x} = \frac{\mathrm{d}u}{\mathrm{d}x}, \lim_{\Delta x \to 0} \frac{\Delta v}{\Delta x} = \frac{\mathrm{d}v}{\mathrm{d}x}, \lim_{\Delta x \to 0} \frac{\Delta w}{\Delta x} = \frac{\mathrm{d}w}{\mathrm{d}x}$$

故由此而得(根据 § 40):第四步

$$\frac{\mathrm{d}y}{\mathrm{d}x} = \frac{\mathrm{d}u}{\mathrm{d}x} + \frac{\mathrm{d}v}{\mathrm{d}x} - \frac{\mathrm{d}w}{\mathrm{d}x}$$

因此

$$\frac{\mathrm{d}}{\mathrm{d}x}(u + v - w) = \frac{\mathrm{d}u}{\mathrm{d}x} + \frac{\mathrm{d}v}{\mathrm{d}x} - \frac{\mathrm{d}w}{\mathrm{d}x}$$

用同样的方法可以证明任何给定有限个函数的代数和的微分法定理.

因此,对于数目给定的、有限个函数的代数和来说,它的导数等于各个函数的导数的代数和.

§ 66　常数乘函数的乘积的微分法

设 $y=cv$,按一般法则,我们有:

第一步

$$y+\Delta y=c(v+\Delta v)=cv+c\cdot\Delta v$$

第二步

$$\Delta y=c\cdot\Delta v$$

第三步

$$\frac{\Delta y}{\Delta x}=c\cdot\frac{\Delta v}{\Delta x}$$

由此应用 § 40,我们有:第四步

$$\frac{\mathrm{d}y}{\mathrm{d}x}=c\cdot\frac{\mathrm{d}v}{\mathrm{d}x}$$

故得

$$\frac{\mathrm{d}}{\mathrm{d}x}(cv)=c\frac{\mathrm{d}v}{\mathrm{d}x} \tag{1}$$

因此,常数乘函数之乘积的导数,等于该函数的导数乘该常数.

§ 67　两个函数的乘积的微分法

设 $y=uv$,按一般法则,我们有:

第一步

$$y+\Delta y=(u+\Delta u)(v+\Delta v)$$

乘出来,我们得到

$$y+\Delta y=uv+u\cdot\Delta v+v\cdot\Delta u+\Delta u\cdot\Delta v$$

第二步

$$\Delta y=u\cdot\Delta v+v\cdot\Delta u+\Delta u\cdot\Delta v$$

第三步

$$\frac{\Delta y}{\Delta x}=u\cdot\frac{\Delta v}{\Delta x}+v\cdot\frac{\Delta u}{\Delta x}+\Delta u\cdot\frac{\Delta v}{\Delta x}$$

应用 § 40,并注意:首先,$\lim\limits_{\Delta x\to 0}\Delta u=0$;其次,$\Delta u\cdot\dfrac{\Delta v}{\Delta x}$ 的极限是零.故我们有:

第四步

$$\frac{dy}{dx}=u\cdot\frac{dv}{dx}+v\cdot\frac{du}{dx}$$

由此得来

$$\frac{d}{dx}(uv)=u\frac{dv}{dx}+v\frac{du}{dx} \tag{1}$$

因此，两个函数相乘的乘积的导数，等于第一个函数乘第二个函数的导数，加上第二个函数乘上第一个函数的导数.

§68　个数任意给定的有限个函数之乘积的微分法

将 §67 中的公式(1) 两边各除以 uv，即得

$$\frac{\frac{d}{dx}(uv)}{uv}=\frac{\frac{du}{dx}}{u}+\frac{\frac{dv}{dx}}{v}$$

随之，取 n 个函数相乘(n 为给定的数)，即

$$y=v_1v_2\cdots v_n$$

我们可以写

$$\frac{\frac{d}{dx}(v_1v_2\cdots v_n)}{v_1v_2\cdots v_n}=\frac{\frac{dv_1}{dx}}{v_1}+\frac{\frac{d}{dx}(v_2v_3\cdots v_n)}{v_2v_3\cdots v_n}=\frac{\frac{dv_1}{dx}}{v_1}+\frac{\frac{dv_2}{dx}}{v_2}+\frac{\frac{d}{dx}(v_3v_4\cdots v_n)}{v_3v_4\cdots v_n}=$$

$$\frac{\frac{dv_1}{dx}}{v_1}+\frac{\frac{dv_2}{dx}}{v_2}+\frac{\frac{dv_3}{dx}}{v_3}+\cdots+\frac{\frac{dv_n}{dx}}{v_n}$$

两边各乘以 $v_1v_2\cdots v_n$，即得

$$\frac{d}{dx}(v_1v_2\cdots v_n)=(v_2v_3\cdots v_n)\frac{dv_1}{dx}+(v_1v_3\cdots v_n)\frac{dv_2}{dx}+\cdots+$$

$$(v_1v_2\cdots v_{n-1})\frac{dv_n}{dx}$$

因此，个数给定的有限个函数相乘的乘积的导数，等于将每个函数的导数与其他所有的函数相乘然后相加所得的总和.

§69　具有常指数的函数乘幂的微分法

指数法则：如果前述结果中，一切因子均等于 v，我们得到

$$\frac{d}{dx}(v^n)=nv^{n-1}\cdot\frac{dv}{dx} \tag{1}$$

若 $v=x$，则等式(1) 给出

$$\frac{\mathrm{d}}{\mathrm{d}x}(x^n)=nx^{n-1}$$

公式(1) 只在指数 n 为正整数的情形下是证明了的. 在 §98 中会证明这个公式对于常量 n 的任何数值都成立，这样我们就有下述一般结果，即：

具有常指数的函数乘幂的导数，等于其指数、指数比原来低一次的幂函数、及该函数的导数，三者的乘积.

这个法则叫作指数法则.

§70　商的微分法

设 $y=\frac{u}{v}, v\neq 0$，按一般法则，我们有：

第一步

$$y+\Delta y=\frac{u+\Delta u}{v+\Delta v}$$

第二步

$$\Delta y=\frac{u+\Delta u}{v+\Delta v}-\frac{u}{v}=\frac{v\cdot\Delta u-u\cdot\Delta v}{v(v+\Delta v)}$$

第三步

$$\frac{\Delta y}{\Delta x}=\frac{v\cdot\frac{\Delta u}{\Delta x}-u\cdot\frac{\Delta v}{\Delta x}}{v(v+\Delta v)}$$

应用 §40，我们有：第四步

$$\frac{\mathrm{d}y}{\mathrm{d}x}=\frac{v\frac{\mathrm{d}u}{\mathrm{d}x}-u\frac{\mathrm{d}v}{\mathrm{d}x}}{v^2}$$

随之而有

$$\frac{\mathrm{d}}{\mathrm{d}x}\left(\frac{u}{v}\right)=\frac{v\frac{\mathrm{d}u}{\mathrm{d}x}-u\frac{\mathrm{d}v}{\mathrm{d}x}}{v^2} \tag{1}$$

因此，一个分式的导数，等于其分母乘分子的导数，减去其分子乘分母的导数，然后用分母的平方来除.

若分母为常量，则在式(1) 中设 $v=c$，得

$$\frac{\mathrm{d}}{\mathrm{d}x}\left(\frac{u}{c}\right)=\frac{\frac{\mathrm{d}u}{\mathrm{d}x}}{c}\quad\left(\text{因}\frac{\mathrm{d}v}{\mathrm{d}x}=\frac{\mathrm{d}c}{\mathrm{d}x}=0\right) \tag{2}$$

式(2) 亦可以由 §66 中的式(1) 得到,即

$$\frac{\mathrm{d}}{\mathrm{d}x}\left(\frac{u}{c}\right)=\frac{1}{c}\cdot\frac{\mathrm{d}u}{\mathrm{d}x}=\frac{\frac{\mathrm{d}u}{\mathrm{d}x}}{c}$$

因此,一个函数被一个常量来除所得的商的导数,等于那个常量除该函数的导数所得到的商.

假若分子为常量,则在式(1) 中令 $u=c$,我们得到

$$\frac{\mathrm{d}}{\mathrm{d}x}\left(\frac{c}{v}\right)=-\frac{c\frac{\mathrm{d}v}{\mathrm{d}x}}{v^2}\quad\left(因为\frac{\mathrm{d}u}{\mathrm{d}x}=\frac{\mathrm{d}c}{\mathrm{d}x}=0\right)$$

所以,一个函数除一个常数所得的商的导数,等于那个常数与该函数的导数相乘之乘积,被该函数的平方所除,再取负值.

根据目前已经导出的法则,我们现在已经能够微分一个自变量的任何显代数函数了.

习题及部分习题答案

一、在学习微分法时,读者应该练习心算来微分下列各函数.

1. $y=x^3$.

答

$$\frac{\mathrm{d}y}{\mathrm{d}x}=\frac{\mathrm{d}}{\mathrm{d}x}(x^3)=3x^2$$

2. $y=ax^4-bx^2$.

答

$$\frac{\mathrm{d}y}{\mathrm{d}x}=\frac{\mathrm{d}}{\mathrm{d}x}(ax^4-bx^2)=\frac{\mathrm{d}}{\mathrm{d}x}(ax^4)-\frac{\mathrm{d}}{\mathrm{d}x}(bx^2)=$$

$$a\frac{\mathrm{d}}{\mathrm{d}x}(x^4)-b\frac{\mathrm{d}}{\mathrm{d}x}(x^2)=$$

$$4ax^3-2bx$$

3. $y=x^{\frac{4}{3}}+5$.

答

$$\frac{\mathrm{d}y}{\mathrm{d}x}=\frac{\mathrm{d}}{\mathrm{d}x}(x^{\frac{4}{3}})+\frac{\mathrm{d}}{\mathrm{d}x}(5)=\frac{4}{3}x^{\frac{1}{3}}$$

4. $y=\frac{3x^3}{\sqrt[5]{x^2}}-\frac{7}{\sqrt[3]{x}}+8\sqrt[7]{x^3}$.

答

$$\frac{\mathrm{d}y}{\mathrm{d}x}=\frac{\mathrm{d}}{\mathrm{d}x}(3x^{\frac{13}{5}})-\frac{\mathrm{d}}{\mathrm{d}x}(7x^{-\frac{1}{3}})+\frac{\mathrm{d}}{\mathrm{d}x}(8x^{\frac{3}{7}})=$$

$$\frac{39}{5}x^{\frac{8}{5}}+\frac{7}{3}x^{-\frac{4}{3}}+\frac{24}{7}x^{-\frac{4}{7}}$$

5. $y=(x^2-3)^5$.

答

$$\frac{dy}{dx}=5(x^2-3)^4\frac{d}{dx}(x^2-3)=$$

$$(v=x^2-3, n=5)$$

$$5(x^2-3)^4\cdot 2x=10x(x^2-3)^4$$

也可以先把这个函数按牛顿的二项定理展开，然后用 §62 中所给微分法的公式 3 等来微分，但是用上述方法比较简便些.

6. $y=\sqrt{a^2-x^2}$.

答

$$\frac{dy}{dx}=\frac{d}{dx}(a^2-x^2)^{\frac{1}{2}}=\frac{1}{2}(a^2-x^2)^{-\frac{1}{2}}\frac{d}{dx}(a^2-x^2)=$$

$$(v=a^2-x^2, n=\frac{1}{2})$$

$$\frac{1}{2}(a^2-x^2)^{-\frac{1}{2}}(-2x)=-\frac{x}{\sqrt{a^2-x^2}}$$

7. $y=(3x^2+2)\sqrt{1+5x^2}$.

答

$$\frac{dy}{dx}=(3x^2+2)\frac{d}{dx}(1+5x^2)^{\frac{1}{2}}+(1+5x^2)^{\frac{1}{2}}\frac{d}{dx}(3x^2+2)=$$

$$(u=3x^2+2, v=(1+5x^2)^{\frac{1}{2}})$$

$$(3x^2+2)\cdot\frac{1}{2}(1+5x^2)^{-\frac{1}{2}}\cdot\frac{d}{dx}(1+5x^2)+(1+5x^2)^{\frac{1}{2}}\cdot 6x=$$

$$(3x^2+2)(1+5x^2)^{-\frac{1}{2}}\cdot 5x+6x\cdot(1+5x^2)^{\frac{1}{2}}=$$

$$\frac{5x(3x^2+2)}{\sqrt{1+5x^2}}+6x\sqrt{1+5x^2}=\frac{45x^3+16x}{\sqrt{1+5x^2}}$$

8. $y=\frac{a^2+x^2}{\sqrt{a^2-x^2}}$.

答

$$\frac{dy}{dx}=\frac{(a^2-x^2)^{\frac{1}{2}}\frac{d}{dx}(a^2+x^2)-(a^2+x^2)\frac{d}{dx}(a^2-x^2)^{\frac{1}{2}}}{a^2-x^2}=$$

$$\frac{2x(a^2-x^2)+x(a^2+x^2)}{(a^2-x^2)^{\frac{3}{2}}}=$$

（分子分母各乘以$(a^2-x^2)^{\frac{1}{2}}$）

$$\frac{3a^2x - x^3}{(a^2 - x^2)^{\frac{3}{2}}}$$

二、试证实微分所得的下列各结果.

1. $\frac{\mathrm{d}}{\mathrm{d}x}(6x^3 - 2x + 5) = 18x^2 - 2$.

2. $\frac{\mathrm{d}}{\mathrm{d}x}(5 + 3x^2 - x^6) = 6x - 6x^5$.

3. $\frac{\mathrm{d}}{\mathrm{d}t}(at + bt^2) = a + 2bt$.

4. $\frac{\mathrm{d}}{\mathrm{d}x}(ax^r - rx^a) = ar(x^{r-1} - x^{a-1})$.

5. $\frac{\mathrm{d}}{\mathrm{d}y}(5y^{\frac{1}{2}} + 6) = \frac{5}{2}y^{-\frac{1}{2}}$.

6. $\frac{\mathrm{d}}{\mathrm{d}x}(4x^{-1} - 7x^{-2}) = -4x^{-2} + 14x^{-3}$.

7. $\frac{\mathrm{d}}{\mathrm{d}x}\left(\frac{a + bx + cx^2}{x}\right) = c - \frac{a}{x^2}$.

8. $\frac{\mathrm{d}}{\mathrm{d}t}(6t^{\frac{1}{3}} - 9t^{\frac{2}{3}}) = 2t^{-\frac{2}{3}} - 6t^{-\frac{1}{3}}$.

9. $\frac{\mathrm{d}}{\mathrm{d}t}(12t^{\frac{3}{4}} + 12 + 12t^{-\frac{3}{4}}) = 9t^{-\frac{1}{4}} - 9t^{-\frac{7}{4}}$.

10. $\frac{\mathrm{d}}{\mathrm{d}x}(x^{\frac{2}{3}} - a^{\frac{2}{3}}) = \frac{2}{3}x^{-\frac{1}{3}}$.

11. $y = 2\sqrt{x} - \frac{1}{2\sqrt{x}}$.　　答：$y' = \frac{1}{\sqrt{x}} + \frac{1}{4x\sqrt{x}}$.

12. $s = \frac{a + bt + ct^2}{\sqrt{t}}$.　　答：$s' = -\frac{a}{2t\sqrt{t}} + \frac{b}{2\sqrt{t}} + \frac{3c\sqrt{t}}{2}$.

13. $r = \sqrt{2\theta} - \frac{1}{\sqrt{2\theta}}$.　　答：$r' = \frac{2\theta + 1}{2\theta\sqrt{2\theta}}$.

14. $y = \sqrt{3 + 4x}$.　　答：$y' = \frac{2}{\sqrt{3 + 4x}}$.

15. $y = \sqrt[3]{4 - 3x}$.　　答：$y' = -\frac{1}{\sqrt[3]{(4 - 3x)^2}}$.

16. $y = \sqrt{1 + 5x^2}$.　　答：$y' = \frac{5x}{\sqrt{1 + 5x^2}}$.

17. $y = \frac{1}{\sqrt{a^2 - x^2}}$.　　答：$y' = \frac{x}{(a^2 - x^2)^{\frac{3}{2}}}$.

18. $f(x)=\sqrt{1+\frac{a}{x}}$. 答：$f'(x)=-\frac{a}{2x^2\sqrt{1+\frac{a}{x}}}$.

19. $F(\theta)=(2-5\theta)^{\frac{1}{5}}$. 答：$F'(\theta)=-\frac{1}{(2-5\theta)^{\frac{4}{5}}}$.

20. $\Phi(y)=(3+5y^2)^3$. 答：$\Phi'(y)=30y(3+5y^2)^2$.

21. $y=x\sqrt{a+bx}$. 答：$\frac{\mathrm{d}y}{\mathrm{d}x}=\frac{2a+3bx}{2\sqrt{a+bx}}$.

22. $s=t\sqrt[3]{6t-1}$. 答：$\frac{\mathrm{d}s}{\mathrm{d}t}=\frac{8t-1}{(6t-1)^{\frac{2}{3}}}$.

23. $y=\frac{a-x}{a+x}$. 答：$\frac{\mathrm{d}y}{\mathrm{d}x}=-\frac{2a}{(a+x)^2}$.

24. $r=\frac{1+\theta^2}{1-\theta^2}$. 答：$\frac{\mathrm{d}r}{\mathrm{d}\theta}=\frac{4\theta}{(1-\theta^2)^2}$.

25. $y=\frac{\sqrt{4-x^2}}{x}$. 答：$\frac{\mathrm{d}y}{\mathrm{d}x}=-\frac{4}{x^2\sqrt{4-x^2}}$.

26. $y=\frac{x}{\sqrt{x^2-5}}$. 答：$\frac{\mathrm{d}y}{\mathrm{d}x}=-\frac{5}{(x^2-5)^{\frac{3}{2}}}$.

27. $y=(x+2)\sqrt{x^2+4x}$. 答：$\frac{\mathrm{d}y}{\mathrm{d}x}=\frac{2(x^2+4x+2)}{\sqrt{x^2+4x}}$.

28. $s=t^2\sqrt{7-2t}$. 答：$\frac{\mathrm{d}s}{\mathrm{d}t}=\frac{14t-5t^2}{\sqrt{7-2t}}$.

29. $y=\frac{\sqrt[3]{2+6x}}{x}$. 答：$\frac{\mathrm{d}y}{\mathrm{d}x}=-\frac{2+4x}{x^2(2+6x)^{\frac{2}{3}}}$.

30. $y=(x-1)\sqrt[3]{x+1}$. 答：$\frac{\mathrm{d}y}{\mathrm{d}x}=\frac{4x+2}{3(x+1)^{\frac{2}{3}}}$.

31. $y=\sqrt{2px}$. 答：$\frac{\mathrm{d}y}{\mathrm{d}x}=\frac{p}{y}$.

32. $y=\frac{b}{a}\sqrt{a^2-x^2}$. 答：$\frac{\mathrm{d}y}{\mathrm{d}x}=-\frac{b^2x}{a^2y}$.

33. $y=(a^{\frac{2}{3}}-x^{\frac{2}{3}})^{\frac{3}{2}}$. 答：$\frac{\mathrm{d}y}{\mathrm{d}x}=-\sqrt[3]{\frac{y}{x}}$.

三、微分下列函数.

1. $f(x)=x^3-2\sqrt{x}+\frac{4}{\sqrt{x}}$. 2. $y=\frac{2-3x^2}{1+2x}$.

3. $y=\frac{x}{\sqrt{a-bx^2}}$. 4. $f(r)=\sqrt{\frac{1+r}{1-r}}$.

5. $s=\frac{\sqrt{3-t}}{t^3}$.　　6. $F(\theta)=\sqrt[3]{3\theta^2-10}$.

7. $y=x\sqrt[3]{7-6x^2}$.　　8. $y=\sqrt{\frac{3x+2}{3x-2}}$.

9. $r=\frac{\theta^2}{\sqrt{\theta^2+4}}$.　　10. $y=\sqrt{1+2x}\,\sqrt[3]{1+3x}$.

四、下列各题中,求在指定数值处的导数值$\frac{\mathrm{d}y}{\mathrm{d}x}$.

1. $y=(x^2-2)^3;x=2$.　　答:48.

2. $y=\sqrt{2x}+\sqrt{\frac{2}{x}};x=2$.　　答:$\frac{1}{4}$.

3. $y=\frac{x+4}{4-x};x=2$.　　答:2.

4. $y=\sqrt{10-2x};x=3$.　　答:$-\frac{1}{2}$.

5. $y=\sqrt[3]{13-5x};x=1$.　　答:$-\frac{5}{12}$.

6. $y=\sqrt{25-x^2};x=4$.　　答:$-\frac{4}{3}$.

7. $y=x\sqrt{6+5x};x=2$.　　答:$5\frac{1}{4}$.

8. $y=\frac{\sqrt{x^2+9}}{x};x=4$.　　答:$-\frac{9}{80}$.

9. $y=x\sqrt[3]{2-x};x=1$.　　答:$\frac{2}{3}$.

10. $y=(2x-3)^3;x=1$.　　11. $y=\sqrt[3]{2x}+\sqrt[3]{4x^2};x=4$.

12. $y=\frac{2x-1}{2-x};x=3$.　　13. $y=\sqrt{13-2x};x=2$.

14. $y=x\sqrt{25-x^2};x=4$.　　15. $y=\frac{\sqrt{5+2x}}{x};x=2$.

§71　函数的函数的微分法

我们要提醒读者,关于“函数的函数”这一观念及其连续性的知识,在§33及§47中已经讲过了.这里只简短地指出其要点.

常常有这种情形:所论变量y直接作为自变量x的函数来看时,我们是不知道的,而只有从间接的思考,才能相信y是依x而定的.

这种情形多半发生在：开头给出的 y 是某个自变量 u 的函数，即 $y=\varphi(u)$，而直到后来，我们才知道，u 原来是自变量 x 的函数，即 $u=f(x)$. 在这种情形，y 是 x 的间接函数，是通过变量 u 的关系而得到的，u 就称为中间变量以别于真正最终的自变量 x.

实际上，两个同时成立的链形等式

$$y=\varphi(u), u=f(x) \tag{1}$$

明显地告诉我们：当自变量 x 的数值已知时，变量 y 就是一个确定不变的数值. 而当 x 的数值改变时，变量 y 的数值也随之改变，这意味着：通过中介字母 u，y 是自变量 x 的某个确定的函数，就是说，我们应有 $y=F(x)$.

要找出这个函数 $F(x)$，需把记号 $\varphi(\quad)$ 中的字母 u 不当作自变量，而当作直接依赖于 x 的函数表达式 $f(x)$. 这种把字母 u 当作函数式 $f(x)$ 的办法称为消去变量 u 的方法.

应用这个方法，就得出所要找寻的复合函数 $F(x)$，即

$$y=F(x)=\varphi(f(x)) \tag{2}$$

它称为“函数的函数”，现在它给出了变量 y 对于自变量 x 的直接依赖关系.

例如，假若

$$y=\frac{2u}{1-u^2}, u=1-x^2$$

则 y 是一个函数的函数. 消去 u，我们就可以将 y 直接表达为自变量 x 的函数. 但是，一般地，如果我们只求 $\frac{\mathrm{d}y}{\mathrm{d}x}$ 的话，这样做是多余的.

必须指出：在等式(1) 中的函数 φ 及 f 的本身是彼此毫无关系的，因为外函数 φ 及内函数 f，各自都可以是任意选择的.

只有它们的变量 u 及 x 是互相依赖的.

我们现在来求函数的函数的导数 $\frac{\mathrm{d}y}{\mathrm{d}x}$. 取两个同时成立的链形等式

$$y=\varphi(u), u=f(x)$$

它们通过中间变量 u 决定了 y 是 x 的函数.

由此可知，当我们给 x 一个(任意的) 增量 Δx 时，则 u 就得到一个(随之而定的) 增量 Δu，因此 y 也得到增量 Δy. 记住了这点，对于这两个函数同时应用一般微分法则，我们有：

第一步

$$y+\Delta y=\varphi(u+\Delta u), u+\Delta u=f(x+\Delta x)$$

第二步

$$
\begin{array}{l} y+\Delta y=\varphi(u+\Delta u) \\ -\underline{y\qquad\ =\varphi(u)\qquad\qquad} \\ \Delta y=\varphi(u+\Delta u)-\varphi(u) \end{array}, \quad \begin{array}{l} u+\Delta u=f(x+\Delta x) \\ -\underline{u\qquad\ =f(x)\qquad\qquad} \\ \Delta u=f(x+\Delta x)-f(x) \end{array}
$$

第三步

$$
\frac{\Delta y}{\Delta u}=\frac{\varphi(u+\Delta u)-\varphi(u)}{\Delta u}, \frac{\Delta u}{\Delta x}=\frac{f(x+\Delta x)-f(x)}{\Delta x}
$$

上面两个等式的左边，都表示成每个函数的增量跟其对应变量的增量之比，而右边把这个比表达为另一种形式. 在取极限之前，让我们取两式的左边，做成这两个比值的乘积.

这就得到$\frac{\Delta y}{\Delta u}\cdot\frac{\Delta u}{\Delta x}$，它是等于$\frac{\Delta y}{\Delta x}$的. 我们把这个恒等式写下来，即

$$
\frac{\Delta y}{\Delta x}=\frac{\Delta y}{\Delta u}\cdot\frac{\Delta u}{\Delta x} \tag{3}
$$

第四步：令任意选择的增量 Δx 趋近于零，即 $\Delta x\to 0$. 取极限得到

$$
\lim_{\Delta x\to 0}\frac{\Delta y}{\Delta x}=\lim_{\Delta x\to 0}\frac{\Delta y}{\Delta u}\cdot\lim_{\Delta x\to 0}\frac{\Delta u}{\Delta x} \tag{4}
$$

两个函数 f 及 φ 都假定是可以微分的，外函数 φ 在点 u，内函数 f 在点 x，都可以微分. 由于从可微分性即可得连续性，所以当任意选择的增量 Δx 趋近于零时，则随之而定的增量 Δu 也必定自动趋近于零. 现在我们用不着去管增量 Δu 的趋近于零是不是一定要随着 Δx 的，就算它不是一定要随着 Δx，而是以自由方式趋近于零的，我们可以把等式(4) 写为

$$
\lim_{\Delta x\to 0}\frac{\Delta y}{\Delta x}=\lim_{\Delta u\to 0}\frac{\Delta y}{\Delta u}\cdot\lim_{\Delta x\to 0}\frac{\Delta u}{\Delta x} \tag{5}
$$

由此可知

$$
\frac{\mathrm{d}y}{\mathrm{d}x}=\frac{\mathrm{d}y}{\mathrm{d}u}\cdot\frac{\mathrm{d}u}{\mathrm{d}x}=\varphi'(u)\cdot f'(x) \tag{6}
$$

上面对于函数的函数的导数公式的古典证明，是非常清楚而自然的，但是它在算式上可以挑出这么一个问题来，那就是：在 Δx 的某些异于零的数值处，所产生的增量 Δu 可能等于零($\Delta u=0$). 因为我们不能用零去除别的数，所以对于这种 Δx，恒等式(3) 就不能利用了.

要完全消去这个问题，我们只要加几句解释的话就够了. 为此我们把 Δx 的这种数值($\Delta x\neq 0$ 并且 Δu 也不等于零)，称为 Δx 的"可用数值"，另外把那些使 Δu 等于零的 $\Delta x(\Delta x\neq 0)$ 的数值称为"禁用数值". 显然，当 Δx 通过这些"可用数值"趋于零时，等式(5) 仍是绝对正确的. 在这种情形，等式(5) 的右边恒等于

乘积 $\varphi'(u)\cdot f'(x)$. 而由于对 Δx 的任何"禁用数值"来说，比值 $\frac{\Delta u}{\Delta x}=0$，故当 Δx 通过"禁用数值"趋于 0 时，则我们一定有 $\frac{\mathrm{d}u}{\mathrm{d}x}=f'(x)=0$. 由此可知，若 $f'(x)\neq 0$，则在 0 的附近不存在 Δx 的"禁用数值"，就是说，每一个足够小的 Δx 都是"可用的". 因此，在这种情况下，等式(5) 的右边表示了真正的导数 $\frac{\mathrm{d}y}{\mathrm{d}x}$，因此对于 $f'(x)\neq 0$ 时，我们就证明了公式(6).

假若 $f'(x)=0$，则等式(5) 告诉我们：当 Δx 沿着"可用数值"趋近于 0 时，比 $\frac{\Delta y}{\Delta x}$ 是趋近于 0 的. 但因为对于 Δx 的所有的"禁用数值"，我们有等式

$$\varphi(u+\Delta u)-\varphi(u)=\Delta y=0$$

那么，当 Δx 沿"禁用数值"趋于 0 时，比值 $\frac{\Delta y}{\Delta x}$ 更趋近于 0 了. 这意味着，若 $f'(x)=0$，则一定有 $\frac{\mathrm{d}y}{\mathrm{d}x}=0$，因此公式(6) 对于一切的情形，都证明完毕了.

上面所证的公式(6) 有特殊的重要性，因为，从实质上说，在数学分析里单单依据它就可做出各种表达式的微分法. 因此，读者不仅要默记在心，而且要能如下表出，即：

假若 $y=\varphi(u)$，$u=f(x)$，则 y 对于 x 的导数，等于 y 对于中间变量 u 的导数乘上中间变量 u 对于最末自变量 x 的导数.

因为实际生活中的大多数现象都是用函数的函数式子 $y=\varphi(f(x))$ 表示的，而且其中 φ 及 f 也并不完全很简单，它们本身可能又是函数的函数，因此，我们就可以看到函数的函数的微分法在实用上是极其重要的.

假设我们有一个函数的函数

$$y=\varphi(f(x))$$

引入中间变量 u，我们可以把这个复合的依赖关系分解为两个比较简单的链形依赖关系，即有

$$y=\varphi(u),\ u=f(x)$$

于是按式(6) 求导数 $\frac{\mathrm{d}y}{\mathrm{d}x}$，便可进行 y 对 x 的微分法.

例 1：已知 $y=2u^2-4$，$u=3x^2+1$. 求 $\frac{\mathrm{d}y}{\mathrm{d}x}$.

解：$\frac{\mathrm{d}y}{\mathrm{d}x}=\frac{\mathrm{d}y}{\mathrm{d}u}\cdot\frac{\mathrm{d}u}{\mathrm{d}x}$，其中 $\frac{\mathrm{d}y}{\mathrm{d}u}=4u$，$\frac{\mathrm{d}u}{\mathrm{d}x}=6x$. 故代入两个求得的中间导数 $\frac{\mathrm{d}y}{\mathrm{d}u}$ 及最末导数 $\frac{\mathrm{d}u}{\mathrm{d}x}$ 后，即得

$$\frac{dy}{dx}=4u\cdot 6x=24x(3x^2+1)$$

例 2:已知 $y=(x^2+3)^{100}$. 求$\frac{dy}{dx}$.

解:将已给的复合函数 $y=(x^2+3)^{100}$ 分解为较简单的链形依赖关系,即 $y=u^{100}$, $u=x^2+3$,故得

$$\frac{dy}{du}=\frac{dy}{du}\cdot\frac{du}{dx}$$

其中$\frac{dy}{du}=100u^{99}$, $\frac{du}{dx}=2x$,因此,代入后,即得

$$\frac{dy}{dx}=100u^{99}\cdot 2x=200x(x^2+3)^{99}$$

当我们不仅有两个而有更多个同时成立的链形依赖关系时,例如,有三个链形依赖关系,即

$$y=\varphi(u),u=f(v)$$

则把公式(6) 应用两次,得

$$\frac{dy}{dx}=\frac{dy}{du}\cdot\frac{du}{dx} \tag{7}$$

$$\frac{du}{dx}=\frac{du}{dv}\cdot\frac{dv}{dx}$$

由此,将$\frac{du}{dx}$ 的表达式代入式(7) 后,即得

$$\frac{dy}{dx}=\frac{dy}{du}\cdot\frac{du}{dv}\cdot\frac{dv}{dx}$$

这个公式可表述如下:

函数的函数之导数,等于所有的、前变量对于后变量(相接的两个变量) 的导数之连乘积.

§ 72　微分函数的函数时易犯的错误

对于只有两个函数

$$y=\varphi(u),u=f(x)$$

的最短的链形结合,所求的 § 71 的式(6),显然可以改写为

$$\frac{d}{dx}\varphi(u)=\varphi'(u)\cdot\frac{du}{dx} \tag{1}$$

它应当表述为:

任意的变量 u 的函数,对于另一个任意的自变量 x 的导数,等于该函数的

导数乘以该变量 u 的导数.

这个叙述及公式(1),在实际微分计算里,是很有用的,因此应当好好地了解它.

但有时也利用正确的等式

$$y=\varphi(f(x)),\frac{\mathrm{d}y}{\mathrm{d}u}=\varphi'(u)=\varphi'[f(x)],\frac{\mathrm{d}u}{\mathrm{d}x}=f'(x)$$

把 §71 中的式(6) 改写成

$$(\varphi(f(x)))'=\varphi'(f(x))\cdot f'(x) \tag{2}$$

而这里应该指出,这个公式一不小心可能成为误解和严重错误的根源,因为在初学者眼里,公式(2) 显得更有诱惑力:"因为那里并没有任何扰乱我的字母 u,那里只有真正变量 x 的函数",所以这种情况更加来得危险. 但是读者应当警惕:公式(2) 可能引起误解,特别是因子 $\varphi'(f(x))$ 更有被误解的危险. 它的危险性在于:这个因子同时告诉我们两个运算,① 用撇号表示的微分运算,② 用圆括号( )表示的(在这个圆括号之中装了函数 $f(x)$)代数代换运算. 读者应当切实记住,这两个运算究竟哪个在先,哪个在后,首先是微分运算,而且是对( )中没有写出的那个变量微分的,其次在微分完毕之后,再帮代数代换运算,将 $f(x)$ 代入所得的微分结果( )中,来代换那个没有写出来的自变量.

假若先把 $f(x)$ 代换了没有写出来的自变量,然后再微分,那么读者一定会得出错误的结果,因为他得到的就是 $(\varphi(f(x)))'$,就是说:所得到的就是函数的函数的导数,而非中间导数 $\varphi'(f(x))$.

例如,读者应牢记:虽然记号 $f'(x)$ 表示了函数 $f(x)$ 的导数,可是记号 $f'(2x)$ 并不表示函数 $f(2x)$ 对 x 的导数,因为 $f'(2x)$ 比 $f(2x)$ 对 x 的导数小两倍.

为了证实它,设 $y=f(2x)$. 将这个函数的函数分解为两个链形函数,即 $y=f(u)$,$u=2x$,我们得到

$$\frac{\mathrm{d}y}{\mathrm{d}x}=\frac{\mathrm{d}y}{\mathrm{d}u}\cdot\frac{\mathrm{d}u}{\mathrm{d}x}=f'(u)\cdot 2=2f'(2x)$$

所以 $f(2x)$ 对 x 的导数是 $f'(2x)$ 的两倍大.

用 $\frac{\mathrm{d}}{\mathrm{d}x},\frac{\mathrm{d}}{\mathrm{d}u},\frac{\mathrm{d}}{\mathrm{d}v},\frac{\mathrm{d}}{\mathrm{d}w},\cdots$ 做导数记号要更可靠些. 因为用了它们的话,读者就不会犯错误了. 假若不用这种记号,那么函数 $f(2x)$ 对 x 的导数应记为 $(f(2x))'$,不能记作 $f'(2x)$.

在数值上说来,它们的差别在于 $(f(2x))'$ 是 $f'(2x)$ 的两倍. 在理论上说起来,它们的差别在于:$(f(2x))'$ 是首先把 $2x$ 代入 $f($ $)$ 之中,然后再对 x 微分的,而 $f'(2x)$ 是反过来先把函数 $f($ $)$ 对没有写出来的变量( )微分,然后再把 $2x$ 代入( )中.

因此,先把 $f(x)$ 代入 $\varphi(\quad)$ 中然后再微分,或者反过来,先微分而得 $\varphi'(\quad)$,然后再把 $f(x)$ 代入,是完全不同的.所得的结果完全依赖于这两个运算的次序,而公式(2)正告诉了我们这种依赖关系.

假若我们不把注意力放在这两个运算的次序上,那么就必然会忘记乘数 $f'(x)$ 而出错.

§ 73 函数的函数之实际微分法

读者不难注意到:$\frac{\mathrm{d}}{\mathrm{d}x}(v^n)=nv^{n-1}\frac{\mathrm{d}v}{\mathrm{d}x}$ 就是上述函数的函数的微分法的一个应用例子.同样,在以后我们不再使用现成的导数公式表(§62),而可以在任何情形下应用函数的函数的导数公式.因此我们要详细地讲讲这个公式的实际用法.

为了力求理论上清晰起见,我们在本文中的讨论里,不得不用各种字母 u,v,w,… 来表示链形关系中一个连一个的函数.

读者在开始学习微分法时,可以先仿照着这样做,以学会善于分辨出函数的函数.

73.1 缺乏经验的求导数的例子

例:求函数 $y=(1+\sqrt{x})^n$ 的导数.

为了要看出这个函数的函数,读者可以用字母 u 表示内函数(像以前我们所做的),这样他就得到链形的依赖关系,即

$$y=u^n,u=1+\sqrt{x}$$

由此,引用函数的函数之微分法则,读者可以写

$$\frac{\mathrm{d}y}{\mathrm{d}x}=\frac{\mathrm{d}y}{\mathrm{d}u}\cdot\frac{\mathrm{d}u}{\mathrm{d}x}=\frac{\mathrm{d}u^n}{\mathrm{d}u}\cdot\frac{\mathrm{d}(1+\sqrt{x})}{\mathrm{d}x}=nu^{n-1}\frac{1}{2\sqrt{x}}=$$

$$n(1+\sqrt{x})^{n-1}\frac{1}{2\sqrt{x}}$$

因为按公式我们有

$$\frac{\mathrm{d}u^n}{\mathrm{d}u}=nu^{n-1},\frac{\mathrm{d}\sqrt{x}}{\mathrm{d}x}=\frac{1}{2\sqrt{x}}$$

但是读者应当只有短时间内享用引入字母 u,v,w,… 的权利,而在以后,当这个不必须的习惯还没有根深蒂固的时候,就应当尽早摆脱它.引用字母 u,v,w,… 的习惯使得计算麻烦而且容易弄得看不清计算的过程,而最主要的,是

它削弱了想象力,割裂思维.

我们再重复做一遍上面的例子,不用中间字母,就是说,像我们所应当常常做的那样来做.

73.2 有经验的求导数的例子

例 1:求$(1+\sqrt{x})^n$的导数.

解:我们应当心里有数,$(1+\sqrt{x})^n$的导数等于$(1+\sqrt{x})^n$对于$1+\sqrt{x}$的导数$n(1+\sqrt{x})^{n-1}$乘以$1+\sqrt{x}$对于x的导数$\frac{1}{2\sqrt{x}}$.

所以,所求的导数等于$n(1+\sqrt{x})^{n-1}\frac{1}{2\sqrt{x}}$.

遵照着上面所讲的,我们再举例子来讨论读者以后应遵循的书写形式.

例 2:求函数$y=\left(\sqrt[3]{x^2}+\frac{2}{x^3}\right)^{35}$的导数.

解:第一种写法(缺乏经验时的写法),即

$$y=u^{35},u=x^{\frac{2}{3}}+2x^{-3}$$

$$\frac{\mathrm{d}y}{\mathrm{d}x}=\frac{\mathrm{d}y}{\mathrm{d}u}\cdot\frac{\mathrm{d}u}{\mathrm{d}x}=35u^{34}\left(\frac{2}{3}x^{-\frac{1}{3}}-6x^{-4}\right)=$$

$$35\left(\sqrt[3]{x^2}+\frac{2}{x^3}\right)^{34}\cdot\left(\frac{2}{3\sqrt[3]{x}}-\frac{6}{x^4}\right)$$

第二种写法(最完美的写法,读者最后应采用的写法),即

$$\frac{\mathrm{d}y}{\mathrm{d}x}=35\left(\sqrt[3]{x^2}+\frac{2}{x^3}\right)^{34}\left(\frac{2}{3}x^{-\frac{1}{3}}-6x^{-4}\right)=$$

$$35\left(\sqrt[3]{x^2}+\frac{2}{x^3}\right)^{34}\left(\frac{2}{3\sqrt[3]{x}}-\frac{6}{x^4}\right)$$

§ 74 反函数的微分法

读者可以去看看 § 33,在那里已讲过"反函数"概念的初步知识.现在我们只讲主要的.

当变量y用方程

$$y=f(x) \tag{1}$$

定义为自变量x的函数时,这个方程有些时候可以把x解出来而得

$$x=\varphi(y) \tag{2}$$

在方程(1)中自变量是x;而在方程(2)中自变量是y.如果不管其自变量,

也就是,当作纯粹的函数关系来看时,函数 f 及 φ 称为互为反函数.我们可以任意选择 f 及 φ 中的一个作为正函数,那么另外一个就叫作反函数了.

两个互为反函数的函数 f 及 φ,假若它们的自变量都用某个其他的字母,例如,用 t 来记,则有一个值得注意的性质:它们给出了恒等式

$$\varphi(f(t)) \equiv t, f(\varphi(t)) \equiv t \tag{3}$$

第一个式子,是把式(1)中的 y 代入式(2)中而得的;第二个式子则是把式(2)的 x 代入式(1)中而得的.式(3)这两个恒等式就是 f 及 φ 互为反函数的特征.

互为反函数的例子如下

$$y = x^2 + 1, x = \pm\sqrt{y-1}$$

$$y = a^x, x = \log_a y$$

$$y = \sin x, x = \arcsin y$$

关于反函数的存在问题,就是说由方程(1)及(2)可以解出自变量的 x 及 y 的可能性问题,读者可以温习 §33.在那里证明了:若 $f(x)$ 在线段 $[a \leqslant x \leqslant b]$ 上是单调而且连续的,则由方程(1)恒可解出字母 x 来,所得到的反函数 $\varphi(y)$ 在线段 $(A \leqslant y \leqslant B)$ 上也是单调而且连续的,这里的 A 和 B 各是函数 $f(x)$ 在 $[a,b]$ 上的最小值与最大值.

微分反函数时,我们引用一般法则,我们有:

第一步

$$y + \Delta y = f(x + \Delta x), x + \Delta x = \varphi(y + \Delta y)$$

第二步

$$\begin{array}{r}y + \Delta y = f(x + \Delta x) \\ -\quad y \qquad = f(x) \\ \hline \Delta y = f(x + \Delta x) - f(x)\end{array}, \quad \begin{array}{r}x + \Delta x = \varphi(y + \Delta y) \\ -\quad x \qquad = \varphi(y) \\ \hline \Delta x = \varphi(y + \Delta y) - \varphi(y)\end{array}$$

第三步

$$\frac{\Delta y}{\Delta x} = \frac{f(x + \Delta x) - f(x)}{\Delta x}, \frac{\Delta x}{\Delta y} = \frac{\varphi(y + \Delta y) - \varphi(y)}{\Delta y}$$

把这两个关系式的左边乘起来,即得

$$\frac{\Delta y}{\Delta x} \cdot \frac{\Delta x}{\Delta y} = 1$$

就是说

$$\frac{\Delta y}{\Delta x} = \frac{1}{\dfrac{\Delta x}{\Delta y}}$$

第四步:当 $\Delta x \to 0$,则如前面所讲,得 $\Delta y \to 0$.故取极限后,可得

$$\frac{dy}{dx}=\frac{1}{\frac{dx}{dy}} \tag{3}$$

或

$$f'(x)=\frac{1}{\varphi'(y)} \tag{4}$$

在这里，当然要先假定：导数 $\varphi'(y)$ 不等于零.

公式(3) 及(4) 就给出了反函数的微分法则. 在这些公式中，$x=\varphi(y)$ 是当作正函数的，因为我们假定了对于字母 y 的导数(即 $\frac{dx}{dy}=\varphi'(y)$)是已知的，而函数 $y=f(x)$ 则看作是它的反函数.

这个法则可叙述如下：

反函数的导数等于正函数的导数的倒数.

不待说，为了要把所求导数 $\frac{dy}{dx}$ 最后写为字母 x 的函数，我们必须将分母(即 $\varphi'(y)$)的表达式中的 y 用 $f(x)$ 来置换.

§75 隐函数的微分法

§33 中已经讲过跟隐函数概念有关的初步知识，读者可回头参考，这里只提一下必须记得的东西.

假若变量 x 及 y 之间的关系是用一个方程的形式给出的，而且这个方程又没有将 y 解出来，那么 y 就称为 x 的隐函数. 例如方程

$$x^2-4y=0$$

定义了 y 是 x 的一个隐函数. 显然，在这里 x 也是 y 的隐函数.

有时候变量 x 与 y 间的方程，可能把其中的一个变量解出，在这种情形下，我们就得到了显函数. 例如，将上述方程中的 y 解出来，我们得到表达式

$$y=\frac{1}{4}x^2$$

它给出了 y 是 x 的一个显函数.

在另外一些情形下，要解方程或者是完全不可能的，或者是非常难的.

当我们遇到这种方程

$$F(x,y)=0 \tag{1}$$

时，假如我们不会解或者根本不想解出字母 x 及 y 中的任何一个来，那么 y 就由这个方程定义为 x 的隐函数了，同时我们应该会寻求这个隐函数的导数 $\frac{dy}{dx}$，而

不解方程.

为此目的,我们有下面的法则:把 y 作为自变量 x 的函数,将所给的方程微分,然后由得到的方程再将导数$\frac{\mathrm{d}y}{\mathrm{d}x}$解出来.

这个法则在以后将有证明.这里我们可以注意:微分后所得到的新的方程总是导数$\frac{\mathrm{d}y}{\mathrm{d}x}$的一次方程,因此从这个方程解$\frac{\mathrm{d}y}{\mathrm{d}x}$是很方便的,而且还可以注意:在所得$\frac{\mathrm{d}y}{\mathrm{d}x}$的表达式中,只要把适合方程(1)的 x 及 y 的数值代入,即可得到导数$\frac{\mathrm{d}y}{\mathrm{d}x}$的数值.

应用这个法则求方程

$$ax^6+2x^3y-y^7x=17$$

所定的隐函数 y 的导数$\frac{\mathrm{d}y}{\mathrm{d}x}$.

解

$$\frac{\mathrm{d}}{\mathrm{d}x}(ax^6)+\frac{\mathrm{d}}{\mathrm{d}x}(2x^3y)-\frac{\mathrm{d}}{\mathrm{d}x}(y^7x)=\frac{\mathrm{d}}{\mathrm{d}x}(17)$$

$$6ax^5+2x^3\frac{\mathrm{d}y}{\mathrm{d}x}+6x^2y-y^7-7xy^6\frac{\mathrm{d}y}{\mathrm{d}x}=0$$

$$(2x^3-7xy^6)\frac{\mathrm{d}y}{\mathrm{d}x}=y^7-6ax^5-6x^2y$$

答:$\frac{\mathrm{d}y}{\mathrm{d}x}=\frac{y^7-6ax^5-6x^2y}{2x^3-7xy^6}$.

读者可以注意,现在所得的结果中,一般都同时包含字母 x 及 y.

习题及部分习题答案

一、求下列各方程的$\frac{\mathrm{d}y}{\mathrm{d}x}$.

1. $y^2=2px$.　　答:$\frac{\mathrm{d}y}{\mathrm{d}x}=\frac{p}{y}$.

2. $x^2+y^2=r^2$.　　答:$\frac{\mathrm{d}y}{\mathrm{d}x}=-\frac{x}{y}$.

3. $b^2x^2+a^2y^2=a^2b^2$.　　答:$\frac{\mathrm{d}y}{\mathrm{d}x}=-\frac{b^2x}{a^2y}$.

4. $\frac{x^2}{a^2}-\frac{y^2}{b^2}=1$.　　答:$\frac{\mathrm{d}y}{\mathrm{d}x}=\frac{b^2x}{a^2y}$.

5. $xy=c$.　　答:$\frac{\mathrm{d}y}{\mathrm{d}x}=-\frac{y}{x}$.

6. $x^{\frac{1}{2}}+y^{\frac{1}{2}}=a^{\frac{1}{2}}$. 答：$\frac{dy}{dx}=-\sqrt{\frac{y}{x}}$.

7. $x^{\frac{2}{3}}+y^{\frac{2}{3}}=a^{\frac{2}{3}}$. 答：$\frac{dy}{dx}=-\sqrt[3]{\frac{y}{x}}$.

8. $x^3+y^3-3axy=0$. 答：$\frac{dy}{dx}=\frac{ay-x^2}{y^2-ax}$.

9. $x^2-2xy+y^3=1$.

10. $x+\sqrt{xy}+y=a$.

11. $x+2\sqrt{x-y}+4y=c$.

12. $x^2y^2-x^4-2y^4=6$.

13. $x\sqrt{y}-y\sqrt{x}=10$.

14. $\frac{x}{y}+\sqrt{\frac{y}{x}}=c$.

二、求下列各曲线在指定点的斜率.

1. $x^2+3xy+y^2+1=0$；$(2,-1)$. 答：$-\frac{1}{4}$.

2. $x^2y+x^3+y^3+1=0$；$(1,-1)$. 答：$-\frac{1}{4}$.

3. $\sqrt{x}+\sqrt{y}=5$；$(4,9)$. 答：$-\frac{3}{2}$.

4. $\sqrt[3]{2x}-\sqrt[3]{y}=1$；$(4,1)$. 答：$\frac{1}{2}$.

5. $x^3-axy+2ay^2=2a^3$；(a,a). 答：$-\frac{2}{3}$.

6. $x^2=6y-y^3$；$(-2,2)$. 答：$\frac{2}{3}$.

三、试证明：两条抛物线 $y^2=2p\left(x+\frac{p}{2}\right)$ 及 $y^2=2p\left(\frac{p}{2}-x\right)$ 相交成直角.

四、试证明：圆 $x^2+y^2-10x=0$ 切另一圆 $x^2+y^2-16x+8y-20=0$ 于点 $(2,4)$.

五、直线 $y=x$ 把曲线 $x^2+xy+y^2=12$ 分割成什么角度？

导数的各种应用

第9章

§76 曲线的方向

在 §61 中曾指明,若

$$y=f(x)$$

是曲线(图 77) 的方程,则$\frac{\mathrm{d}y}{\mathrm{d}x}=\tan\tau=$曲线在某点 $M(x,y)$ 的切线斜率.

曲线在任意一点的方向定义为曲线在该点处切线的方向.按照这个定义,$\frac{\mathrm{d}y}{\mathrm{d}x}=\tan\tau=$曲线在点 M 的斜率.

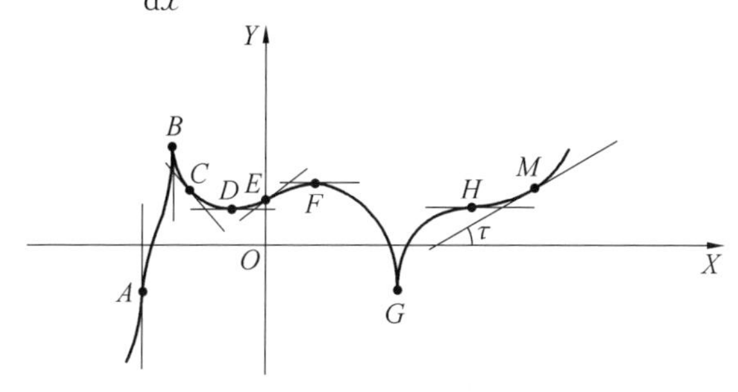

图 77

对于坐标(x_1,y_1)为已知的、点的某个特定位置来说,我们有:$\left[\frac{\mathrm{d}y}{\mathrm{d}x}\right]_{\substack{x=x_1\\y=y_1}}=$曲线(或切线) 在点$(x_1,y_1)$的斜率.

在图中的 D,F,H 这种点处，曲线的方向是平行于 OX 轴的，故其切线也是水平的，即 $\tau=0$. 因此 $\frac{\mathrm{d}y}{\mathrm{d}x}=0$.

又如在 A,B,G 这种点处，曲线的方向是垂直于 OX 轴的，故其切线也是垂直的，亦即 $\tau=90^\circ$. 因此 $\frac{\mathrm{d}y}{\mathrm{d}x}=\infty$.

在 E 这种点处，曲线是上升的(曲线从左边到右边)，$\tau=$ 锐角，因此 $\frac{\mathrm{d}y}{\mathrm{d}x}=$ 正数.

在点 B 左边，点 G 右边及 D,F 点之间都是这样的.

在 C 这种点处曲线是下降的(由左边到右边)，$\tau=$ 钝角，因此 $\frac{\mathrm{d}y}{\mathrm{d}x}=$ 负数.

B 及 D 之间，F 及 G 之间都是这样的.

例 1：已知曲线 $y=\frac{x^3}{3}-x^2+2$(图 78).

(1) 求 $x=1$ 时的 τ.

(2) 求 $x=3$ 时的 τ.

(3) 求曲线方向平行于 OX 轴时的点.

(4) 求 $\tau=45^\circ$ 时的点.

(5) 求曲线方向平行于直线$(AB)2x-3y=6$ 的点.

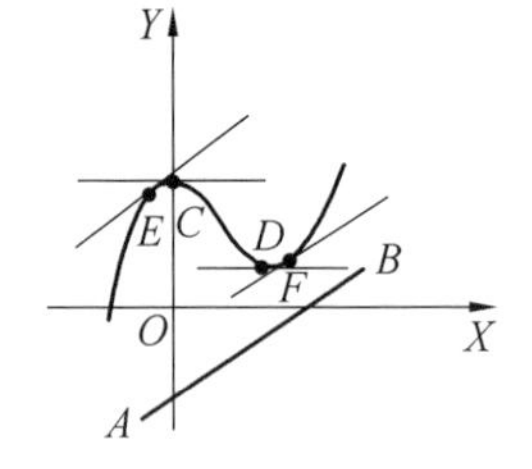

图 78

解：微分，得 $\frac{\mathrm{d}y}{\mathrm{d}x}=x^2-2x=\tan\tau$.

(1) $\tan\tau=\left[\frac{\mathrm{d}y}{\mathrm{d}x}\right]_{x=1}=1-2=-1$. 因此 $\tau=135^\circ=90^\circ+45^\circ$.

(2) $\tan\tau=\left[\frac{\mathrm{d}y}{\mathrm{d}x}\right]_{x=3}=9-6=3$. 因此 $\tau=\arctan 3=71^\circ 34'$.

(3) $\tau=0$，$\tan\tau=\frac{\mathrm{d}y}{\mathrm{d}x}=0$. 因此 $x^2-2x=0$. 解此方程求得 $x=0$ 或 2，这给出了点 $C(0,2)$ 及点 $D\left(2,\frac{2}{3}\right)$. 在这两点处，切线是水平的.

(4) $\tau=45^\circ$，$\tan\tau=\frac{\mathrm{d}y}{\mathrm{d}x}=1$. 因此，$x^2-2x=1$. 解之得

$$x=1\pm\sqrt{2}=2.41 \text{ 或 } -0.41$$

得到两个点，在这两点曲线(或切线)的斜率等于 1.

(5) 直线的斜率等于 $\frac{2}{3}$，故 $x^2-2x=\frac{2}{3}$.

解 x，求得

$$x=1\pm\sqrt{\frac{5}{3}}=2.29 \text{ 或 } -0.29$$

这给出了 E,F 两点，在这两点处曲线（或切线）的方向平行于直线 AB.

曲线上任何一点的方向既然和该点的切线方向一致，则两条曲线在其公共点的交角总取为该点处两根切线的交角.

例 2：两个圆

$$x^2+y^2-4x=1 \tag{A}$$

$$x^2+y^2-2y=9 \tag{B}$$

相交的角度是多大？

解：将上面两个方程联立起来解，求出交点为(3,2) 及(1，−2)(图 79). 此外

$$k_1=\frac{\mathrm{d}y}{\mathrm{d}x}=\frac{2-x}{y}$$

$$k_2=\frac{\mathrm{d}y}{\mathrm{d}x}=\frac{x}{1-y}$$

$k_1=\left[\frac{2-x}{y}\right]_{\substack{x=3\\y=2}}=-\frac{1}{2}=$曲线(A) 在点(3,2) 的切线斜率.

$k_2=\left[\frac{x}{1-y}\right]_{\substack{x=3\\y=2}}=-3=$曲线(B) 在点(3,2) 的切线斜率.

两直线斜率为 k_1 及 k_2 时，其交角的公式为

$$\tan\theta=\frac{k_1-k_2}{1+k_1\cdot k_2}$$

代入而得

$$\tan\theta=\frac{-\frac{1}{2}+3}{1+\frac{3}{2}}=1$$

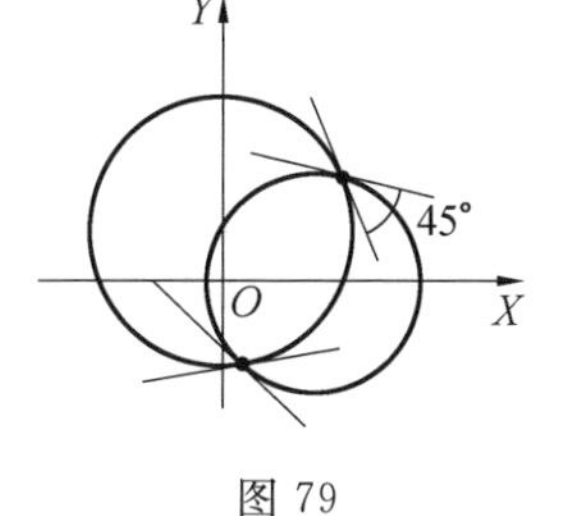

图 79

由此而得 $\theta=45°$.

在点(1，−2) 处曲线的交角也是这么大.

§ 77　切线及法线方程，次切距及次法距

通过点(x_1,y_1)，斜率为 k 的直线，其方程为 $y-y_1=k(x-x_1)$(第1章 § 3，公式(3)).

假若这根直线就是曲线 AB 在点 M_1 的切线(图 80)，则斜率 k 应等于曲线在点 M_1 的斜率. 我们用 k_1 表示 k 的这个数值，显然

$$k_1 = \tan \tau_1 = \left[\frac{\mathrm{d}y}{\mathrm{d}x}\right]_{\substack{x=x_1 \\ y=y_1}} = \frac{\mathrm{d}y_1}{\mathrm{d}x_1}$$①

因此,在切点 $M_1(x_1, y_1)$ 处,切线 M_1T_1 的方程是

$$y - y_1 = \frac{\mathrm{d}y_1}{\mathrm{d}x_1}(x - x_1) \tag{1}$$

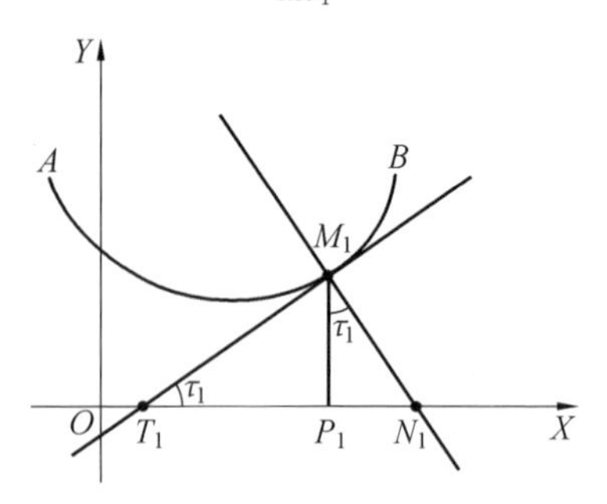

图 80

因为所谓法线,按其定义,就是通过切点 M_1 且垂直于该点处切线的一条直线,因此,为求法线的方程只需知道其斜率.但是我们知道(第一章,§3,公式(2)),它应当等于 k_1 的负倒数,亦即等于 $-\frac{1}{k_1}$.因此,在点 M_1 处线的方程可以写为

$$y - y_1 = -\frac{\mathrm{d}}{\mathrm{d}y_1}(x - x_1) \tag{2}$$

以切点 M_1 及 OX 轴上点 T_1 为二端点的切线线段 M_1T_1 之长,称为"切线长",这根线段在 OX 轴上的射影 T_1P_1 称为"次切距".同样法线线段 M_1N_1(其二端点为切点 M_1,及 OX 轴上点 N_1)的长度称为"法线长",该线段在 OX 轴上的射影 P_1N_1 称为"次法距".

切线长与法线长是两个无向线段的长度,因此,总看作正的,就像初等几何中所讲的一样.但是,次切距 T_1P_1 及次法距 P_1N_1,是有向线段,因为它们都位于横坐标轴的方向上.因此,它们的长有时可以是负的,就是说当线段 T_1P_1 及 P_1N_1 是朝左的时候,它们是负的.

在 $\triangle T_1P_1M_1$ 中,我们有:$\tan \tau_1 = k_1 = \frac{P_1M_1}{T_1P_1} = \frac{\mathrm{d}y_1}{\mathrm{d}x_1}$.因此

$$T_1P_1 = \frac{P_1M_1}{k_1} = \frac{y_1}{k_1} = y_1\frac{\mathrm{d}x_1}{\mathrm{d}y_1} = \text{次切距} \tag{3}$$

---

① 这个记号的意义是:首先求出 $\frac{\mathrm{d}y}{\mathrm{d}x}$,然后以 x_1,y_1 代换结果中的 x 及 y.读者应注意:不要把 $\frac{\mathrm{d}y_1}{\mathrm{d}x_1}$ 当作是 y_1 对于 x_1 的导数,因为,由于 x_1 及 y_1 是常量而不是变量的缘故,这是根本没有意义的;凡在微分时,必须假定我们对它做微分的那个字母的数值是连续变化的.

在 $\triangle P_1N_1M_1$ 中，我们有：$\tan\tau_1 = k_1 = \dfrac{P_1N_1}{P_1M_1}$. 由此得

$$P_1N_1 = k_1 \cdot P_1M_1 = k_1 y_1 = y_1 \frac{dy_1}{dx_1} = \text{次法距} \tag{4}$$

至于切线 M_1T_1 之长与法线 M_1N_1 之长最好从图形中求出来，因为它们都是直角三角形的斜边，而其两腰之长是已知的.

当曲线上某一点的次切距或次法距已经求得的时候，那就很容易画出切线及法线来.

习题及部分习题答案

一、求蔓叶线（图 81）

$$y^2 = \frac{x^3}{2a-x}$$

在点 $M(a,a)$ 的切线方程与法线方程、次切距、切线长与法线长.

解
$$\frac{dy}{dx} = \frac{3ax^2 - x^3}{y(2a-x)^2}$$

由此
$$\frac{dy_1}{dx_1} = \left[\frac{dy}{dx}\right]_{\substack{x=a\\y=a}} = \frac{3a^3 - a^3}{a(2a-a)^2} = 2 = \text{切线的斜率}$$

代入式(1)，得

$$y = 2x - a$$

代入式(2)，得

$$2y + x = 3a$$

代入式(3)，得

$$TP = \frac{a}{2} = \text{次切距}$$

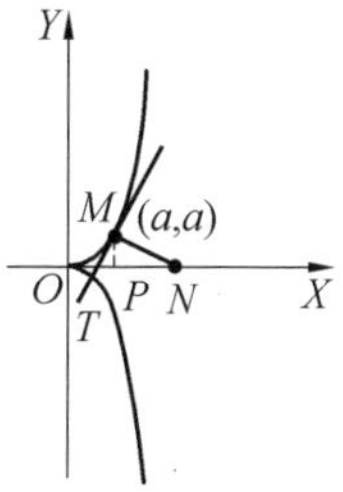

图 81

代入式(4)，得

$$PN = 2a = \text{次法距}$$

故

$$MT = \sqrt{TP^2 + PM^2} = \sqrt{\frac{a^2}{4} + a^2} = \frac{a}{2}\sqrt{5} = \text{切线长}$$

$$MN = \sqrt{PN^2 + PM^2} = \sqrt{4a^2 + a^2} = a\sqrt{5} = \text{法线长}$$

二、求下列各曲线在指定点的切线方程及法线方程.

1. $y = x^2 - 3x + 2$；$(0,2)$.　　答：$3x + y = 2$，$x - 3y = -6$.

2. $y = \dfrac{3x}{x+1}$；$(2,2)$.　　答：$x - 3y = -4$，$3x + y = 8$.

3. $x^2 - 3xy + y^2 + 1 = 0$；$(2,1)$.　4. $y^2 - 2y + 3x = 8$；$(3,1)$.

三、试证明：抛物线 $y^2 = 2px$ 的次切距被抛物线的顶点所平分，又次法距是

个常量等于 p.

四、求圆 $x^2+y^2=r^2$ 在点(x_1,y_1)的切线方程和法线方程以及次切距和次法距.

答:$x_1x+y_1y=r^2,x_1y-y_1x=0,-\dfrac{y_1^2}{x_1},-x_1$.

五、求椭圆 $b^2x^2+a^2y^2=a^2b^2$ 在点(x_1,y_1)的切线方程和法线方程.

答:$b^2xx_1+a^2yy_1=a^2b^2,a^2xy_1-b^2yx_1=x_1y_1(a^2-b^2)$.

六、求下列各曲线在指定点的切线方程和法线方程及次切距和次法距.

1. $y=\dfrac{x^2}{4}$;$(2,1)$. 答:$x-y=1,x+y=3,1,1$.

2. $x^2+4y^2=25$;$(3,2)$.

答:$3x+8y=25,8x-3y=18,-\dfrac{16}{3},-\dfrac{3}{4}$.

3. $xy=12$;$(3,4)$. 4. $x^2=2y^2$;$(6,3)$.

七、求由曲线 $y^2=8x$ 在点$(2,4)$的切线和法线以及 x 轴所作成的三角形的面积.

八、求由曲线 $4x^2+y^2=20$ 在点$(1,-4)$的切线、法线及 y 轴所作成的三角形的面积.

九、求下列各对曲线的交角.

1. $4y=x^2+4,x^2=8-2y$. 答:$71°34'$.

2. $4y=2x^2-3x,4y=x^2+4$.

答:在点$(4,5)$,$9°28'$;在点$\left(-1,\dfrac{5}{4}\right)$,$33°41'$.

3. $y^2=x^3-4,x^2+y^2-6x+4=0$.

4. $xy=10,x^2+y^2=29$.

十、求下列各曲线的水平切线和垂直切线的切点.

1. $y=x^2-6x$. 答:水平切线在$(3,-9)$.

2. $x=3y-y^2$. 答:垂直切线在$\left(\dfrac{9}{4},\dfrac{3}{2}\right)$.

3. $x^2+xy+y^2=4$.

答:水平切线在$\left(\pm\dfrac{2}{3}\sqrt{3},\mp\dfrac{4}{3}\sqrt{3}\right)$;垂直切线在$\left(\pm\dfrac{4}{3}\sqrt{3},\mp\dfrac{2}{3}\sqrt{3}\right)$.

4. $x^2+4y^2-8x=0$. 5. $x^2-xy+4y^2=16$.

6. $x^2+4xy-y^2=9$.

十一、证明:双曲线 $x^2-y^2=5$ 与椭圆 $4x^2+9y^2=72$ 相交成直角.

十二、证明:圆 $x^2+y^2=8ax$ 和蔓叶线 $y^2=\dfrac{x^3}{2a-x}$.

(1) 于原点相交成直角.

(2) 在其他二点处相交成 45° 角.

十三、证明:笛卡儿叶线 $x^3+y^3=3axy$ 在它与抛物线 $y^2=ax$ 相交的交点处的切线平行于 x 轴.

十四、求抛物线 $y^2=16x$ 的,与 x 轴成 45° 角的法线方程.

十五、求圆 $x^2+y^2=4$ 的,平行于直线 $4x+5y=12$ 的切线方程.

十六、求双曲线 $4x^2-y^2=36$ 的,与直线 $2x+5y=4$ 垂直的切线方程.

十七、求通过点(2,2)而切于椭圆 $x^2+4y^2=18$ 的两根切线的方程.

答:$x+2y=6$,$x+14y=30$.

十八、证明:抛物线 $x^{\frac{1}{2}}+y^{\frac{1}{2}}=a^{\frac{1}{2}}$ 上任一点的切线在两坐标轴上割取的截距之和是个常数,且等于 a.

十九、证明:对于内摆线 $x^{\frac{2}{3}}+y^{\frac{2}{3}}=a^{\frac{2}{3}}$ 任一点处的切线介于两坐标轴之间的线段是个不依赖于切点的常量,且等于 a.

二十、设炮弹轨道的方程是 $y=x-\frac{x^2}{100}$,此时假定 OX 轴水平且炮弹是由原点射出的.

(1) 今问:这个炮弹是以什么角度射出的?

(2) 在距离起点 75 个单位长处有一面垂直的墙,问该炮弹将以什么角度撞击这面墙?

(3) 设这个炮弹落在一个高 16 单位长的水平掩蔽物面上,问该炮弹将以什角度撞击它?

(4) 如果炮弹是由高 24 单位的高处射出,则它撞击地面时角度多大?

(5) 如果炮弹是从斜度 45° 的山坡顶上射出的,问它以什么角度撞击坡面?

二十一、有一个吊桥(图 82),其悬链成抛物线形,两端连在一相距 200 m 的铅直支柱上.悬链的最低点在凭点下 40 m.求支柱和凭链所作成的角度.

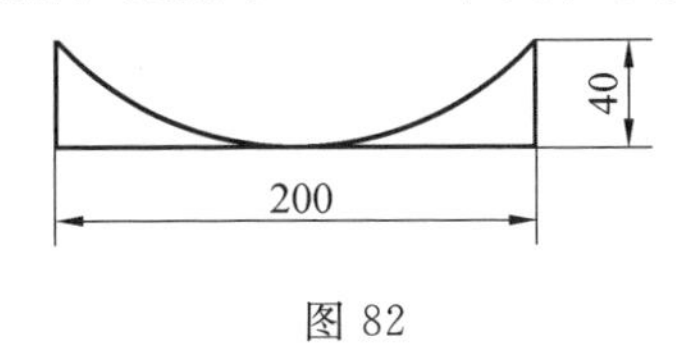

图 82

§78 函数的极大值与极小值·引言

在许多实际问题中,我们要碰到一些函数,是必须知道它们的最大(极大)值或最小(极小)值的.这时我们必须知道,当函数获得这个对我们很重要的数值时，其自变量的数值究竟是多少.

例如，设有一圆，其半径为 5 cm，我们要由其所有内接矩形中确定出那个面积最大的矩形的长和宽. 在所给的圆内我们作任一内接矩形 $BCDE$（图 83）. 设底边 $CD = x$，于是高 $DE = \sqrt{100 - x^2}$，矩形的面积 S 显然可以表达如下

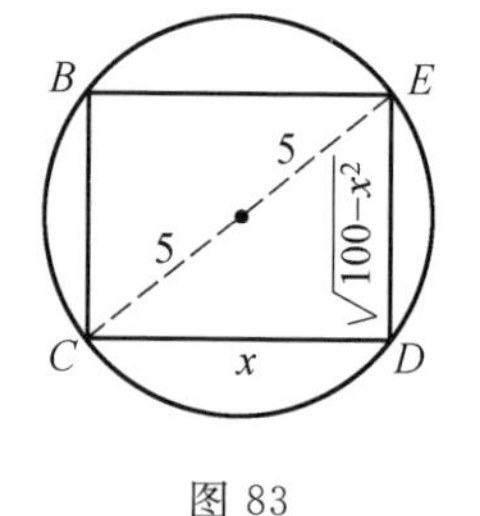

图 83

$$S = x\sqrt{100 - x^2} \qquad (1)$$

面积最大的长方形是存在的，这件事通过下面的讨论就可以看出来.

令矩形的底边 CD（$CD = x$）增加到 10 cm（圆的直径）；这时候高 $DE = \sqrt{100 - x^2}$ 就减小至 0 了，面积 S 也变为 0. 设现在又令底边减到 0，则高增至 10 cm，面积 S 又变为 0. 因此，直觉上很明显，一定存在这样一个内接矩形，它的面积大于任一个其他的内接矩形的面积. 不难猜出，当矩形变成正方形的时候，其面积最大，但是这个猜测现在还不过是假定而已.

解决这个问题时，比较妥善的方法显然是把函数(1) 的图形画出来，并研究它. 为了容易画出图形起见，我们注意：

(1) 按照题目的意义来看，x 和 S 都是正的.

(2)x 的数值是介于 0 与 10 之间的（而且取得 0 与 10）.

现在把 x 和 S 的数值列成表 1，画图（图 84）.

表 1

x	S
0	0.0
1	9.9
2	19.6
3	28.6
4	36.6
5	43.0
6	48.0
7	49.7
8	48.0
9	39.6
10	0

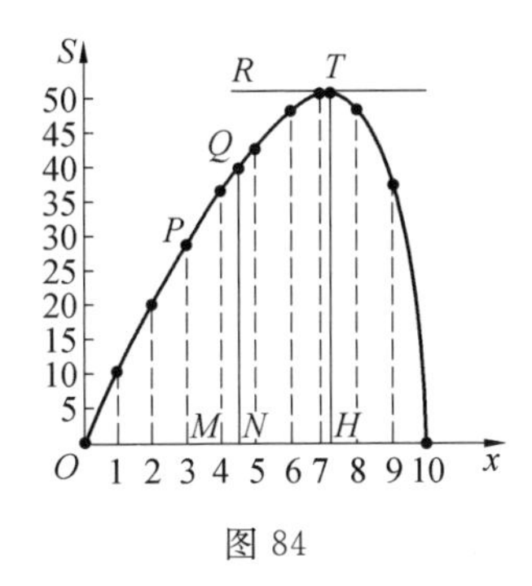

图 84

78.1 图形告诉我们什么呢?

(1) 如果图形制得精细,那么求对于任意 x 数值的矩形面积时,量一量对应的纵线之长就可以十分准确地求到,例如,当 $x=OM=3$ cm 时,$S=MP=28.6$ cm²;又当 $x=ON=4.5$ cm 时,$S=NQ\approx 39.8$ cm²①.

(2) 曲线具有唯一的一根水平切线 RT. 切点 T 的纵坐标 HT 比其他纵坐标都大些. 由此而知:在内接的许多矩形中,有一个矩形具有最大面积. 换言之,由此可知,函数(1) 具有一个最大值(极大值). 度量其纵坐标,我们不可能准确地得出这个数值($=HT$),但是我们利用解析方法很容易求到它. 我们注意,在点 T 切线是水平的,因此曲线在该点的斜率等于 0(§76). 所以为了确定点 T 的横坐标,我们求函数(1) 的导数,令它等于 0,再把这样所得的方程中的 x 解出来. 则

$$S=x\sqrt{100-x^2}$$

$$\frac{\mathrm{d}S}{\mathrm{d}x}=\frac{100-2x^2}{\sqrt{100-x^2}}=0$$

解之,即得

$$x=5\sqrt{2}$$

将这个 x 的数值代入定出高 DE 的表达式中,我们得到(见图 83)

$$DE=\sqrt{100-x^2}=5\sqrt{2}$$

这样,面积最大且内接于所给圆的矩形是一个正方形,其面积为

$$S=CD\cdot DE=5\sqrt{2}\cdot 5\sqrt{2}=50(\mathrm{cm}^2)$$

因此,纵坐标 HT 之长等于 50.

现在再举一个例子. 要造一个木箱(图 85),容积为 108 cm³. 木箱上面开口,底为正方形. 问宽和高应是多少,使所费的木料最少?

---

① 符号 ≈ 表示右边是度量纵坐标所得到的近似值.

以 x 表示木箱底面积的边长，y 表示木箱的高度. 因为容积是已知的，所以 y 可以表达为 x 的函数. 事实上

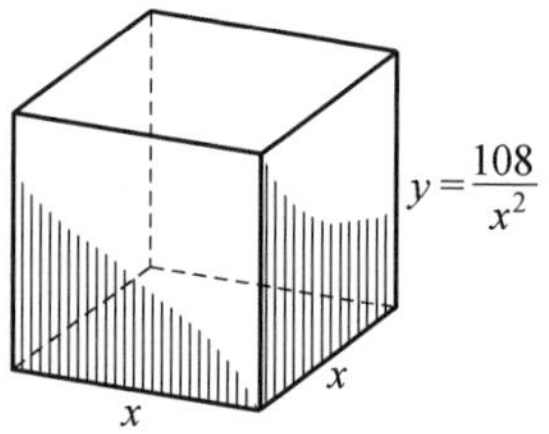

$$体积 = x^2 y = 108$$

故
$$y = \frac{108}{x^2}$$

图 85

现在我们能够把造木箱所需的木料的平方厘米数 M 表达为 x 的函数. 底面积 $= x^2\ \mathrm{cm}^2$.

又木箱的四侧面的面积 $= 4xy = \dfrac{432}{x}(\mathrm{cm}^2)$. 因此

$$M = x^2 + \frac{432}{x} \tag{2}$$

我们把函数(2) 的图形按表 2 所给数值画出来(图 86).

表 2

x	M
1	433
2	220
3	153
4	124
5	111
6	108
7	111
8	118
9	129
10	142

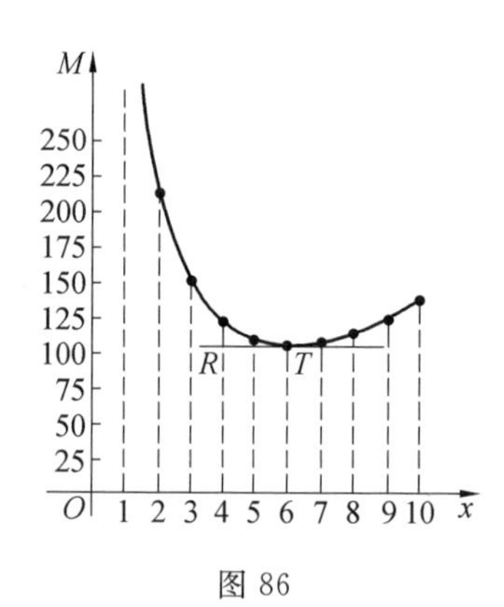

图 86

78.2 这个图形告诉我们什么呢?

(1) 如果画得很仔细,我们可以量出对应于箱底边长 x 的纵坐标,因而确定了建造这个木箱所需的木料的平方厘米数.

(2) 曲线具有唯一的水平切线 RT. 切点的纵坐标比一切别的纵坐标都来得小. 由此可知:显然存在一个木箱,它所需的木料比起别的木箱来最少. 换言之,函数(2) 具有一个最小值(极小值). 我们用解析法来求图形上这一有意义的点. 微分函数(2) 以求曲线在任意一点的斜率,得

$$\frac{dM}{dx}=2x-\frac{432}{x^2}$$

在图中最低点的斜率等于 0,因此

$$2x-\frac{432}{x^2}=0$$

由此而知,当 $x=6$ 时,木箱所需的木料最省.

将所得的 x 值代入公式(2) 中,求得

$$M=108\ \text{cm}^2$$

函数 M 的最小值的存在,也可以通过下面的讨论看出来. 设箱子的底面积由很小变得很大. 在底面积很小时高很大,因此,所需木料也很多. 底面积很大时,高变得非常小,因此为了要得到同一容积,做木箱的底就需要许多木料. 函数 M 由非常大的数值降下来,然后又升到另一个非常大的数值,因而具有最小值.

我们再进一步仔细研究极大和极小的问题.

§ 79 增函数与减函数,它们的检验法[①]

函数 $y=f(x)$,如果 y 的代数值随变量 x 增加而增加(同时意味着 y 随 x 减少而减少),那么称为常增函数;若函数 y 的代数值随变量 x 增加而减少(同时意味着 y 随 x 减少而增加),则 y 称为 x 的常减函数.

函数的几何图形明显表示出,函数是增函数还是减函数. 例如,函数 $y=a^x(a>1)$,其图形如图 87.

假若沿着曲线由左边向右边移动,那么曲线是上升的,就是说,当 x 增加

① 在 § 79 ~ § 86 以及 § 90 ~ § 92 中,我们主要是以直观的几何观念为基础来进行推论的. 至于用解析方法来说明这些问题的是在 § 151 中. 通常我们以下要研究的是有连续导数的函数.

时，函数 y 总是增加的. 因此 a^x 对于 x 的所有的数值都是常增的函数.

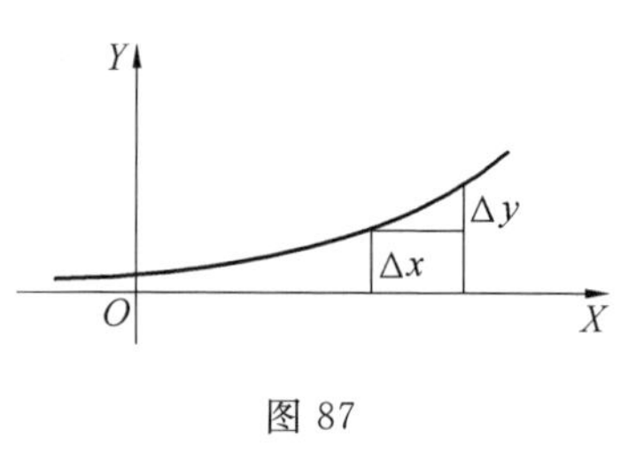

图 87

下面，我们讨论函数 $y=(a-x)^3$，其几何图形表示如图 88. 在这种情形，当我们沿着曲线由左边向右边移动时，曲线是下降的，就是说，当 x 增加时，函数总是下降的. 因此，$(a-x)^3$ 对于 x 的所有的数值都是常减的函数.

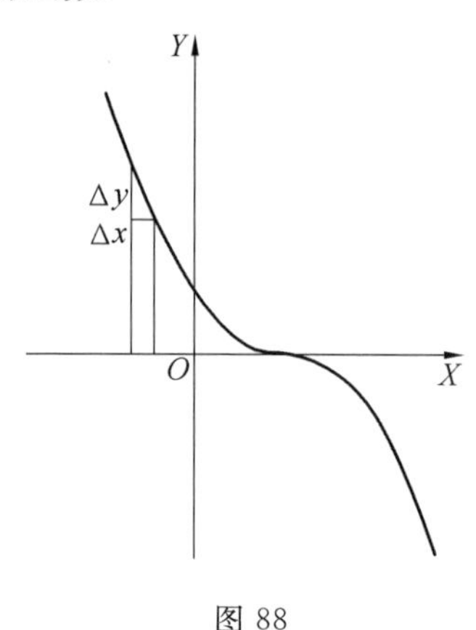

图 88

函数也可能在这里增加在那里减少，例如函数(图 89)

$$y=2x^3-9x^2+12x-3 \tag{1}$$

当我们沿着曲线由左边向右边移动时，到点 A 之前，曲线是上升的，然后由 A 至 B 是下降的，但是在点 B 的右边，它又一直上升了.

因此，由 $x=-\infty$ 到 $x=1$ 函数是增加的；由 $x=1$ 到 $x=2$ 它是减少的；由 $x=2$ 到 $x=+\infty$ 函数是增加的.

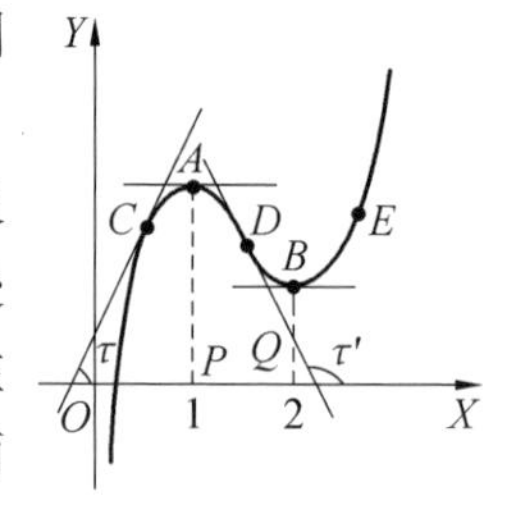

图 89

读者应当仔细地观察曲线，以便看出函数在 $x=1$ 及 $x=2$ 处是怎样的. 显然 A 及 B 是曲线的转折点，在点 A 处函数由增加变到减少；在点 B 处函数由减少变到增加. 在点 A 及点 B 处切线显然是平行于 OX 轴的. 因此，在这两点，切线的斜率等于零.

在某点，例如 C，在那里函数是增加的，切线与水平线(横坐标轴) 作成锐角. 因此，其斜率是正的.

但在点 D 处，函数是减少的，切线与水平线作成一个钝角. 因此其斜率是负的.

反过来，对于给定的数值：

若 $f'(x)>0$，则 $f(x)$ 在该点是增加的.

若 $f'(x)<0$，则 $f(x)$ 在该点是减少的.

这是因为：假定了函数 $f(x)$ 在点 x 是可微分的，故曲线 $y=f(x)$ 在点 x 具有确定的方向，与它在该点处的切线方向一致. 而一旦切线与水平线作成锐角，那么顺切线进行的曲线就一定在点 x 上升，又如果切线与水平线作成钝角，那么曲线在点 x 只好下降.

我们把常增与常减函数的这个检验法叙述如下：

若函数的导数是正的，则函数是常增函数；若导数是负的，则函数是常减函数.

例如，微分式(1)，可得

$$\frac{\mathrm{d}y}{\mathrm{d}x}=f'(x)=6x^2-18x+12=6(x-1)(x-2) \tag{2}$$

当 $x<1$ 时，$f'(x)$ 是正的，故 $f(x)$ 是常增的.

当 $1<x<2$ 时，$f'(x)$ 是负的，故 $f(x)$ 是常减的.

当 $x>2$ 时，$f'(x)$ 是正的，故 $f(x)$ 是常增的.

因此，这些纯粹解析检验的与上面我们观察图形所得的结论是完全一致的.

假若 $f'(x)=0$，则在点 x 切线是平行于水平线的. 这时不做进一步的研究，不可能决定：$f(x)$ 在点 x 是增加的，还是减少的，甚至于 x 是转折点.

§ 80　函数的极大值与极小值及其逻辑的定义

所谓函数的极大值就是函数这种数值，当自变量足够邻近时，其他函数值都比它小. 函数的极小值，就是这种函数值，当自变量足够邻近时，其他函数值都比它大.

例如，图 89 中，当 $x=1$ 时函数显然具有极大值 $PA(=y=2)$，又当 $x=2$ 时函数具有极小值 $QB(=y=1)$.

读者应当搞清楚，极大值可能不是所有可能的函数值中的最大的；同样，极小值也可能不是所有可能的函数值中的最小的. 例如，图 89 中，显然，点 B 的右边函数具有比其极大值 PA 还大的数值，而在点 A 的左边又有比极小值 QB 还小的数值. 此外，假若函数 $y=f(x)$ 具有好几个极大值和极小值，也可能有这种情形：它的某个极小值反而大于某个极大值，因为函数 y 的极大及极小性只在自变量 x 足够小的变化范围下才有效，当自变量活动范围很大时，这种极大性和极小性就完全可能失去意义了.

我们假定导数 $f'(x)$ 是连续的，它在 a 的近旁仅仅有限次变化其正负号. 于是，若函数 $f(x)$ 在点 $x=a$ 具有极大值，那么，当 x 比 a 小一点的时候，$f(x)$

显然是 x 的常增函数，而当 x 比 a 大一点的时候，$f(x)$ 是 x 的常减函数. 于是，当 $f'(x)$ 通过点 a 时，它的符号由 $+$ 变到 $-$. 因此，若导数 $f'(x)$ 在点 a 是连续的，则它应当在这一点等于 0，就是说我们应有等式 $f'(a)=0$.

例如，图 89 中，在点 C，导数 $f'(x)$ 是正的，在点 D 它是负的，而在点 A，我们有 $f'(x)=0$.

另外，假若 $f(x)$ 在 $x=a$ 具有极小值，则当 x 比 a 小一点点的时候，$f(x)$ 是 x 的常减函数，而当 x 比 a 大一点点的时候，$f(x)$ 是 x 的常增函数. 因此，假若 $f'(x)$ 在点 a 是连续的，那么在 $x=a$ 时，$f'(x)$ 应等于 0，就是说我们有 $f'(a)=0$.

例如，图 89 中，在点 D，导数 $f'(x)$ 是负的；在点 E，导数是正的；在点 B，我们有 $f'(x)=0$.

现在我们可以把函数的极大值与极小值的一般条件叙述如下：

若 $f'(x)=0$，又 $f'(x)$ 变号，由 $+$ 变到 $-$，则 $f(x)$ 是极大值.

若 $f'(x)=0$，又 $f'(x)$ 变号，由 $-$ 变到 $+$，则 $f(x)$ 是极小值.

凡适合于方程 $f'(x)=0$ 的自变量 x 的数值，称为临界值. 例如，§79 中的方程(2) 指明，它的根 $x=1$ 及 $x=2$ 是图 89 中函数的自变量的临界值. 曲线 $y=f(x)$ 上给出极大值或极小值的点，称为曲线 $y=f(x)$ 的转折点. 显然，在转折点处曲线的切线是水平的.

为了要确定转折点附近导数的正负号，可以先在导数中代入一个比该临界值稍稍小一点的自变量的数值，然后再代入一个稍稍大一些的. 假若先是 $+$ 号，后是 $-$ 号，则函数在该临界值处具有极大值.

假若先是 $-$ 号，后是 $+$ 号，则函数具有极小值.

假若先后两种情形的正负号是一样的，那么函数在该临界值处没有极大值，也没有极小值，这时在函数的图形上该点不是转折点.

例如，取函数

$$y=f(x)=2x^3-9x^2+12x-3$$

我们已看出

$$f'(x)=6(x-1)(x-2) \tag{1}$$

设 $f'(x)=0$，我们求出两个临界值：$x=1$ 及 $x=2$，现在首先检验第一个临界值. 我们考查接近于该临界值的 x 的数值，将它们代入等式(1) 的右边，并观察因子的正负号.

当 $x<1$ 时，$f'(x)=(-)(-)=(+)$.

当 $x>1$ 时，$f'(x)=(+)(-)=(-)$.

因此，当 $x=1$ 时，$f(x)$ 具有极大值. 由表 1 我们看出，这个极大值是 $y=f(1)=2$.

现在再研究 $x=2$. 仿照上面，现在我们取接近于临界值 2 的数值.

当 $x<2$ 时，$f'(x)=(+)(-)=(-)$.

当 $x>2$ 时，$f'(x)=(+)(+)=(+)$.

因此，当 $x=2$ 时，$f(x)$ 具有极小值. 由表 1 即知，这个极小值是 $y=f(2)=1$.

表 1

x	y
1	2
2	1

我们现在可以综合以上所得的结论，构成所谓检验法则.

§ 81　研究函数的极大与极小的第一个方法·检验法则

检验法则如下：

第一步：求函数的导数.

第二步：令导数等于零，解出所得方程的所有实根. 这些根就是自变量的临界值.

第三步：取一个临界值，来检验导数的正负号，先看它在自变量数值略小于临界值时如何，然后看它在自变量数值略大于临界值时如何. 假若导数正负号先是＋的后是－的，则函数在自变量的该临界值处具有极大值；假若先是－的后是＋的，则函数具有极小值. 假若导数的正负号不改变，则函数既没有极大值，也没有极小值.

为了使第三步进行顺利，最好将 $f'(x)$ 作因子分解，如上面我们在例子里所做的一样.

例 1：在 § 78 第一个例子中，我们曾用观察曲线 $S=x\sqrt{100-x^2}$ 的方法，以证明面积最大的圆(半径为 5 cm) 内接矩形的面积为 50 cm^2. 应用上述法则，我们现在也可以用解析法证明这件事.

解

$$f(x)=x\sqrt{100-x^2}$$

第一步

$$f'(x)=\frac{100-2x^2}{\sqrt{100-x^3}}$$

第二步:令 $f'(x)=0$,得到临界值

$$x=5\sqrt{2}=7.07$$

开方时只取正值,因为根据问题的性质,负值没有意义.

第三步:当 $x<5\sqrt{2}$ 时,$2x^2<100$,故 $f'(x)$ 是正的;当 $x>5\sqrt{2}$ 时,$2x^2>100$,故 $f'(x)$ 是负的.因为导数的正负号由+变到-,所以函数具有极大值,故

$$f(5\sqrt{2})=5\sqrt{2}\cdot 5\sqrt{2}=50$$

例 2:研究函数 $(x-1)^2(x+1)^3$ 的极大值与极小值.

解

$$f(x)=(x-1)^2(x+1)^3$$

第一步

$$f'(x)=2(x-1)(x+1)^3+3(x-1)^2(x+1)^2=$$
$$(x-1)(x+1)^2(5x-1)$$

第二步

$$(x-1)(x+1)^2(5x-1)=0$$

由此得出临界值为 $x=1,-1,\frac{1}{5}$.

第三步

$$f'(x)=5(x-1)(x+1)^2\left(x-\frac{1}{5}\right)$$

先研究临界值 $x=1$(图 90 上点 C).

当 $x<1$ 时,则 $f'(x)=5(-)(+)^2(+)=-$.

当 $x>1$ 时,则 $f'(x)=5(+)(+)^2(+)=+$.

所以当 $x=1$ 时,函数具有极小值 $f(1)=0=$点 C 的纵坐标.

现在研究临界值 $x=\frac{1}{5}$(图 90 上点 B).

当 $x<\frac{1}{5}$ 时,$f'(x)=5(-)(+)^2(-)=+$.

当 $x>\frac{1}{5}$ 时,$f'(x)=5(-)(+)^2(+)=-$.

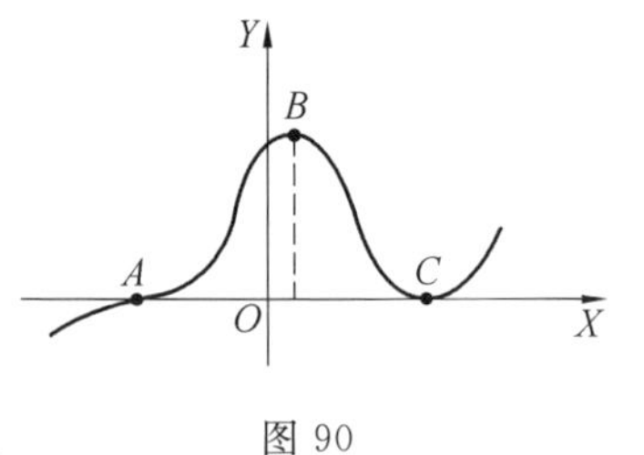

图 90

因此,当 $x=\frac{1}{5}$ 时,函数具有极大值,等于

$f\left(\frac{1}{5}\right)=+1.105\ 92=$点 B 的纵坐标.

最后研究临界值 $x=-1$(图 90 上点 A).

当 $x<-1$,$f'(x)=5(-)(-)^2(-)=+$.

当 $x>-1$,$f'(x)=5(-)(+)^2(-)=+$.

因此当 $x=-1$ 时,函数没有极大值也没有极小值.

§82 在某些点没有导数的连续函数的极大值与极小值

这种情形是非常难求的,但是,同时又完全是实在的.

例如,取函数(图 91)

$$y=f(x)=\sqrt{x^2}$$

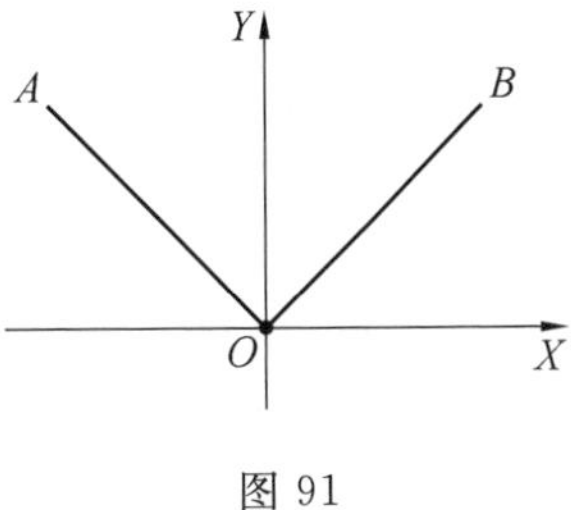

图 91

其中,开方后恒取算术值(即正值).这个函数的图形是各等分第二及第一象限角的两条"半直线"OA 及 OB,它在 $x=0$ 处,是连续的且等于 0,$f(0)=0$.因为该函数在其他点 x 处总是正的,所以其数值 $f(0)$ 是极小值.另外,我们不能用上述检验法则来求这个极小值,因为导数 $f'(x)$ 在 $x=0$ 处是不存在的,所以由方程 $f'(x)=0$ 不能求出自变量数值为零的临界值.

为了证明导数 $f'(0)$ 是不存在的,只要按一般微分法则考查 $x=0$ 处的比值 $\frac{\Delta y}{\Delta x}$ 就行了.显然,当 Δx 是正的时候,这个比值等于 $+1$,当 Δx 是负的时候,它等于 -1,因此当 Δx 趋近于 0 时,极限 $\lim\limits_{\Delta x\to 0}\frac{\Delta y}{\Delta x}$ 是不存在的.

同样,考察一下图 92 中某个函数 $y=f(x)$ 的图形,不难立刻见到,$f(x)$ 在点 E 具有极小值,而在点 B 及点 G 具有极大值.但是按检验法则,我们不可能由方程 $f'(x)=0$ 求出任何这种点的横坐标 x,说它是临界值.因为在这些点处,$f(x)$ 的导数是不存在的.

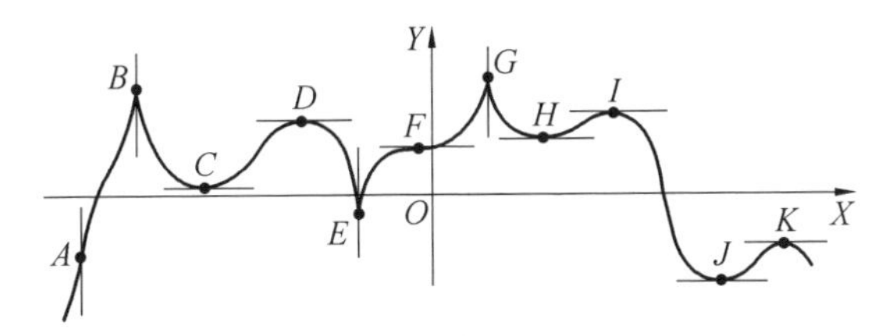

图 92

为了证实这点,我们只需注意,这条曲线的三对曲线弧:AB 与 BC,DE 与 EF,FG 与 GH,在点 B,点 E 及点 G 处是切于竖立直线的.因此,假若我们对于这些点的某一个的横坐标 x_0 做出比值 $\frac{\Delta y}{\Delta x}$ 来,就立刻可见,当 $\Delta x\to 0$ 时,这个比

值的绝对值$\left|\frac{\Delta y}{\Delta x}\right|$是趋向于$+\infty$的. 由此可知,根本不可能存在导数$f'(x_0)$,所以,这三点$B$,$E$及$G$的横坐标都不可能从方程$f'(x)=0$当作临界值求出来.

再说,对于这三点的每个横坐标x_0,比值$\frac{\Delta y}{\Delta x}$是随着增量$\Delta x$的变号而变号的,故当增量$\Delta x$由正负号一定的数值趋近于0时,比值$\frac{\Delta y}{\Delta x}$趋向于$+\infty$,而对于正负号相反的增量$\Delta x$,则这个比值$\frac{\Delta y}{\Delta x}$趋向于$-\infty$.

最后,我们注意:在点A曲线是具有真正竖立的完整切线的(不像B,E,G等点处只有半条). 在这一点,比值$\frac{\Delta y}{\Delta x}$趋向$+\infty$,与增量$\Delta x$的正负号完全没有关系. 但是在点$A$,我们既没有极大值也没有极小值.

像B,E及G这种点称作尖点. 在研究某个函数$y=f(x)$,求所有可能的极大值与极小值时,不要忘了这种点. 为此,可以利用方程

$$\frac{1}{f'(x)}=0 \tag{1}$$

求出它们的横坐标,因为,当x趋近于尖点的横坐标x_0时,$|f'(x)|$是无限增大的,这指明了,导数的倒数是连续的,而且在尖点的横坐标x_0处变为0. 因此方程(1)的根也算作是临界值. 这只使得检验法则中第二步有所改变. 其他步骤仍然原封不动.

在导数$f'(x)$不存在其他的地方,极大值与极小值的求法是很难的,也没有什么法则来求它.

例:研究函数$a-b(x-c)^{\frac{2}{3}}$的极大值与极小值(图93).

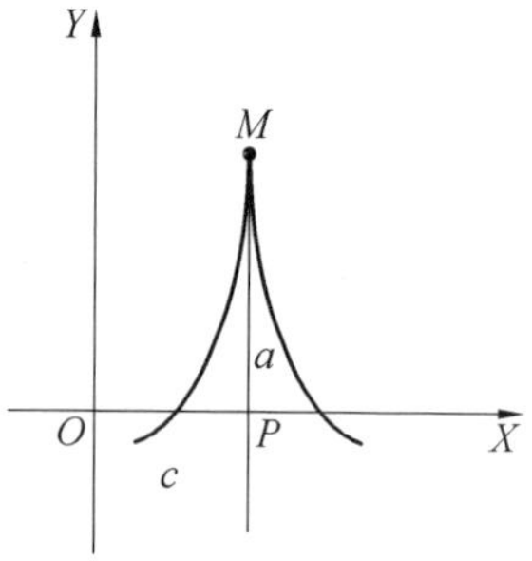

解

$$f(x)=a-b(x-c)^{\frac{2}{3}}$$

$$f'(x)=-\frac{2b}{3(x-c)^{\frac{1}{3}}}$$

$$\frac{1}{f'(x)}=-\frac{3(x-c)^{\frac{1}{3}}}{2b}$$

图93

这里,c是一个临界值,它使得$\frac{1}{f'(x)}=0$,而且在这点函数是连续的. 所以应该研究$x=c$这一点处是否有极大值或极小值.

当$x<c$,$f'(x)=+$.

当$x>c$,$f'(x)=-$.

由此而知，当 $x=c=OP$，函数具有极大值 $f(c)=a=PM$.

习题及部分习题的答案

研究下列各函数的极大值与极小值.

1. $2x^3-9x^2-24x-12$.

答：$x=-1$ 时极大值 $=1$. $x=4$ 时极小值 $=-124$.

2. $\frac{1}{3}x^3-\frac{1}{2}x^2-2x+2$.

答：$x=-1$ 时极大值 $=\frac{19}{6}$. $x=2$ 时极小值 $=-\frac{4}{3}$.

3. $x^3+12x^2+36x-50$.

答：$x=-6$ 时极大值 $=-50$. $x=-2$ 时极小值 $=-82$.

4. $15+9x-3x^2-x^3$.

5. x^4-2x^2.

答：$x=0$ 时极大值 $=0$. $x=\pm1$ 时极小值 $=-1$.

6. $6x^2-x^4$.

答：$x=0$ 时极小值 $=0$. $x=\pm\sqrt{3}$ 时极大值 $=9$.

7. $2+24x^2-x^4$.

8. $x^4-8x^3+22x^2-24x+12$.

答：$x=1$ 时极小值 $=3$，$x=2$ 时极大值 $=4$，$x=3$ 时极小值 $=3$.

9. $x^5-5x^4+5x^3+1$.

10. $x^2+\frac{16}{x}$. 答：$x=2$ 时极小值 $=12$.

11. $x-\frac{108}{x^2}$.

12. $x^2+\frac{1}{x^2}$. 答：$x=\pm1$ 时极小值 $=2$.

13. $\frac{6x}{x^2+1}$.

答：$x=-1$ 时极小值 $=-3$. $x=1$ 时极大值 $=3$.

14. $\frac{x^2+x+1}{x}$.

15. $\frac{x^2}{x+1}$.

16. $(x-1)^2(x-3)^2$.

17. $(x+2)^2(x-1)^2$.

18. $(x-3)^{\frac{1}{3}}(x-6)^{\frac{2}{3}}$.

答：$x=4$ 时极大值 $=\sqrt[3]{4}=1.6$. $x=6$ 时极小值 $=0$.

19. $x(6+x)^2(6-x)^3$.

答：$x=-6$ 时极大值 $=0$. $x=-3$ 时极小值 $=-19\ 683$. $x=2$ 时极大值 $=8\ 192$.

20. $b+c(x-a)^{\frac{2}{3}}$. 答：$x=a$ 时极小值 $=b$.

21. $a-b(x-c)^{\frac{1}{3}}$. 答：无极大亦无极小.

22. $\dfrac{(x-a)(b-x)}{x^2}$. 答：$x=\dfrac{2ab}{a+b}$ 时极大值 $=\dfrac{(b-a)^2}{4ab}$.

23. $\dfrac{a^2}{x}+\dfrac{b^2}{a-x}$.

答：$x=\dfrac{a^2}{a+b}$ 时极大值 $=\dfrac{(a+b)^2}{a}$. $x=\dfrac{a^2}{a-b}$ 时极小值 $=\dfrac{(a-b)^2}{a}$.

24. $\dfrac{x^2+x-1}{x^2-x+1}$.

答：$x=2$ 时极大值 $=\dfrac{5}{3}$. $x=0$ 时极小值 $=-1$.

25. $\dfrac{x+1}{x^2-2x+1}$. 答：$x=-3$ 时极小值 $=-\dfrac{1}{8}$.

26. $(x-2)^5(2x+1)^4$.

答：$x=-\dfrac{1}{2}$ 时极大值 $=0$. $x=\dfrac{11}{18}$ 时极小值 $=126$. $x=2$ 时没有极大也没有极小.

27. $(2x-a)^{\frac{1}{3}}(x-a)^{\frac{2}{3}}$.

答：$x=\dfrac{2a}{3}$ 时极大值 $=\dfrac{a}{3}$. $x=a$ 时极小值 $=0$. $x=\dfrac{a}{2}$ 时没有极大也没有极小.

28. $x(a+x)^2(a-x)^2$.

答：$x=-a$ 时极大值 $=0$. $x=-\dfrac{a}{2}$ 时极小值 $=\dfrac{-27}{64}a^6$. $x=a$ 时没有极大也没有极小.

29. $\dfrac{x^2-7x+6}{x-10}$.

答：$x=4$ 时极大值 $=1$. $x=16$ 时极小值 $=25$.

30. $\dfrac{(a-x)^3}{a-2x}$. 答：$x=\dfrac{a}{4}$ 时极小值 $=\dfrac{27}{32}a^2$.

§83 实际求极大值及极小值的一般指示

在许多问题中,必须先依据已给的条件,列出要求其极大值或极小值的函数.这种函数的做法,从 §78 中详细分析过的两个例子已经可以看出来.函数的做出,有时是很困难的.很遗憾,我们并没有做出函数的一般法则,许多问题只可能依下面的指示来做.

一般指示:

(1) 试作一个函数,它的极大值或极小值是所要求的.

(2) 假若所得的表达式中含有一个以上的变量,则问题中的条件,应当给出变量之间的足够多的关系,使得所有的变量都能用一个变量表达出来.

(3) 对于最后所得出的,单个变量的函数,应用检验法则.

(4) 在许多实际问题中,很容易看得出哪个临界值给出了极大值,哪个临界值给出了极小值.因此不一定要用第三个步骤.

(5) 将函数的图形画出来以便核对所得结果.

求极大值与极小值的工作,常可借下面的几个原则来简化:

(1) 连续函数的极大值与极小值必定是相间出现的.

(2) 假若 c 是一个正的常数,则凡使 $f(x)$ 为极大值或极小值的那些自变量 x 的数值,而且也只有这些数值,也都能使 $cf(x)$ 具有极大值或极小值.

因此,在求临界值并检定临界值是否给出极大值和极小值时,常数因子常可以忽略不计.

假若 c 是一个负数,则当 $f(x)$ 是极小值时,$cf(x)$ 就是极大值,反过来说也一样.

(3) 如果 c 是一个常数,那么 $f(x)$ 及 $c+f(x)$ 对于变量的同一数值同时为极大值或极小值.

因此,在求临界值及检验它们时,常数项可以忽略不计.

习题及解答

一、将各边为 a 的正方形洋铁片,于各角截去相等的正方块,然后折起各边,要做成体积最大的无顶箱,问所截正方形的边长应该是多少?(图 94)

解:令 x 为小正方形的边长,故箱底正方形的边长为 $a-2x$,其体积为

$$V=(a-2x)^2x$$

这正是要来求极大值的那个函数.运用上述法则:

第一步

$$\frac{dV}{dx}=(a-2x)^2-4x(a-2x)=$$

$$a^2-8ax+12x^2$$

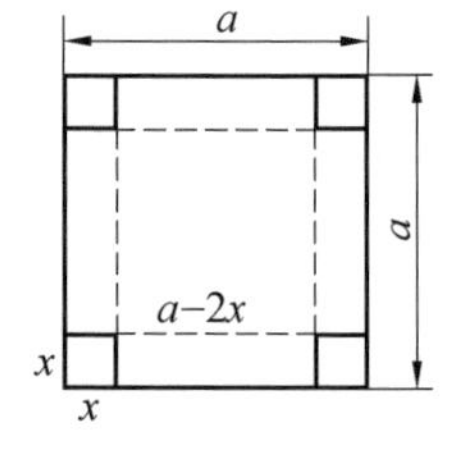

图 94

第二步:解方程 $a^2-8ax+12x^2=0$,求出临界值为 $x=\frac{a}{2}$ 及 $\frac{a}{6}$.

由图 94 显然可见,$x=\frac{a}{2}$ 给出了极小值,因为在这种情形,整个铁片都被剪去,而没有做箱子的材料了.用普通的检验法即知 $x=\frac{a}{6}$ 给出了最大体积 $\frac{2a^3}{27}$.

所以,所截去的正方形的边乃是所给正方形边长的六分之一.

二、已知横梁的强度和它的矩形断面(图 95)的宽成正比,并和高的平方成正比.若要将直径为 d 的圆木,锯成强度最大的横梁,断面的高和宽是多少?

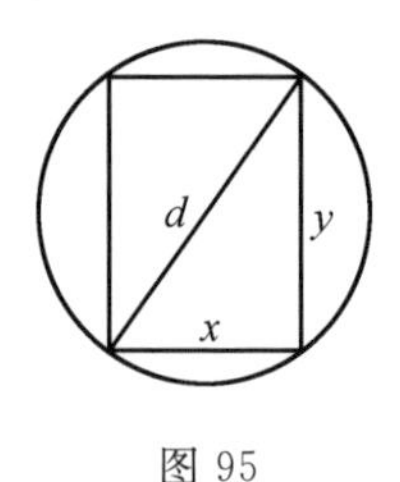

图 95

解:设 x 为横梁的宽,y 为横梁的高,则根据条件,当函数 xy^2 是极大值的时候,横梁的强度为最大.

由图 95 知

$$y^2=d^2-x^2$$

因此,我们应研究函数

$$f(x)=x(d^2-x^2)$$

第一步

$$f'(x)=-2x^2+d^2-x^2=d^2-3x^2$$

第二步

$$d^2-3x^2=0$$

由此,$x=\frac{d}{\sqrt{3}}$ 便是使函数为极大值的临界值.因此,横梁如锯成

高等于圆木直径的$\sqrt{\frac{2}{3}}$

宽等于圆木直径的$\sqrt{\frac{1}{3}}$

则横梁的强度是最大的.

三、求长方形的宽,使其内接于抛物线的一段 AOA' 内(图 96),而使其面积最大.

提示:设

$$OC=h, BC=h-x, EE'=2y$$

则长方形 $EDD'E'$ 的面积为 $2(h-x)y$，又因点 E 在抛物线 $y^2=2px$ 上，故所要研究的函数为

$$2(h-x)\sqrt{2px}$$

答：宽等于$\frac{2}{3}h$.

四、求在半径为 r 的球内的一个内接圆锥体的高，使圆锥的体积为最大(图 97).

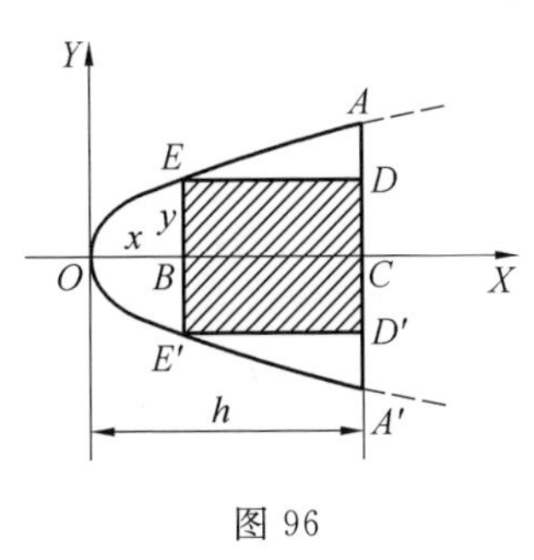

图 96

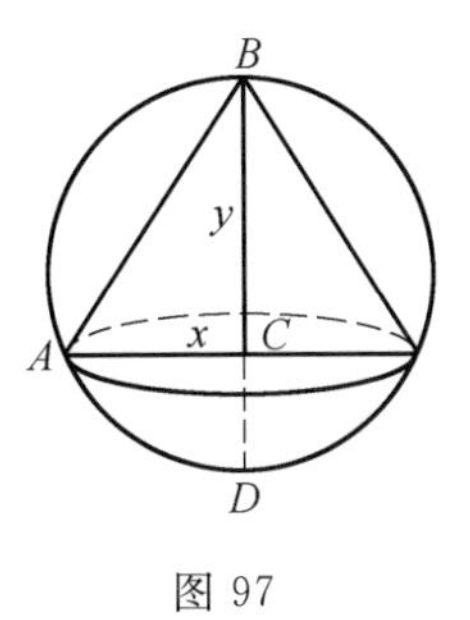

图 97

提示：圆锥的体积为$\frac{1}{3}\pi x^2 y$，但

$$x^2=BC\cdot CD=y(2r-y)$$

因此所要研究的函数为

$$f(y)=\frac{\pi}{3}y^2(2r-y)$$

答：圆锥的高为$\frac{4}{3}r$.

五、求一个圆柱体的高，使其内接于一个正圆锥体，而使其体积最大(图 98).

提示：设 $AC=r$，$BC=h$，圆柱之体积等于 $\pi x^2 y$，但由 Rt△ABC 及 Rt△DBG 可得

$$r:x=h:(h-y)$$

由此 $$x=\frac{r(h-y)}{h}$$

因此，有待研究的函数是

$$f(y)=\pi\frac{r^2}{h^2}y(h-y)^2$$

答：高等于$\frac{1}{3}h$.

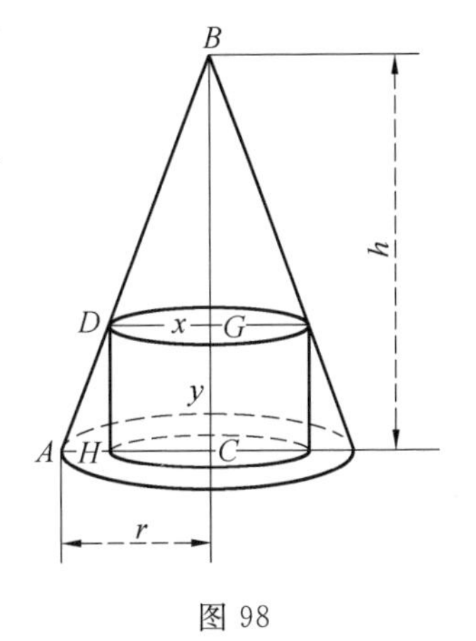

图 98

§ 84　导数作为变化率

§ 56 中，函数关系

$$y = x^2 \tag{1}$$

给出了相应增量的比值

$$\frac{\Delta y}{\Delta x} = 2x + \Delta x \tag{2}$$

当 $x = 4$ 及 $\Delta x = 0.5$ 时，则方程(2) 告诉我们

$$\frac{\Delta y}{\Delta x} = 8.5 \tag{3}$$

在这个情形，我们说，当 x 从 $x = 4$ 增加到 $x = 4.5$ 时，变量 y 对于变量 x 的平均变化率等于 8.5.

一般地，比值

$$\frac{\Delta y}{\Delta x} = \text{当 } x \text{ 从 } x \text{ 变到 } x + \Delta x \text{ 时，} y \text{ 对于 } x \text{ 的平均变化率} \tag{A}$$

常变化率：假若

$$y = kx + b \tag{4}$$

则我们有

$$\frac{\Delta y}{\Delta x} = k$$

这表示：y 对于 x 的平均变化率等于 k，亦即等于直线(4) 的斜率，因此，它是一个常量. 在这种情形下，而且也只在这种情形下，当 x 从任何数值增加到 $x + \Delta x$ 时，y 的变化 Δy 等于变化率 k 与 Δx 的乘积.

瞬时变化率：假若区间$(x, x + \Delta x)$ 减小着，$\Delta x \to 0$，则在这个区间内，y 对于 x 的平均变化率在极限时变成变量 y 对于变量 x 的瞬时变化率.

因此

$$\frac{\Delta y}{\Delta x} = \text{在变量 } x \text{ 的某个定值处，变量 } y \text{ 对于变量 } x \text{ 的瞬时变化率} \tag{B}$$

例如，由方程(1) 得到

$$\frac{\mathrm{d}y}{\mathrm{d}x} = 2x \tag{5}$$

当 $x = 4$，$\left|\frac{\mathrm{d}y}{\mathrm{d}x}\right|_{x=4} = 8$，在叙述(B) 中，“瞬时”一词常常是省略掉的.

几何解释：我们把函数

$$y = f(x) \tag{6}$$

画出来如图 99 所示.

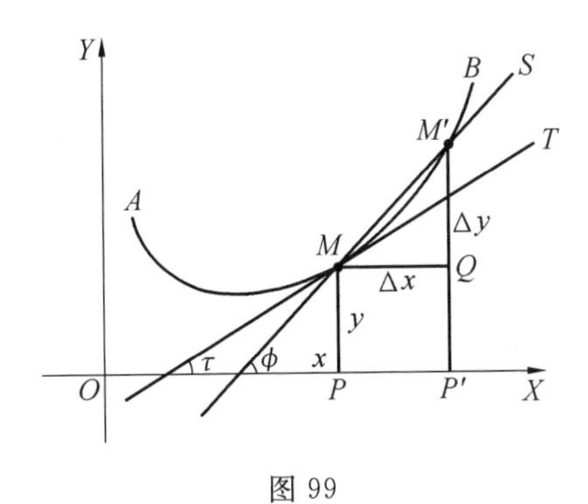

图 99

当 x 由 OP 增至 OP'，则 y 由 PM 增至 $P'M'$. y 对于 x 的平均变化率等于割线 MS 的斜率. $X = OP$ 时的瞬时变化率等于切线 MT 的斜率.

所以，y 在曲线上点 $M(x, y)$ 的瞬时变化率，等于点 M 处切线上的 y 的常变化率.

当 $x = x_0$ 时，y(即函数 $f(x)$) 的瞬时变化率是 $f'(x_0)$，假若 x 由 x_0 增至 $x_0 + \Delta x$，则 y 的准确变化并不等于 $f'(x_0)\Delta x$，不过，当 $f'(x)$ 是常数而不依赖于 x 时，则是例外，例如式(4) 的情形. 我们以后将会看到，当 Δx 足够小时，这个乘积"几乎"等于 Δy.

§ 85　直线运动的速度

当变化率中的自变量是时间的时候，变化率就有了一个很重要的应用，这时，变化率叫作速度，直线运动的速度便是一个最简单的例子.

考察一个点 M 在直线 AB(图 100) 上的运动. 设 s 为由某定点 O 向右量至动点在 t 时的位置点 M 的距离. 显然，对于时间 t 的每一个数值都对应了点的某个位置 M，因此，对应了一段距离 s. 所以 s 是时间 t 的函数，因而我们可以把它写为

$$s = f(t)$$

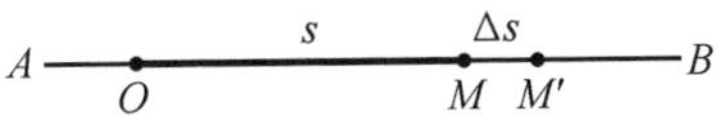

图 100

设 t 得增量 Δt，则 s 得增量 Δs，Δs 是点 M 在 Δt 时间内所走的距离，又

$$\frac{\Delta s}{\Delta t} = \text{点 } M \text{ 花了 } \Delta t \text{ 时间由 } M \text{ 位置到 } M' \text{ 位置的平均速度} \tag{1}$$

假若点 M 的运动是均匀的(亦即等速度运动),则比值(1) 对于每一段时间 Δt 都是一样的,它就是点 M 在任何瞬时的速度.

对于一般的运动,等速度也好,不等速度也好,我们把点 M 在某个瞬时的速度(即点 M 所走过的距离 s 的变化率) v 定义为:当 Δt 趋近于 0 时,它的平均速度的极限. 就是说

$$v=\frac{\mathrm{d}s}{\mathrm{d}t} \tag{C}$$

动点在某瞬时的速度就是距离对于时间的导数,也就是所通过的空间的时变率.

若 v 是正的,则距离 s 是时间的增函数,因此点 M 是向右移动的,即顺 AB 的方向. 当 v 是负的时候, s 是 t 的减函数,点 M 是向左移动的,即顺 BA 的方向.

为了证实这个定义和我们已有的速度观念是完全一致的,我们只要举个例子,求一个落体在两秒钟后的速度.

从实验得出来,在接近地球表面处的真空中,由静止开始自由落下的物体,大致遵守下面的定律

$$s=4.9t^2 \tag{2}$$

其中 s 是物体下落的距离(m), t 等于时间(s). 应用一般微分法则.

第一步

$$s+\Delta s=4.9(t+\Delta t)^2=4.9t^2+9.8t\cdot\Delta t+4.9(\Delta t)^2$$

第二步

$$\Delta s=9.8t\cdot\Delta t+4.9(\Delta t)^2$$

第三步

$$\frac{\Delta s}{\Delta t}=9.8t+4.9\Delta t=\text{由某个一定的时间 } t \text{ 算起,在时间 } \Delta t \text{ 之内的平均速度}$$

令 $t=2$,则

$$\frac{\Delta s}{\Delta t}=19.6+4.9\Delta t=\text{第 2 s 末之后,}\Delta t\text{ 时间内的平均速度} \tag{3}$$

我们的速度观念立刻告诉我们,式(3) 并不表示第 2 s 末的实际速度. 事实上,即使 Δt 取得很小,如设 Δt 等于 $\frac{1}{100}$ s,或 $\frac{1}{1\,000}$ s,则由式(3) 仍然只能得到在那相应的小段时间内的平均速度. 但是我们所认为在两秒末的速度,是平均速度在 Δt 趋近于 0 时的极限,就是说,在第 2 s 末的速度根据式(3) 是 19.6 m/s. 所以,甚至平常从经验得来的速度观念也是包含极限观念的,或者根据我们的记号,有

$$v=\lim_{\Delta t\to 0}\frac{\Delta s}{\Delta t}=19.6\ \mathrm{m/s}$$

上面的例子把极限值的概念解释得很好.读者应当习惯于这个观念,即极限值是完全确定的数值,并不是什么近似值.变量 $19.6+4.9\Delta t$ 的极限值,当 Δt 趋近于 0 时,是恰好等于 19.6 的.

§86　相对时变率(速度)

在许多问题中,常常遇到有好几个变量,而每一个变量实际上都是时间的函数.这时,由问题中的条件可以建立这些变量之间的关系.在这种情形,这些变量的时变率之间的关系可以用微分法来求得.

相对时变率的问题,应照下面的法则来解:

第一步:作图以说明问题,用 x,y,z 等来表示随时间变化的诸量.

第二步:求诸变量间在任何时间都成立的关系.

第三步:把这些关系对时间微分.

第四步:列出已知的及要寻求的各个量.

第五步:将已知量代入第三步微分所得的结果中并解出未知数来.

下面来看几道例题.

例 1:一个人以 8 km/h 的速度面向一个 60 m 高的塔底前进.当他距塔底 80 m 时,他以什么速率接近塔顶?

解:应用上述法则.

第一步:作图(图 101).设 x 为在任何时间人至塔底的距离,y 为人至塔顶的距离.

第二步:由直角三角形得

$$y^2=x^2+3\ 600$$

第三步:微分得

$$2y\frac{\mathrm{d}y}{\mathrm{d}t}=2x\frac{\mathrm{d}x}{\mathrm{d}t}$$

或

$$\frac{\mathrm{d}y}{\mathrm{d}t}=\frac{x}{y}\cdot\frac{\mathrm{d}x}{\mathrm{d}t} \tag{1}$$

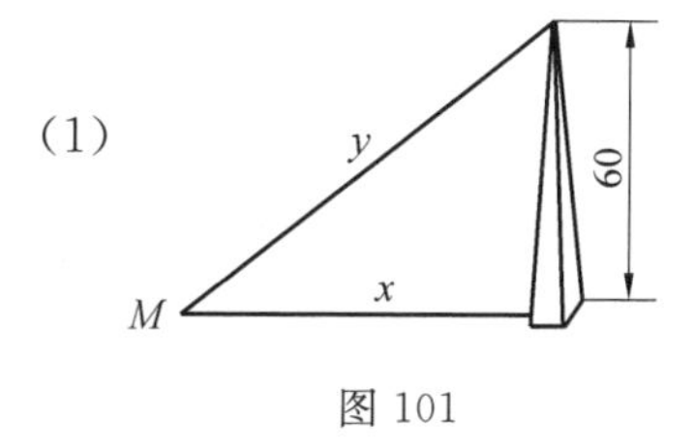

图 101

第四步

$$x=80,\frac{\mathrm{d}x}{\mathrm{d}t}=8\ \mathrm{km/h}$$

$$y=\sqrt{x^2+3\ 600}=100,\frac{\mathrm{d}y}{\mathrm{d}t}=?$$

第五步:代入式(1),求得

$$\frac{dy}{dt}=\frac{80}{100}\cdot 8=6.4\ \text{km/h}$$

例 2：一点在抛物线 $6y=x^2$ 上移动，当 $x=6$ 时，其横坐标以 2 m/s 的速率增加. 在该瞬时，问纵坐标的增加率是多少？

解：应用上述法则.

第一步：画抛物线(图 102).

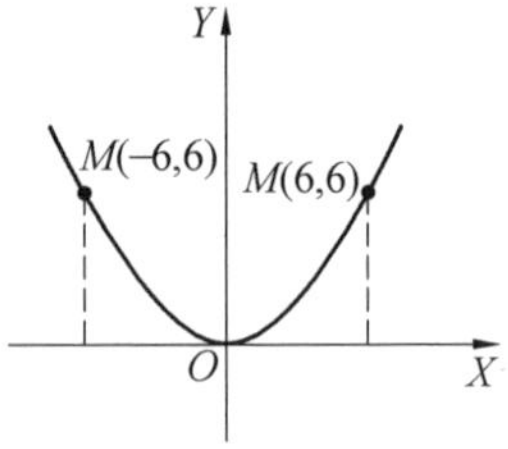

第二步

$$6y=x^2$$

第三步

$$6\frac{dy}{dt}=2x\frac{dx}{dt}$$

或

$$\frac{dy}{dt}=\frac{x}{3}\cdot\frac{dx}{dt} \tag{2}$$

图 102

第四步

$$\frac{dx}{dt}=2\ \text{m/s},x=6,y=\frac{x^2}{6}=6,\frac{dy}{dt}=?$$

第五步：代入式(2)，求得：$\frac{dy}{dt}=\frac{6}{3}\cdot 2=4$ m/s.

由上面的结果，我们知道，在点 $M(6,6)$ 处纵坐标的变化率，就大小讲，是横坐标的两倍那么快.

在点 $M(-6,6)$，$\frac{dx}{dt}=2$ m/s 时，则$\frac{dy}{dt}=-4$ m/s. 负号表示，当横坐标增加时，纵坐标是减少着的.

例 3：一块金属圆板因热而膨胀，其半径以 0.01 cm/s 的变化率均匀增加着. 当半径为 2 cm 时，问圆板面积的增加率是多少？

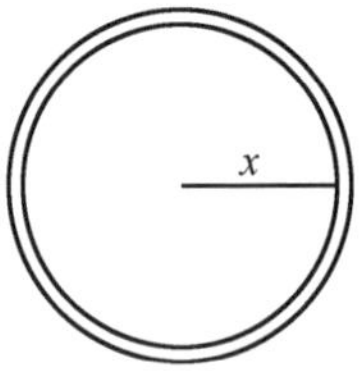

解：设 x 为半径(图 103)，圆面积为 y. 故 $y=\pi x^2$，对时间 t 微分得

$$\frac{dy}{dt}=2\pi x\cdot\frac{dx}{dt} \tag{3}$$

图 103

就是说，在任何瞬时，圆板面积(cm^2) 的增加率是半径(cm) 增加率的 $2\pi x$ 倍，则

$$x=2,\frac{dx}{dt}=0.01,\frac{dy}{dt}=?$$

代入式(3) 得

$$\frac{dy}{dt}=2\pi\cdot 2\cdot 0.01=0.04\cdot 3.14\approx 0.13\ \mathrm{cm^2/s}$$

例 4:一条水平的直路上,挂一盏灯,高 12 m,路上有一个高 1.5 m 的人行走.当背着灯光行走的速率是49 m/min,问该人的影子伸长的速度是多少?

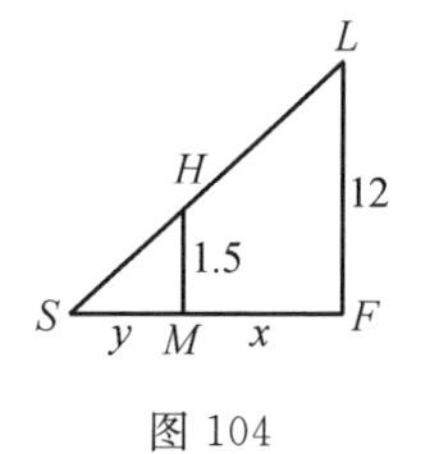

图 104

解:设 x 为人与直接在灯 L 下水平路上一点 F 的距离,人影长为 y,由图 104,得

$$y:(y+x)=1.5:12$$

故
$$y=\frac{1}{7}x$$

微分后,得

$$\frac{dy}{dt}=\frac{1}{7}\cdot\frac{dx}{dt}$$

这就是说,影子伸长的速率是人行走的速率的$\frac{1}{7}$倍,即 7 m/min.

例 5:在抛物线 $y^2=12x$ 上,设 x 以 2 cm/s 的等速率增加,求 $x=3$ cm 时,y 的增加率.

答:2 cm/s.

例 6:在上例中抛物线上哪一点处,横坐标与纵坐标的增加率是相同的?

答:(3,6).

例 7:在椭圆 $16x^2+9y^2=400$ 上的哪一点处,纵坐标的减少率跟横坐标的增加率是相同的?

答:$\left(3,\frac{16}{3}\right)$.

例 8:在第一象限中,哪一个角度的增加率是其正弦增加率的两倍?

答:60°.

例 9:等边三角形的每一边长等于 24 cm,并以 3 cm/h 的速率增加着,问该三角形面积的增加率是多少?

答:$36\sqrt{3}\ \mathrm{cm^2/h}$.

例 10:一辆车在上面的一条路上开行,另一辆车在它正下面 10 m 的一条路上开行,两条路是互相垂直的,假若上面的一辆车的速率是 30 km/h,下面一辆车的速率是 18 km/h,问在相遇之后 4 min,它们彼此离开的速率是多少?

答:34.9 km/h.

例 11:一条船以 6 km/h 的速度向南方开行,另一条船以 8 km/h 的速度开向东方,在下午 4 点钟,第二条船到达第一条船在 2 个钟头前到过的位置,问:

(1) 下午三点钟时两船之间距离的变化率是多少?

(2) 下午五点钟时两船之间距离的变化率是多少?

(3) 在什么时候它们之间的距离不变化?

答:(1) 以 2.8 km/h 减少着.

(2) 以 8.78 km/h 增加着.

(3) 在下午 3 h 28 min 时.

第10章 逐次微分法及其应用

§87 各阶导数的定义

我们已经看到，x 的函数的导数，一般也是 x 的函数. 这个新的函数也可能是可微分的，在这种情形下，这个一阶导数的导数称为原函数的二阶导数. 同样，二阶导数的导数称为三阶导数，依此类推，一直到 n 阶导数. 所以假若

$$y=3x^4$$

则

$$\frac{\mathrm{d}y}{\mathrm{d}x}=12x^3$$

$$\frac{\mathrm{d}}{\mathrm{d}x}\left(\frac{\mathrm{d}y}{\mathrm{d}x}\right)=36x^2$$

$$\frac{\mathrm{d}}{\mathrm{d}x}\left[\frac{\mathrm{d}}{\mathrm{d}x}\left(\frac{\mathrm{d}y}{\mathrm{d}x}\right)\right]=72x$$

等.

记法：各阶导数的记号通常简写如下

$$\frac{\mathrm{d}}{\mathrm{d}x}\left(\frac{\mathrm{d}y}{\mathrm{d}x}\right)=\frac{\mathrm{d}^2y}{\mathrm{d}x^2}$$

$$\frac{\mathrm{d}}{\mathrm{d}x}\left[\frac{\mathrm{d}}{\mathrm{d}x}\left(\frac{\mathrm{d}y}{\mathrm{d}x}\right)\right]=\frac{\mathrm{d}}{\mathrm{d}x}\left(\frac{\mathrm{d}^2y}{\mathrm{d}x^2}\right)=\frac{\mathrm{d}^3y}{\mathrm{d}x^3}$$

$$\vdots$$

$$\frac{d}{dx}\left(\frac{d^{n-1}y}{dx^{n-1}}\right)=\frac{d^n y}{dx^n}$$

假若 $y=f(x)$，则各阶导数还可以记为

$$f(x),f''(x),f'''(x),f^{\mathrm{IV}}(x),\cdots,f^{(n)}(x)$$

$$y',y'',y''',y^{\mathrm{IV}},\cdots,y^{(n)}$$

或

$$\frac{d}{dx}f(x),\frac{d^2}{dx^2}f(x),\frac{d^3}{dx^3}f(x),\cdots,\frac{d^n}{dx^n}f(x)$$

在上例中，最方便的记法是

$$y=3x^4,y'=12x^3,y''=36x^2,y'''=72x,y^{\mathrm{IV}}=72$$

§88 n 阶导数

有一些函数的 n 阶导数，可以用包含 n 的一般表达式写出来. 通常求 n 阶导数的方法，是先求前面几阶导数，求出足够的个数，以便能把它们的构成规律找出来，然后根据猜测写出它的 n 阶导数，最后用所谓"数学完全归纳法"(或叫"从 n 推到 $n+1$ 法")来证明这个猜测是对的. 这个方法就是：先假定这个猜测对于整数 n 是对的，然后证明它对于 $n+1$ 也是对的.

例：求两个函数 u 及 v 的乘积 uv 的 n 阶导数.

解：引用记号

$$y=uv$$

按 §62 中的基本公式 5，我们先求一阶导数

$$y'=u'v+uv'$$

然后求二阶导数，可得

$$y''=(u'v)'+(uv')'=u''v+u'v'+u'v'+uv''=u''v+2u'v'+uv''$$

更进一步，求三阶导数

$$y'''=(u''v)'+(2u'v')'+(uv'')'=u'''v+u''v'+2u''v'+2u'v''+u'v''+uv'''=$$
$$u'''v+3u''v'+3u'v''+uv'''$$

为了猜测起见，所求出的这几阶导数已经够用了. 事实上，把所求得的微分公式与代数中的二项展开式对比一下，有

$$y'=u'v+uv',y=u+v$$

$$y''=u''v+2u'v'+uv'',y^2=(u+v)^2=u^2+2uv+v^2$$

$$y'''=u'''v+3u''v'+3u'v''+uv''',y^3=(u+v)^3=u^3+3u^2v+3uv^2+v^3$$

两者的类似是很惊人的. 因为，一方面假若我们注意到原函数 u 及 v 可以看作是零阶导数，也就是说，我们可以写 $u^{(0)}=u,v^{(0)}=v$，因此三阶导数就可以

写为

$$y^{(3)}=u^{(3)}v^{(0)}+3u^{(2)}v^{(1)}+3u^{(1)}v^{(2)}+u^{(0)}v^{(3)} \tag{1}$$

另一方面，假若我们考虑到代数的0次方总是1，那么，$u^0=1, v^0=1$，并且由于添上因子1不会损害代数公式的真确性，故二数之和的立方公式可以写为

$$y^3=u^3v^0+3u^2v^1+3u^1v^2+u^0v^3 \tag{2}$$

因此，两函数乘积的三阶导数$(uv)^{(3)}$的微分公式跟两数和的立方的代数公式，在外表上正好符合.显然，对于二阶导数的公式跟和的平方公式来说也有这种符合的情形.

所以我们很自然会猜到：两个函数乘积的n阶导数的微分公式跟牛顿的n次幂二项式定理的代数公式，在外表上总是符合的：因而有

$$(uv)^{(n)}=u^{(n)}v+nu^{(n-1)}v'+\frac{n(n-1)}{2!}u^{(n-2)}v''+\cdots+uv^{(n)} \tag{A}$$

用完全归纳法证明公式(A)后，这个猜测就变成数学真理了.为此，我们假定公式(A)对于某一个正整数n是成立的，然后把式(A)的两边各对x微分一次，我们可以证明，所得到的新的等式跟(A)的形式刚好一样，不过这里不是n而是$n+1$罢了.事实上对x微分一次之后，左边就是$(uv)^{(n+1)}$，而右边，一项项地对x微分一次之后，把同类项括起来，所得到的表达式形状跟(A)一样，不过所有的n都换成了$n+1$.在这里我们省略掉这些计算.

两个函数乘积的n阶导数公式(A)是由莱布尼兹首先建立的.

§89 隐函数的逐次微分法

为了说明这个方法，我们从双曲线方程

$$b^2x^2-a^2y^2=a^2b^2 \tag{1}$$

求$\dfrac{d^2y}{dx^2}$.

像§75中一样，对x微分，得

$$2b^2x-2a^2y\frac{dy}{dx}=0$$

或

$$\frac{dy}{dx}=\frac{b^2x}{a^2y} \tag{2}$$

再微分一次，同时注意y是x的函数，可得

$$\frac{d^2y}{dx^2}=\frac{a^2b^2y-a^2b^2x\dfrac{dy}{dx}}{a^4y^2}$$

将式(2)中的$\frac{\mathrm{d}y}{\mathrm{d}x}$值代入上式，得

$$\frac{\mathrm{d}^2y}{\mathrm{d}x^2}=\frac{a^2b^2y-a^2b^2x\dfrac{b^2x}{a^2y}}{a^4y^2}=-\frac{b^2(b^2x^2-a^2y^2)}{a^4y^3}$$

但根据方程

$$b^2x^2-a^2y^2=a^2b^2$$

故得

$$\frac{\mathrm{d}^2y}{\mathrm{d}x^2}=-\frac{b^4}{a^2y^3}$$

习题及部分习题的答案

一、证实下列各微分结果.

1. $y=2x^3+4x^2-7x+9$.　　答：$\frac{\mathrm{d}^2y}{\mathrm{d}x^2}=12x+8$.

2. $f(x)=\frac{x^3}{1-x}$.　　答：$f^{\text{IV}}(x)=\frac{4!}{(1-x)^5}$.

3. $u=\sqrt{4+t^2}$.　　答：$\frac{\mathrm{d}^2u}{\mathrm{d}t^2}=\frac{4}{(4+t^2)^{\frac{3}{2}}}$.

4. $y=x\sqrt{1-2x}$.　　答：$\frac{\mathrm{d}^2y}{\mathrm{d}x^2}=\frac{3x-2}{(1-2x)^{\frac{3}{2}}}$.

5. $s=\frac{t}{2-t}$.　　答：$\frac{\mathrm{d}^2s}{\mathrm{d}t^2}=\frac{4}{(2-t)^3}$.

6. $y=\frac{x}{\sqrt{x+2}}$.　　答：$\frac{\mathrm{d}^2y}{\mathrm{d}x^2}=-\frac{x+8}{4(x+2)^{\frac{5}{2}}}$.

7. $p=\frac{\theta^2}{\theta+1}$.　　答：$\frac{\mathrm{d}^2p}{\mathrm{d}\theta^2}=\frac{2}{(\theta+1)^3}$.

8. $y=\frac{1-x}{1+x}$.

答：$\frac{\mathrm{d}^ny}{\mathrm{d}x^n}=2(-1)^n\frac{n!}{(1+x)^{n+1}}$.(提示：将分式化为$-1+\frac{2}{1+x}$)

9. $x^2+y^2=r^2$.　　答：$\frac{\mathrm{d}^2y}{\mathrm{d}x^2}=-\frac{r^2}{y^3}$.

10. $y^2=4ax$.　　答：$\frac{\mathrm{d}^2y}{\mathrm{d}x^2}=-\frac{4a^2}{y^3}$.

11. $b^2x^2+a^2y^2=a^2b^2$.　　答：$\frac{\mathrm{d}^2y}{\mathrm{d}x^2}=-\frac{b^4}{a^2y^3}$，$\frac{\mathrm{d}^3y}{\mathrm{d}x^3}=-\frac{3b^6x}{a^4y^5}$.

12. $ax^2+2hxy+by^2=1$.　　答：$\frac{\mathrm{d}^2y}{\mathrm{d}x^2}=\frac{h^2-ab}{(hx+by)^3}$.

13. $x^3-xy+y^3=0$. 答：$\frac{d^2y}{dx^2}=\frac{2xy}{(x-3y^2)^3}$.

14. $x^2+2y^2-2xy-x=0$. 答：$\frac{d^2y}{dx^2}=-\frac{4}{(4y-2x)^3}$.

二、求指定变量数值处的 y' 及 y''.

1. $y=\sqrt{3x}+\frac{13}{\sqrt{3x}}$；$x=3$. 答：$y'=-\frac{2}{9}$；$y''=\frac{10}{36}$.

2. $y=\sqrt{4x+9}$；$x=4$. 答：$y'=\frac{2}{5}$；$y''=-\frac{4}{125}$.

3. $y=x\sqrt{x^2-16}$；$x=5$. 答：$y'=\frac{34}{3}$；$y''=\frac{10}{27}$.

4. $x^2+4y^2=25$；$x=3$，$y=2$. 答：$y'=-\frac{3}{8}$；$y''=-\frac{25}{128}$.

5. $x^2-xy+y^2=7$；$x=2$，$y=-1$. 答：$y'=\frac{5}{4}$；$y''=\frac{21}{32}$.

6. $y=(x^2+1)^5$；$x=1$.

7. $y=\frac{x}{x-1}$；$x=3$.

8. $y=\sqrt{10-3x}$；$x=2$.

9. $y=\sqrt[3]{11-3x}$；$x=1$.

10. $4x^2-y^2=64$；$x=5$；$y=6$.

11. $x^3+x^2y+y^3=a^3$；$x=a$，$y=a$.

三、求下列各题中的$\frac{d^2y}{dx^2}$.

1. $y=x^2+\frac{8}{x^2}$.

2. $y=\sqrt[3]{3x-5}$.

3. $y=\frac{x}{x-4}$.

4. $y=x\sqrt{a^2-x^2}$.

5. $y^2-2xy=a^2$.

6. $x^3+y^3-3axy=0$.

§ 90 曲线的弯曲方向

当点 $M(x,y)$ 沿着曲线移动，点 M 处的切线斜率也随之而变化.

假若切线在曲线的下面，则曲线是凹的(图 105)；假若切线在曲线的上面，则曲线是凸的(图 106). 在第一种情形，当点 M 沿着弧 AM' 移动时，切线倾角 τ 是增加着的. 因此，导数 $f'(x)$ 是自变量 x 的常增函数. 在第二种情形，倾角 τ 是减少着的，所以 $f'(x)$ 是常减函数. 所以在第一种情形下，$f''(x)$ 是正的(或等于零)，在第二种情形，它是负的(或等于零).

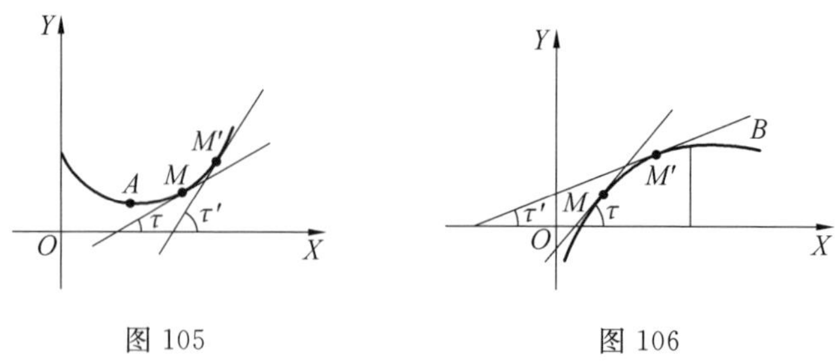

图 105　　　　图 106

逆命题也是成立的，而逆命题是个准则，可用来辨认曲线在一点处的弯曲方向. 当二阶导数$\frac{d^2y}{dx^2}$是正的时候，曲线是凹的；当该导数是负的时候，曲线是凸的.

§91　检验极大值与极小值的第二个方法

在图 105 中，在点 A 曲线是凹的，而其纵坐标具有极小值. 所以在点 A $f'(x)=0$ 且 $f''(x)$ 是正的. 在点 B 我们有：$f'(x)=0$ 且 $f''(x)$ 为负.

这样，我们现在可以叙述出在自变量的临界值处，$f(x)$ 为极大值或极小值的充分条件如下：

假若 $f'(x)=0$，$f''(x)$ 是负数，则 $f(x)$ 有极大值.

假若 $f'(x)=0$，$f''(x)$ 是正数，则 $f(x)$ 有极小值.

跟这相应的，求极大值与极小值的实用法则如下：

第一步：求函数的一阶导数.

第二步：令一阶导数等于零，由所得方程解出实根来，这就是变量的临界值.

第三步：求二阶导数.

第四步：把每个临界值代入二阶导数中，若所得结果是负的，则在该临界值处函数取得极大值；若所得结果是正的，则函数取得极小值.

假若 $f''(x)=0$ 或者不存在，则上述法则就不充分了，即在这种情形下可能有极大值也可能有极小值；在这种情形，我们就用第一个基本方法. 但通常都用第二个方法，如果求二阶导数的步骤不过于复杂繁长，这个法则是最简单的.

例 1：应用上述法则，从解析上来检验函数

$$M=x^2+\frac{432}{x}$$

解

$$f(x)=x^2+\frac{432}{x}$$

第一步

$$f'(x)=2x-\frac{432}{x^2}$$

第二步

$$2x-\frac{432}{x^2}=0$$

$x=6$ 是临界值.

第三步

$$f''(x)=2+\frac{864}{x^3}$$

第四步

$$f''(6)>0$$

故 $f(6)=108$ 是极小值.

例 2:研究函数 x^3-3x^2-9x+5 的极大与极小值(图 107).

解 $$f(x)=x^3-3x^2-9x+5$$

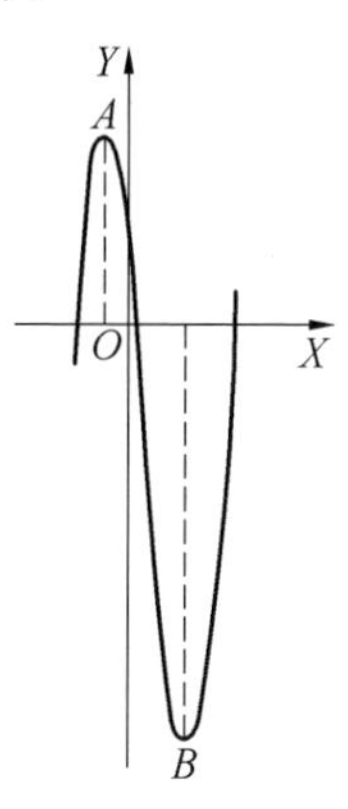

图 107

第一步

$$f'(x)=3x^2-6x-9$$

第二步

$$3x^2-6x-9=0$$

由此而得临界值为

$$x=-1,x=3$$

第三步

$$f''(x)=6x-6$$

第四步

$$f''(-1)=-12$$

因此,$f(-1)=10$(点 A 的纵坐标)为极大值. 又

$$f''(3)=+12$$

故 $f(3)=-22$(点 B 的纵坐标)为极小值.

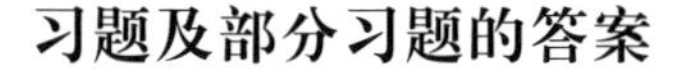

习题及部分习题的答案

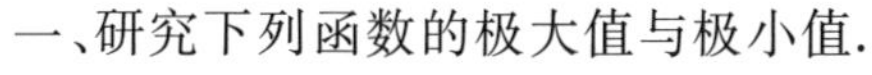

一、研究下列函数的极大值与极小值.

1. x^3-3x^2+5.

答:$x=0$ 时,极大值 $=5$. $x=2$ 时,极小值 $=1$.

2. $3x^3-9x^2-27x+30$.

答:$x=-1$ 时,极大值 $=45$. $x=3$ 时,极小值 $=-51$.

3. $2x^3-21x^2+36x-20$.

答：$x=1$ 时，极大值 $=-3$. $x=6$ 时，极小值 $=-128$.

4. x^3-3x^2-9x+2.

答：$x=-1$ 时，极大值 $=7$. $x=3$ 时，极小值 $=-25$.

5. $9-24x+15x^2-2x^3$.

答：$x=1$ 时，极小值 $=-2$. $x=4$ 时，极大值 $=25$.

6. $4x^3-18x^2+15x-20$.

答：$x=\frac{1}{2}$ 时，极大值 $=-\frac{33}{2}$. $x=\frac{5}{2}$ 时，极小值 $=-\frac{65}{2}$.

7. x^3+3x^2+9x-5.

答：无极大值与极小值.

8. $3x^4-4x^3-36x^2+60$.

答：$x=-2$ 时，极小值 $=-4$. $x=0$ 时，极大值 $=60$. $x=3$ 时，极小值 $=-149$.

9. $x^5-5x^2-20x+10$.

答：$x=-2$ 时，极大值 $=58$. $x=2$ 时，极小值 $=38$.

10. $\frac{x^3}{3}-2x^2+3x+1$.

答：$x=1$ 时，极大值 $=\frac{7}{3}$. $x=3$ 时，极小值 $=1$.

11. $2x^3-15x^2+36x+10$.

答：$x=2$ 时，极大值 $=38$. $x=3$ 时，极小值 $=37$.

12. $x^3-9x^2+15x-3$.

答：$x=1$ 时，极大值 $=4$. $x=5$ 时，极小值 $=-28$.

13. $x^3-3x^2+6x+10$.

答：无极大值与极小值.

14. $x^5-5x^4+5x^3+1$.

答：$x=1$ 时，极大值 $=2$. $x=3$ 时，极小值 $=-26$. $x=0$，无极大值与极小值.

15. $3x^5-125x^3+2\,160x$.

答：$x=-4$ 及 3 时，有极大值. $x=-3$ 及 4 时有极小值.

16. $(x-3)^2(x-2)$.

答：$x=\frac{7}{3}$ 时，极大值 $=\frac{4}{27}$. $x=3$ 时，极小值 $=0$.

17. $(x-1)^3(x-2)^2$.

答：$x=\frac{8}{5}$ 时有极大值. $x=2$ 时有极小值. $x=1$ 时无极大值亦无极小值.

18. $(x-4)^5(x+2)^4$.

答:$x=-2$ 时有极大值. $x=\frac{2}{3}$ 时有极小值. $x=4$ 时无极大值亦无极小值.

19. $(x-2)^5(2x+4)^4$.

答:$x=-\frac{1}{2}$ 时有极大值. $x=\frac{11}{18}$ 时有极小值. $x=2$ 时无极大值亦无极小值.

20. $(x+1)^{\frac{2}{3}}(x-5)^2$.

答:$x=\frac{1}{2}$ 时有极大值. $x=-1$ 及 5 时有极小值.

21. $(2x-a)^{\frac{1}{3}}(x-a)^{\frac{2}{3}}(a>0)$.

答:$x=\frac{2a}{3}$ 时有极大值. $x=a$ 时有极小值. $x=\frac{a}{2}$ 时无极大值亦无极小值.

22. $x(x-1)^2(x+1)^3$.

答:$x=\frac{1}{2}$ 时有极大值. $x=1$ 及 $-\frac{1}{3}$ 时有极小值. $x=-1$ 时无极大值亦无极小值.

23. $x(a+x)^2(a-x)^3(a>0)$.

答:$x=-a$ 及 $\frac{a}{3}$ 时有极小值. $x=-\frac{a}{2}$ 时有极大值. $x=a$ 时无极大值亦无极小值.

24. $b+c(x-a)^{\frac{2}{3}}(a>0, c<0)$. 答:$x=a$ 时,极大值 $=b$.

25. $a-b(x-c)^{\frac{1}{3}}$. 答:无极大值亦无极小值.

26. $\frac{ax}{x^2+a^2}$.

答:$x=a$ 时,极大值 $=\frac{1}{2}$. $x=-a$ 时,极小值 $=-\frac{1}{2}$.

27. $\frac{x^2-7x+6}{x-10}$.

答:$x=4$ 时有极大值. $x=16$ 时有极小值.

28. $\frac{(a-x)^3}{a-2x}(a>0)$. 答:$x=\frac{a}{4}$ 时有极小值.

29. $\frac{1-x+x^2}{1+x-x^2}$. 答:$x=\frac{1}{2}$ 时有极小值.

30. $\frac{x^2-3x+2}{x^2+3x+2}$.

答:$x=\sqrt{2}$ 时有极小值. $x=-\sqrt{2}$ 时有极大值.

31. $\frac{(x-a)(b-x)}{x^2}(a>0, b>0)$. 答:$x=\frac{2ab}{a+b}$ 时有极大值.

32. $\dfrac{10}{4x^3-9x^2+6x}$

答：$x=1$ 时，极大值 $=10$. $x=\dfrac{1}{2}$ 时，极小值 $=8$.

33. $\dfrac{1}{3x^5+20x^3+60x+1}$.　　　　答：无极大值亦无极小值.

34. $\sqrt[3]{2x^3+3x^2-36x+17}$.

答：$x=2$ 时，极小值 $=-3$. $x=-3$ 时，极大值 $=\sqrt[3]{98}$.

35. $2x^3-3x^2-12x+4$.　　　　36. $2+3x-4x^2-x^3$.

37. $(x+1)^2(x-2)^2$.　　　　38. x^4-2x^2+10.

39. $x^2-\dfrac{1}{x^2}$.

二、试证明：不论 x 的数值如何，下式恒成立

$$\left|x+\frac{1}{x}\right|\geqslant 2$$

三、要尽可能准确地度量一个未知量 x，设我们用同样精细地观察一共度量了 n 次，得到下面的结果，有

$$a_1,a_2,a_3,\cdots,a_n$$

这些结果的误差显然是

$$x-a_1,x-a_2,x-a_3,\cdots,x-a_n$$

其中有的是正数有的是负数.

我们知道：x 的最可能的数值是使得上面的误差平方之和取得极小值，亦即平方和

$$(x-a_1)^2+(x-a_2)^2+\cdots+(x-a_n)^2$$

取得极小值. 试证明：x 的这个最可能的数值是所量得各数的算术平均值.

四、均匀负荷梁的长为 l，在点 B(图 108) 的变矩用公式

$$M=\frac{1}{2}wlx-\frac{1}{2}wx^2$$

算出，式中 w 为单位梁长上的负荷，试证明：最大变矩是在梁的中点处.

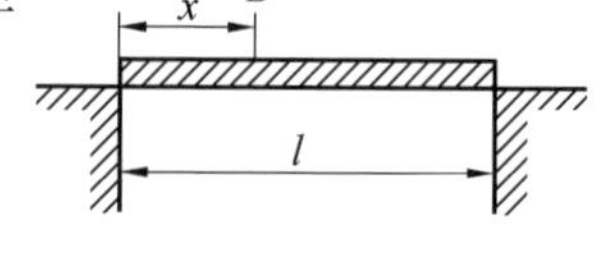

图 108

五、1 mi(1 mi $=1.609$ km) 长电线上所消耗的总能量为

$$W=i^2r+\frac{t^2}{r}+b$$

其中 i 为电流，r 为 1 mi线长的电阻，t 及 b 均为与 i 及 r 无关的常量. 在一定的 i,t,b 之下，问电线的电阻多大时最经济？

答:$r=\frac{t}{i}$.

六、设电路供给的能量系由下式算出

$$P=\frac{E^2R}{(r+R)^2}$$

式中,E是不变的电动势,r是不变的内电阻,R是外电阻.证明:当$R=r$时,P最大.

七、半径为a的圆电路作用于一小磁石,磁石轴与圆电路的轴相重合,作用力正比于

$$\frac{x}{(a^2+x^2)^{\frac{5}{2}}}$$

式中x是磁石到圆面的距离,试证明:当$x=\frac{a}{2}$时,作用力最大.

八、在图109中,点A及B两个热源,其强度各为a及b,距点A为x之点处,总热强度为

$$I=\frac{a}{x^2}+\frac{b}{(d-x)^2}$$

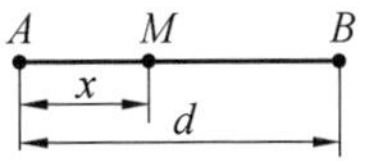

图 109

求证:若

$$\frac{d-x}{x}=\frac{\sqrt[3]{b}}{\sqrt[3]{a}}$$

亦即距离BM及AM之比与热源强度之比的立方根相同时,点M处的温度最低.同时,M至A的距离为

$$x=\frac{a^{\frac{1}{3}}d}{a^{\frac{1}{3}}+b^{\frac{1}{3}}}$$

§92 拐　　点

把具有相反弯曲方向的曲线弧分开的界点称为拐点.

如在图110中点B显然是个拐点.当画出曲线的那个点穿过拐点时,二阶导数应变号,由此可知,假如二阶导数是连续的,则在拐点处,二阶导数应为零①.

由此而知:在拐点处

① 我们假定:$f'(x)$及$f''(x)$是连续的.在本节末例2中指出了,当$f'(x)$及$f''(x)$均为无限大时,应如何研究.

$$f''(x)=0 \qquad (1)$$

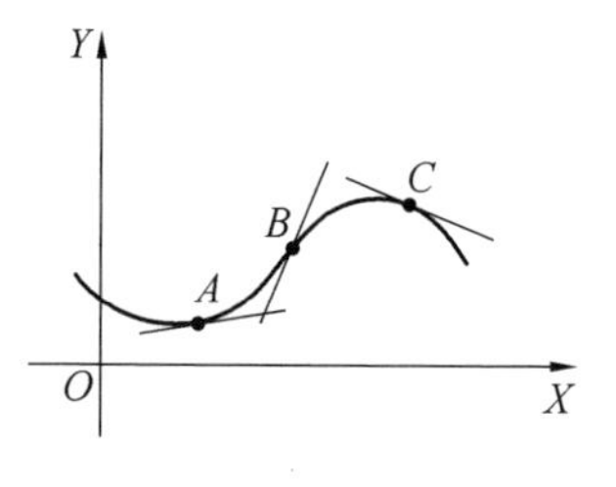

图 110

解这个方程，我们就找到了拐点的横坐标. 为了决定拐点附近的弯曲方向，我们把那个比拐点的横坐标“略小”及“略大”的 x 数值先后代入 $f''(x)$ 中，以考察其正负号.

假若 $f''(x)$ 变号，那么就有一个拐点，而所得的正负号则指出拐点附近的弯曲方向.

二阶导数 $\frac{\mathrm{d}^2 y}{\mathrm{d}x^2}$ 的正负号告诉我们，曲线是凹的还是凸的. 这意味着我们是按着竖立的纵坐标轴 OY 来判断的. 但由于坐标轴 OX 及 OY 的作用是一样的，所以二阶导数 $\frac{\mathrm{d}^2 x}{\mathrm{d}y^2}$ 的正负号就告诉我们曲线的凹向面是朝右边是朝左的，因为，这时我们是按水平横坐标轴 OX 来判断的. 因此，所谓拐点也可以定义为这种点，在那点，有

$$\frac{\mathrm{d}^2 y}{\mathrm{d}x^2}=0 \text{ 及 } \frac{\mathrm{d}^2 y}{\mathrm{d}x^2} \text{ 变号}$$

或

$$\frac{\mathrm{d}^2 x}{\mathrm{d}y^2}=0 \text{ 及 } \frac{\mathrm{d}^2 x}{\mathrm{d}y^2} \text{ 变号}$$

读者应当注意，在凹曲线的一点（如 A）附近，曲线是在切线之上的，而在凸曲线的一点（如 C）处，曲线是在切线之下的. 在拐点（如 B）处，切线显然穿过曲线（同时又跟它相切）.

于是，我们有求曲线 $y=f(x)$ 的拐点的法则，这个法则也包含有决定其弯曲方向的方法. 于是，我们有：

第一步：求 $f''(x)$.

第二步：令 $f''(x)=0$，求这个方程的实根.

第三步：检查 $f''(x)$ 的正负号，先用较方程 $f''(x)=0$ 之根略小的 x 值代入 $f''(x)$ 中，后用大一点的值代入 $f''(x)$ 中，若 $f''(x)$ 变号，则有一个拐点.

若 $f''(x)>0$，则曲线是凹的，(+)（图 111）.

若 $f''(x)<0$，则曲线是凸的，(−).

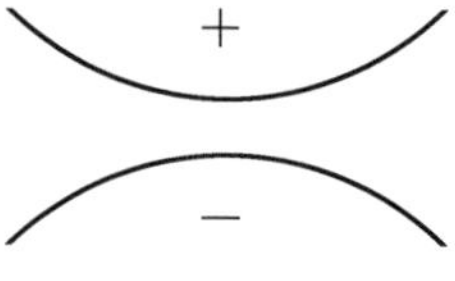

这个法则很容易记住，我们说：一个曲线形的容器，在其凹的地方，则盛有(+) 水，而在其凸的地方则不盛(−) 水.

这个法则有时叫作“雨水法则”：从上面落到曲线上的雨水，会蓄积(+) 在曲线的凹处，而曲线的凸处水就流掉(−).

图 111

在做第三步时，最好把 $f''(x)$ 做因子分解.

习题及部分习题的答案

一、研究下列曲线的拐点及弯曲方向.

1. $y=3x^4-4x^3+1$(图 112).

解
$$f(x)=3x^4-4x^3+1$$

第一步
$$f''(x)=36x^2-24x$$

第二步
$$36x^2-24x=0$$

故 $x=\frac{2}{3}$ 及 $x=0$ 为临界值.

第三步
$$f''(x)=36x\left(x-\frac{2}{3}\right)$$

若 $x<0$,则 $f''(x)>0$.

若$\frac{2}{3}>x>0$,则 $f''(x)<0$.

因此,在原点的左边,曲线是凹的,在原点右边的近旁是凸的(图 112 中点 A).

在 $0<x<\frac{2}{3}$,则 $f''(x)<0$.

若 $x>\frac{2}{3}$,则 $f''(x)>0$.

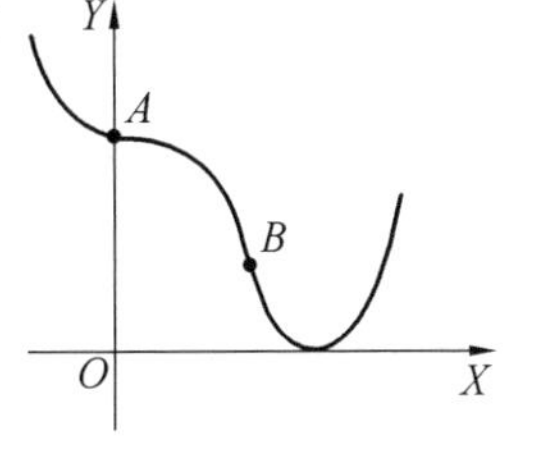

图 112

因此,在点$\frac{2}{3}$ 的左边及附近,曲线是凸的,而在其右边,曲线是凹的(图 112 中点 B).

所以 $A(0,1)$ 及 $B\left(\frac{2}{3},\frac{11}{27}\right)$ 都是拐点.

显然,曲线在点 A 的左边到处都是凹的,在点 A 及点 B 之间,曲线变成凸的,而在点 B 的右边,又重新变为凹的.

2. $(y-2)^3=x-4$(图 113).

解
$$y=2+(x-4)^{\frac{1}{3}}$$

第一步
$$\frac{\mathrm{d}y}{\mathrm{d}x}=\frac{1}{3}(x-4)^{-\frac{2}{3}},\frac{\mathrm{d}^2y}{\mathrm{d}x^2}=-\frac{2}{9}(x-4)^{-\frac{5}{3}}$$

第二步:在点 $x=4$ 处,一阶与二阶导数均为无穷大.

第三步:$x<4$,有

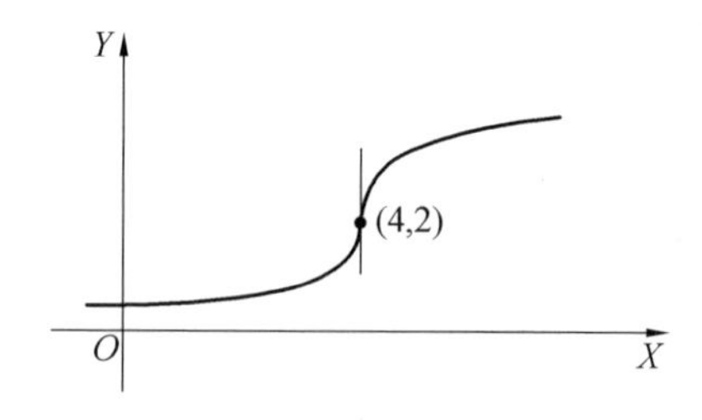

图 113

$$\frac{\mathrm{d}^2 y}{\mathrm{d}x^2} > 0$$

而 $x > 4$，有

$$\frac{\mathrm{d}^2 y}{\mathrm{d}x^2} < 0$$

所以，在点(4,2)，切线垂直于 OX 轴. 在点(4,2) 的左边，曲线是凹的，在点(4,2) 的右边曲线是凸的，故点(4,2) 是一个拐点.

3. $y = x^2$. 答：处处凹.

4. $y = 5 - 2x - x^2$. 答：处处凸.

5. $y = x^3$.

答：在点(0,0) 左边是凸的，右边是凹的.

6. $y = x^3 - 3x^2 - 9x + 9$.

答：在点(1，－2) 左边，凸. 在点(1，－2) 右边，凹.

7. $y = a + (x - b)^3 (b > 0)$.

答：在点(b,a) 左边，凸. 在点(b,a) 右边，凹.

8. $a^2 y = \frac{x^3}{3} - ax^2 + 2a^3 (a > 0)$.

答：在点$\left(a, \frac{4}{3}a\right)$ 左边，凸. 在点$\left(a, \frac{4}{3}a\right)$ 右边，凹.

9. $x^3 - 3bx^2 + a^2 y = 0$. 答：拐点为$\left(b, \frac{2b^3}{a^2}\right)$.

10. $y = x^4$. 答：处处凹.

11. $y = x^4 - 12x^3 + 48x^2 - 50$.

答：$x = 2$ 左边，凹. $x = 2$ 及 $x = 4$ 之间，凸. $x = 4$ 右边，凹.

12. $y = \frac{8a^3}{x^2 + 4a^2} (a > 0)$.

答：在点$\left(\pm \frac{2a}{\sqrt{3}}, \frac{3}{2}a\right)$ 间曲线凸. 其外，则是凹的.

13. $y = x + 36x^2 - 2x^3 - x^4$. 答：$x_1 = 2, x_2 = -3$，有拐点.

14. $y=\frac{x^3}{x^2+3a^2}(a>0)$.

答：点$\left(-3a,-\frac{9}{4}a\right)$左边，凹. 点$\left(-3a,-\frac{9}{4}a\right)$与(0,0)之间，凸. 点(0,0)与$\left(3a,\frac{9}{4}a\right)$之间，凹. 点$\left(3a,\frac{9}{4}a\right)$之右边，凸.

15. $\left(\frac{x}{a}\right)^2+\left(\frac{y}{b}\right)^{\frac{2}{3}}=1(a>0)$；$(b>0)$. 答：$x=\pm\frac{9}{\sqrt{3}}$处有拐点.

16. $y=a-\sqrt[3]{x-b}$. 答：$x=b$有拐点.

二、证明：曲线$y(x^2+a^2)=x$具有三个拐点均在直线$x-4a^2y=0$上.

三、证明：曲线$y^2=f(x)$之拐点的横坐标适合方程

$$(f'(x))^2=2f(x)\cdot f''(x)$$

四、求下列各曲线的拐点及弯曲方向.

1. $y=2x^3-3x^2-36x+25$.
2. $y=24x^2-x^4$.
3. $y=x+\frac{1}{x}$.
4. $y=x^2+\frac{1}{x}$.

§93 曲线的描画法

按已给的直角坐标方程来描绘(作)曲线的初等方法，是读者已经知道的. 这个方法是：把所给方程对y(或x)解出，按照x的(或y的)任意值算出y(或x)，标出由这种方法决定的点，并依据曲线的连续性作曲线通过这些点，用这个方法所绘出来的曲线是近似于所寻求的曲线的.

这个方法毕竟太麻烦了，当方程是高于二次的时候，这个方程的解的公式，对计算自变量的数值来讲太不方便. 这个方法也可能完全不能用，因为并不是每一个四次以上的方程都可以解出y(或x)来的.

但通常，我们只需要找出曲线的大略形状，在这种情形，微分学在我们手里是一个以极少的计算来决定曲线形状的有力的工具.

一阶导数告诉我们曲线在一点的倾斜方向(切线方向)；二阶导数可以决定曲线上的凸段及凹段，以及区分这些曲线段的拐点. 极大值点及极小值点则告诉我们曲线在哪里达到最高点和最低点，也就是哪里是曲线的波峰和波谷.

下面的法则告诉读者描绘曲线的方法.

直角坐标中曲线的描绘法则：

第一步：求一阶导数，令其等于零，解所得方程以确定极大值点及极小值点的横坐标，并检验之.

第二步：求二阶导数，令其等于零；解所得方程，以求拐点的横坐标，并检验之.

第三步：就前两步所得横坐标算出诸点的纵坐标，再按需要计算其他几个补充点的纵坐标，以便能更准确地看出曲线的形状，做类似习题中的表格.

第四步：描出所求得各点，并按表中结果绘出曲线来.

假若纵坐标值太大，最好把 Y 轴的尺度化小，使得曲线的大致形状能在预定的绘图纸上完全显示出来. 绘图时最好用方格纸，将所得到的计算结果照着习题中的样子排列成表，表中 x 的数值应该依其代数值增大的次序来排列.

习题及部分习题的答案

绘曲线，并求各曲线在拐点的切线及法线方程.

1. $y=x^3-9x^2+24x-7$.

解：应用上述法则.

第一步

$$y'=3x^2-18x+24,3x^2-18x+24=0,x_1=2,x_2=4$$

第二步

$$y''=6x-18,6x-18=0,x_3=3$$

第三步：列表 1 如下.

表 1

x	y	y'	y''	注解	曲线弧
0	−7	+	−		
2	13	0	−	极大	} 凸
3	11	−	0	拐点	
4	9	0	+	极小	} 凹
6	29	+	+		

第四步：描点，连曲线得图 114.

为求拐点处的切线及法线方程，我们用 §77 中的公式，得：切线方程：$3x+y=20$，法线方程：$3y-x=30$.

2. $y=x^3-6x^2-36x+5$.

答：极大 $(-2,45)$，极小 $(6,-211)$；拐点 $(2,-83)$；切线方程：$y+48x-13=0$；法线方程：$48y-x+3\ 986=0$.

3. $y=x^4-2x^2+10$.

答：极大 $(0,10)$，极小 $(\pm 1,9)$；拐点 $\left(\pm\frac{1}{\sqrt{3}},\frac{85}{9}\right)$.

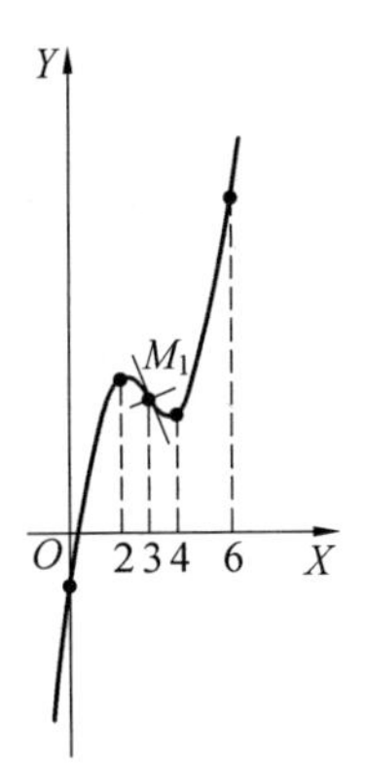

图 114

4. $y=\frac{1}{2}x^4-3x^2+2$.

答:极大$(0,2)$,极小$\left(\pm\sqrt{3},-\frac{5}{2}\right)$;拐点$\left(\pm 1,-\frac{1}{2}\right)$.

5. $y=\frac{6x}{1+x^2}$.

答:极大$(1,3)$,极小$(-1,-3)$;拐点$(0,0)$,$\left(\pm\sqrt{3},\pm\frac{3\sqrt{3}}{2}\right)$.

6. $y=12x-x^3$.

答:极大$(2,16)$,极小$(-2,-16)$;拐点$(0,0)$.

7. $4y+x^3-3x^2+4=0$.

答:极大$(2,0)$,极小$(0,-1)$;拐点$\left(1,-\frac{1}{2}\right)$.

8. $y=3x^2-x^3$.

9. $3y=18x-x^3$.

10. $6y=36x-3x^2-2x^3$.

11. $6y=x^3+12x^2+36x$.

12. $12y=x^4-24x^2+24$.

13. $y=3x^5-10x^3$.

14. $y=x^5-5x$.

15. $y=2x^5-5x^2$.

16. $y=3x^5-5x^3$.

17. $y=x(x-2)^2(x+4)^2$.

18. $y=x+\frac{4}{x}$.

19. $y=x^2(x^2-4)$.

20. $ay=x^2+\frac{2a^3}{x}$.

21. $y=x^3+\frac{48}{x}$.

22. $y=\frac{8a^3}{x^2+4a^2}$.

23. $8x^2y-x^5+32=0$.

24. $x^3y-8y-x^3=0$.

25. $y=\frac{x}{(x+3)^2}$.

§94 直线运动的加速度

在 §85 中,直线运动的速度定义为通过的距离对时间的变化率.我们现在定义加速度为速度对于时间的变化率.就是说

$$\text{加速度} = j = \frac{\mathrm{d}v}{\mathrm{d}t} \tag{1}$$

而根据 §80,$v=\frac{\mathrm{d}s}{\mathrm{d}t}$,故得

$$j = \frac{\mathrm{d}^2 s}{\mathrm{d}t^2} \tag{2}$$

按前面所讲的,我们有下面的准则,应用在某个固定的瞬时 $t=t_0$.

假若 $j>0$,v 是增加着的(代数值).

假若 $j<0$,v 是减少着的(代数值).

假若 $j>0$,$v=0$,s 具有极小值.

假若 $j<0$,$v=0$,s 具有极大值.

假若 $j=0$,而且当 t 通过 t_0 时,它的正负号由 + 变至 −,则 v 在 $t=t_0$ 时有极大值,若 j 的正负号由 − 变到 +,则 v 在 $t=t_0$ 时有极小值.

在等加速直线运动中,j 是一个常量.例如,真空中物体自由下落,只受地心引力作用时,$j=9.8\ \mathrm{m/s^2}$.实际上,这时我们有

$$s=4.9t^2,v=\frac{\mathrm{d}s}{\mathrm{d}t}=9.8t,j=\frac{\mathrm{d}v}{\mathrm{d}t}=9.8$$

习题及部分习题答案

1. 实验告诉我们,在地球表面上的真空中,自由落体近于遵守下面的定律

$$s=4.9t^2$$

其中 s 为高(m),t 为时间(s),求其速度及加速度.

(1) 在任意瞬时.

(2) 在第 1 s 末.

(3) 在第 5 s 末.

解:$s=4.9t^2$.

(1) 微分后,得

$$\frac{\mathrm{d}s}{\mathrm{d}t}=v=9.8t\ \mathrm{m/s} \tag{1}$$

再微分一次,得

$$\frac{d^2 s}{dt^2}=j=g=9.8\ \mathrm{m/s^2} \qquad (2)$$

由此可知落体的加速度为一个常量，换言之，速度每秒增加 9.8 m.

(2) 为求第 1 s 末的速度 v 及加速度 j，以 $t=1$ 代入式(1) 及(2) 中，得

$$v=9.8\ \mathrm{m/s},\ j=g=9.8\ \mathrm{m/s^2}$$

(3) 为求第 5 s 末的速度 v 及加速度 j，以 $t=5$ 代入式(1) 及(2) 中，得

$$v=49\ \mathrm{m/s},\ j=g=9.8\ \mathrm{m/s^2}$$

2. 直线运动的规律由下列各方程给出，求在指定瞬时的路径长，速度及加速度.

(1) $s=t^3+2t^2$；$t=2$. 答：$s=16$，$v=20$，$j=16$.

(2) $s=t^2+2t$；$t=3$. 答：$s=15$，$v=8$，$j=2$.

(3) $s=3-4t$；$t=4$. 答：$s=-13$，$v=-4$，$j=0$.

(4) $x=2t-t^2$；$t=1$. 答：$x=1$，$v=0$，$j=-2$.

(5) $y=2t-t^3$；$t=0$. 答：$y=0$，$v=2$，$j=0$.

(6) $h=20t+16t^2$；$t=10$. 答：$h=1\ 800$，$v=340$，$j=32$.

3. 向上抛物体的运动规律为

$$s=v_1 t-4.9t^2$$

其中，s 为时间 t(s) 所达到的高度(m)，v_1 为初速度. 今求：

(1) 任何瞬时的速度与加速度.

若 $v_1=100$ m/s，求：

(2) 在第 2 s 末的速度与加速度.

(3) 在第 15 s 末的速度与加速度.(空气阻力不计)

答：(1) $v=v_1-9.8t$，$j=-g=-9.8\ \mathrm{m/s^2}$.

(2) $v=80.4$ m/s，$j=-g=-9.8\ \mathrm{m/s^2}$.

(3) $v=-47$ m/s，$j=-g=-9.8\ \mathrm{m/s^2}$.

4. 炮弹以 196 m/s 的速度垂直向上射：

(1) 求在第 10 s 末的速度.

(2) 什么时候它到达最高点？

答：(1) 98 m/s. (2) 20 s.

5. 一列车由车站开出，经过 t h 后距离车站 $s=t^3+2t^2+3t$ km，求：

(1) 在 1 h 末的加速度.

(2) 在 2 h 末的加速度.

答：(1) $j=6t+4$；(2) $j=16$.

6. 一列车于 t h 距离出发点 $\frac{1}{4}t^4-4t^3+16t^2$ km：

(1) 列车的速度及加速度.

(2) 在什么时候列车停止了，然后改变开行方向？

(3) 讲出在前 10 h 内列车的运动情形.

答：(1) $v=t^3-12t^2+32t$，$j=3t^2-24t+32$. (2) 在第 4 h 及第 8 h 末. (3) 列车在前 4 h 内往前开行，在其后 4 h 内往后开行，在第 8 h 末之后再往前开行.

7. 设已知：

(1) $v=t^2+2t$；$t=3$.

(2) $v=3t-t^3$；$t=2$.

求加速度.

答：(1) $j=8$. (2) $j=-9$.

8. 动点在 t s 时行走的距离(m) 为 $s=30t-6t^2$，求 $2\frac{1}{2}$ s 末的速度与加速度.

答：$v=0$，$j=-12$.

9. 已知 $s=2t+3t^2+4t^3$ m，求：(1) $t=0$. (2) 5 s 末的速度及加速度.

答：(1) $v=2$ m/s，$j=6$ m/s^2. (2) $v=332$ m/s，$j=126$ m/s^2.

10. 已知 $s=\frac{a}{t}+bt^2$，其中 a 及 b 均为常量，求任意时刻的速度及加速度.

答：$v=-\frac{a}{t^2}+2bt$；$j=\frac{2a}{t^3}+2b$.

11. 在 t s 末，物体的速度为 $3t^2+2t$ m/s，求其加速度：

(1) 在任何瞬时. (2) 第 4 s 末.

答：(1) $j=6t+2$ m/s^2. (2) $j=26$ m/s^2.

12. 设动点在直线上运动，$s=\sqrt{t}$，试证明：加速度是负的并与速度的立方成正比.

第11章 超越函数的微分法

到现在为止,我们只讨论了代数函数的微分法. 我们现在还要学会所谓超越函数,如 $\sin 2x$,3^x,$\lg(1+x^2)$ 这种函数的微分法.

这种函数叫超越函数,以示其别于代数函数.

§95 导数公式,第二个基本公式表

下面的公式(收集在一起,便于参考)在本章中将予以证明. 加上第8章 §62 中代数式的微分公式后,这些便是本书所遇到的全部导数公式.

1. $\dfrac{d}{dx}(\ln v)=\dfrac{\dfrac{dv}{dx}}{v}=\dfrac{1}{v}\cdot\dfrac{dv}{dx}$.

1.* $\dfrac{d}{dx}(\log_a v)=\dfrac{\log_a e}{v}\cdot\dfrac{dv}{dx}$.

2. $\dfrac{d}{dx}(a^v)=a^v\ln a\dfrac{dv}{dx}$.

2.* $\dfrac{d}{dx}(e^v)=e^v\dfrac{dv}{dx}$.

3. $\dfrac{d}{dx}(u^v)=vu^{v-1}\dfrac{du}{dx}+\ln u\cdot u^v\dfrac{dv}{dx}$.

4. $\dfrac{d}{dx}(\sin v)=\cos v\dfrac{dv}{dx}$.

5. $\frac{\mathrm{d}}{\mathrm{d}x}(\cos v)=-\sin v\frac{\mathrm{d}v}{\mathrm{d}x}$.

6. $\frac{\mathrm{d}}{\mathrm{d}x}(\tan v)=\frac{1}{\cos^2 v}\cdot\frac{\mathrm{d}v}{\mathrm{d}x}$.

7. $\frac{\mathrm{d}}{\mathrm{d}x}(\cot v)=-\frac{1}{\sin^2 v}\cdot\frac{\mathrm{d}v}{\mathrm{d}x}$.

8. $\frac{\mathrm{d}}{\mathrm{d}x}(\arcsin v)=+\frac{\frac{\mathrm{d}v}{\mathrm{d}x}}{\sqrt{1-v^2}}$.

9. $\frac{\mathrm{d}}{\mathrm{d}x}(\arccos v)=-\frac{\frac{\mathrm{d}v}{\mathrm{d}x}}{\sqrt{1-v^2}}$.

10. $\frac{\mathrm{d}}{\mathrm{d}x}(\arctan v)=\frac{\frac{\mathrm{d}v}{\mathrm{d}x}}{1+v^2}$.

11. $\frac{\mathrm{d}}{\mathrm{d}x}(\operatorname{arccot} v)=-\frac{\frac{\mathrm{d}v}{\mathrm{d}x}}{1+v^2}$.

§96　对数函数的微分法

设

$$y=\ln v$$

把 v 当作自变量,按(§60)一般法则来微分,我们有:

第一步

$$y+\Delta y=\ln(v+\Delta v)$$

第二步

$$\Delta y=\ln(v+\Delta v)-\ln v=\ln\left(\frac{v+\Delta v}{v}\right)=\ln\left(1+\frac{\Delta v}{v}\right)$$

第三步

$$\frac{\Delta y}{\Delta v}=\frac{1}{\Delta v}\ln\left(1+\frac{\Delta v}{v}\right)$$

很遗憾,我们不能单靠极限的几个基本定理(§40)来直接计算右边的极限,因为这里的分母 Δv 趋近于零.但是,我们可以在取极限之前把上面这个等式变换一下,写成

$$\frac{\Delta y}{\Delta v}=\frac{1}{v\cdot\frac{\Delta v}{v}}\cdot\ln\left(1+\frac{\Delta v}{v}\right)=$$

$\left(\text{用}\frac{v}{v}\text{乘分母}\right)$

$$\frac{1}{v}\cdot\frac{1}{\frac{\Delta v}{v}}\cdot\ln\left(1+\frac{\Delta v}{v}\right)=$$

$$\frac{1}{v}\ln\left[\left(1+\frac{\Delta v}{v}\right)^{\frac{1}{\frac{\Delta v}{v}}}\right]$$

我们把比值$\frac{\Delta y}{\Delta v}$写成这个形式，是想把 ln 后面方括号内的表达式，变成§53 中已经遇到过的$(1+\alpha)^{\frac{1}{\alpha}}$的形式，因为在这里我们可以假设$\alpha=\frac{\Delta v}{v}$.

第四步

$$\frac{\mathrm{d}y}{\mathrm{d}v}=\frac{1}{v}\ln \mathrm{e}=\frac{1}{v}$$

当$\Delta v\to 0$，则$\frac{\Delta v}{v}\to 0$. 因此若假定$\alpha=\frac{\Delta v}{v}$，则得$\alpha\to 0$. 所以根据 §53 中，$(1+\alpha)^{\frac{1}{\alpha}}\to \mathrm{e}$，最后，$\ln[(1+\alpha)^{\frac{1}{\alpha}}]\to 1$，由此而得上面的结果.

因为v是x的函数，而我们又要求$\ln v$对x微分，所以必须利用函数的函数的微分法公式，即

$$\frac{\mathrm{d}y}{\mathrm{d}x}=\frac{\mathrm{d}y}{\mathrm{d}v}\cdot\frac{\mathrm{d}v}{\mathrm{d}x}$$

将第四步中的$\frac{\mathrm{d}y}{\mathrm{d}v}$代入后，即得

$$\frac{\mathrm{d}}{\mathrm{d}x}(\ln v)=\frac{\frac{\mathrm{d}v}{\mathrm{d}x}}{v}=\frac{1}{v}\cdot\frac{\mathrm{d}v}{\mathrm{d}x}$$

因此，一个函数的自然对数的导数，等于该函数的导数被这个函数所除的商（或该函数的倒数乘以函数的导数）.

因为$\log_a v=\log_a \mathrm{e}\cdot\ln v$，又$\log_a \mathrm{e}$是一个常数，所以立刻可得①

$$\frac{\mathrm{d}}{\mathrm{d}x}(\log_a v)=\frac{\log_a \mathrm{e}}{v}\cdot\frac{\mathrm{d}v}{\mathrm{d}x}$$

① 读者应记得：函数$\log_a v$只有在底数a为正及函数v值为正时才有定义.

§ 97　指数函数的微分法

设

$$y = a^v$$

取等式两边的自然对数,可得

$$\ln y = v\ln a$$

将这个等式两边对 x 微分,并对左边应用函数的函数微分法则,即得

$$\frac{\mathrm{d}}{\mathrm{d}x}(\ln y) = \frac{\mathrm{d}(\ln y)}{\mathrm{d}y} \cdot \frac{\mathrm{d}y}{\mathrm{d}x} = \frac{1}{y} \cdot \frac{\mathrm{d}y}{\mathrm{d}x} = \ln a \cdot \frac{\mathrm{d}v}{\mathrm{d}x}$$

因此

$$\frac{\mathrm{d}y}{\mathrm{d}x} = y\ln a \frac{\mathrm{d}v}{\mathrm{d}x}$$

将上式两边的 y 用 a^v 代入,最后就得到

$$\frac{\mathrm{d}}{\mathrm{d}x}(a^v) = a^v\ln a \frac{\mathrm{d}v}{\mathrm{d}x}$$

因此,以变量为指数,常数为底的指数函数的导数,等于该函数及该常数的自然对数,以及该指数(是一个变量)的导数三者的连乘积.

特别地,当 $a = \mathrm{e}$ 时,$\ln a = \ln \mathrm{e} = 1$,我们就得到上面的极其简单的公式

$$\frac{\mathrm{d}}{\mathrm{d}x}(\mathrm{e}^v) = \mathrm{e}^v \frac{\mathrm{d}v}{\mathrm{d}x}$$

§ 98　一般指数函数的微分法·指数法则的证明

设

$$y = u^v$$

其中 u 及 v 都是 x 的函数,但 u 只能取正值. 取这个等式两边的自然对数,得到

$$\ln y = v\ln u$$

将这个等式两边同时对 x 微分,在微分时,左边,我们利用函数的函数的微分法,而右边,我们利用函数乘积的微分法,得

$$\frac{\mathrm{d}}{\mathrm{d}x}(\ln y) = \frac{1}{y} \cdot \frac{\mathrm{d}y}{\mathrm{d}x}$$

$$\frac{\mathrm{d}}{\mathrm{d}x}(v\ln u) = v\frac{\mathrm{d}}{\mathrm{d}x}(\ln u) + \ln u \frac{\mathrm{d}v}{\mathrm{d}x} = v \cdot \frac{1}{u} \cdot \frac{\mathrm{d}u}{\mathrm{d}x} + \ln u \frac{\mathrm{d}v}{\mathrm{d}x}$$

因此

$$\frac{dy}{dx}=v\frac{y}{u}\cdot\frac{du}{dx}+y\ln u\frac{dv}{dx}$$

最后，把右边和左边的 y 换成 u^v，得到

$$\frac{d}{dx}(u^v)=vu^{v-1}\frac{du}{dx}+u^v\ln u\frac{dv}{dx}$$

因此，对于指数与底都是变量的指数函数来说，它的导数等于下列两项之和，第一项是把指数看成是一个常数时用 §62 的公式 6 微分所得的结果，第二项是把底数看成是一个常数时用 §95 的公式 2 微分所得的结果.

设现在 v 是某一个常数 n（不一定要是正数或分数，而可以是一般的无理数，它可以是正的也可以是负的），$v=n$. 在这种情形$\frac{dv}{dx}=0$，故，由 §95 的公式 3，可得

$$\frac{d}{dx}(u^n)=nu^{n-1}\frac{du}{dx}$$

这就完全证明了 §69 中所讲过的指数法则，不过在那里只证明当指数 n 是正数时的情形.

下面来看几道求导数的例题.

例 1：求 $y=\ln(x^2+a)$ 的导数.

解

$$\frac{dy}{dx}=\frac{\frac{d}{dx}(x^2+a)}{x^2+a}=\frac{2x}{x^2+a}$$

$$(v=x^2+a)$$

例 2：求 $y=\ln\sqrt{1-x^2}$ 的导数.

解

$$\frac{dy}{dx}=\frac{\frac{d}{dx}(1-x^2)^{\frac{1}{2}}}{(1-x^2)^{\frac{1}{2}}}=\frac{\frac{1}{2}(1-x^2)^{-\frac{1}{2}}(-2x)}{(1-x^2)^{\frac{1}{2}}}=\frac{x}{x^2-1}$$

例 3：求 $y=a^{3x^2}$ 的导数.

解

$$\frac{dy}{dx}=\ln a\cdot a^{3x^2}\frac{d}{dx}(3x^2)=6x\ln a\cdot a^{3x^2}$$

例 4：求 $y=be^{c^2+x^2}$ 的导数.

解

$$\frac{dy}{dx}=b\frac{d}{dx}(e^{c^2+x^2})=be^{c^2+x^2}\frac{d}{dx}(c^2+x^2)=2bxe^{c^2+x^2}$$

例 5：求 $y=x^{e^x}$ 的导数.

解

$$\frac{dy}{dx}=e^x x^{e^x-1}\frac{d}{dx}(x)+x^{e^x}\ln x\frac{d}{dx}(e^x)=$$

$$e^x x^{e^x-1}+x^{e^x}\ln x\cdot e^x=e^x x^{e^x}\left(\frac{1}{x}+\ln x\right)$$

§99　对数表达式的实际微分法

微分对数函数时，不必直接应用 §95 的公式1及1*，有时可以先利用初等代数换算再微分，就会简便些. 例如，上节中的例2可以用下面的方法来解.

例1：微分 $y=\ln\sqrt{1-x^2}$.

解：先将 y 写成没有根号的形式，即

$$y=\frac{1}{2}\ln(1-x^2)$$

由此可得

$$\frac{dy}{dx}=\frac{1}{2}\cdot\frac{\frac{d}{dx}(1-x^2)}{1-x^2}=\frac{1}{2}\cdot\frac{-2x}{1-x^2}=\frac{x}{x^2-1}$$

例2：微分 $y=\ln\sqrt{\frac{1+x^2}{1-x^2}}$.

解：先化简，得

$$y=\frac{1}{2}[\ln(1+x^2)-\ln(1-x^2)]$$

$$\frac{dy}{dx}=\frac{1}{2}\left[\frac{\frac{d}{dx}(1+x^2)}{1+x^2}-\frac{\frac{d}{dx}(1-x^2)}{1-x^2}\right]=\frac{x}{1+x^2}+\frac{x}{1-x^2}=\frac{2x}{1-x^4}$$

微分指数函数时，特别是指数为变量时，最好一开始就取函数的对数，然后再微分，如上节中的例5，像下面这样来解要更高明些.

例3：微分 $y=x^{e^x}$.

解：两边取对数，有

$$\ln y=e^x\cdot\ln x$$

两边各对 x 微分，得

$$\frac{1}{y}\cdot\frac{dy}{dx}=e^x\frac{d}{dx}(\ln x)+\ln x\cdot\frac{d}{dx}(e^x)=e^x\frac{1}{x}+\ln x\cdot e^x$$

$$\frac{dy}{dx}=e^x\cdot y\left(\frac{1}{x}+\ln x\right)=e^x x^{e^x}\left(\frac{1}{x}+\ln x\right)$$

例 4:微分 $y=(4x^2-7)^{2+\sqrt{x^2-5}}$.

解:两边取对数,有

$$\ln y=(2+\sqrt{x^2-5})\ln(4x^2-7)$$

两边各对 x 微分,得

$$\frac{1}{y}\cdot\frac{dy}{dx}=(2+\sqrt{x^2-5})\frac{8x}{4x^2-7}+\ln(4x^2-7)\cdot\frac{x}{\sqrt{x^2-5}}$$

$$\frac{dy}{dx}=x(4x^2-7)^{2+\sqrt{x^2-5}}\left[\frac{8(2+\sqrt{x^2-5})}{4x^2-7}+\frac{\ln(4x^2-7)}{\sqrt{x^2-5}}\right]$$

有些情形下,当函数是由几个因子连乘得到时,则在微分之前先取对数要好些.

例 5:微分 $y=\sqrt{\frac{(x-1)(x-2)}{(x-3)(x-4)}}$.

解:两边取对数,得

$$\ln y=\frac{1}{2}[\ln(x-1)+\ln(x-2)-\ln(x-3)-\ln(x-4)]$$

两边各对 x 微分,有

$$\frac{1}{y}\cdot\frac{dy}{dx}=\frac{1}{2}\left[\frac{1}{x-1}+\frac{1}{x-2}-\frac{1}{x-3}-\frac{1}{x-4}\right]=$$

$$-\frac{2x^2-10x+11}{(x-1)(x-2)(x-3)(x-4)}$$

或

$$\frac{dy}{dx}=-\frac{2x^2-10x+11}{(x-1)^{\frac{1}{2}}(x-2)^{\frac{1}{2}}(x-3)^{\frac{3}{2}}(x-4)^{\frac{3}{2}}}$$

习题及部分习题答案

一、证实下列微分所得结果.

1. $y=\ln(x+a)$. 答:$\frac{dy}{dx}=\frac{1}{x+a}$.

2. $y=\ln(ax+b)$. 答:$\frac{dy}{dx}=\frac{a}{ax+b}$.

3. $y=\ln\frac{1+x}{1-x}$. 答:$\frac{dy}{dx}=\frac{2}{1-x^2}$.

4. $y=\ln\frac{1+x^2}{1-x^2}$. 答:$\frac{dy}{dx}=\frac{4x}{1-x^4}$.

5. $y=e^{ax}$. 答:$\frac{dy}{dx}=ae^{ax}$.

6. $y=e^{4x+5}$. 答：$\frac{dy}{dx}=4e^{4x+5}$.

7. $y=\ln(x^2+x)$ 答：$\frac{dy}{dx}=\frac{2x+1}{x^2+x}$.

8. $y=\ln(x^3-2x+5)$. 答：$\frac{dy}{dx}=\frac{3x^2-2}{x^3-2x+5}$.

9. $y=\log_a(2x+x^3)$. 答：$\frac{dy}{dx}=\log_a e\cdot\frac{2+3x^2}{2x+x^3}$.

10. $y=x\ln x$. 答：$\frac{dy}{dx}=\ln x+1$.

11. $f(x)=\ln(x^3)$. 答：$f'(x)=\frac{3}{x}$.

12. $f(x)=\ln^3 x$. 答：$f'(x)=\frac{3\ln^2 x}{x}$.

13. $f(x)=\ln\frac{a+x}{a-x}$. 答：$f'(x)=\frac{2a}{a^2-x^2}$.

14. $f(x)=\ln(x+\sqrt{1+x^2})$. 答：$f'(x)=\frac{1}{\sqrt{1+x^2}}$.

15. $y=a^{e^x}$. 答：$\frac{dy}{dx}=\ln a\cdot a^{e^x}\cdot e^x$.

16. $y=b^{x^2}$. 答：$\frac{dy}{dx}=2x\cdot\ln b\cdot b^{x^2}$.

17. $y=7^{x^2+2x}$. 答：$\frac{dy}{dx}=2\ln 7\cdot(x+1)7^{x^2+2x}$.

18. $y=c^{a^2-x^2}$. 答：$\frac{dy}{dx}=-2x\ln c\cdot c^{a^2-x^2}$.

19. $r=a^\theta$. 答：$\frac{dr}{d\theta}=a^\theta\cdot\ln a$.

20. $r=a^{\ln\theta}$. 答：$\frac{dr}{d\theta}=\frac{a^{\ln\theta}\ln a}{\theta}$.

21. $s=e^{b^2+t^2}$. 答：$\frac{ds}{dt}=2te^{b^2+t^2}$.

22. $u=ae^{\sqrt{v}}$. 答：$\frac{du}{dv}=\frac{ae^{\sqrt{v}}}{2\sqrt{v}}$.

23. $p=e^{q\ln q}$. 答：$\frac{dp}{dq}=e^{q\ln q}(1+\ln q)$.

24. $\frac{d}{dx}[e^x(1-x^2)]=e^x(1-2x-x^2)$.25. $\frac{d}{dx}\left(\frac{e^x-1}{e^x+1}\right)=\frac{2e^x}{(e^x+1)^2}$.

26. $\frac{d}{dx}(x^2e^{ax})=xe^{ax}(ax+2)$.

27. $y=\ln \frac{e^{x}}{1+e^{x}}$. 答：$\frac{dy}{dx}=\frac{1}{1+e^{x}}$.

28. $y=\frac{a}{2}(e^{\frac{x}{a}}-e^{-\frac{x}{a}})$. 答：$\frac{dy}{dx}=\frac{1}{2}(e^{\frac{x}{a}}+e^{-\frac{x}{a}})$.

29. $y=\frac{e^{x}-e^{-x}}{e^{x}+e^{-x}}$. 答：$\frac{dy}{dx}=\frac{4}{(e^{x}+e^{-x})^{2}}$.

30. $y=x^{n}a^{x}$. 答：$\frac{dy}{dx}=a^{x}x^{n-1}(n+x\ln a)$.

31. $y=x^{x}$. 答：$\frac{dy}{dx}=x^{x}(\ln x+1)$.

32. $y=x^{\frac{1}{x}}$. 答：$\frac{dy}{dx}=\frac{x^{\frac{1}{x}}(1-\ln x)}{x^{2}}$.

33. $y=x^{\ln x}$ 答：$\frac{dy}{dx}=\ln x^{2}\cdot x^{\ln x-1}$.

34. $f(y)=\ln y\cdot e^{y}$. 答：$f'(y)=e^{y}\left(\ln y+\frac{1}{y}\right)$.

35. $f(s)=\frac{\ln s}{e^{s}}$. 答：$f'(s)=\frac{1-s\ln s}{se^{3}}$.

36. $f(x)=\ln(\ln x)$. 答：$f'(x)=\frac{1}{x\ln x}$.

37. $F(x)=\ln^{4}(\ln x)$. 答：$F'(x)=\frac{4\ln^{3}(\ln x)}{x\ln x}$.

38. $\varphi(x)=\ln(\ln^{4}x)$. 答：$\varphi'(x)=\frac{4}{x\ln x}$.

39. $\varphi(y)=\ln\sqrt{\frac{1+y}{1-y}}$. 答：$\varphi'(y)=\frac{1}{1-y^{2}}$.

40. $f(x)=\ln\frac{\sqrt{x^{2}+1}-x}{\sqrt{x^{2}+1}+x}$. 答：$f'(x)=-\frac{2}{\sqrt{1+x^{2}}}$.

提示：先把分母有理化(就是说，去掉分母里的根号).

41. $y=x^{\frac{1}{\ln x}}$ 答：$\frac{dy}{dx}=0$.

42. $y=e^{x^{x}}$. 答：$\frac{dy}{dx}=e^{x^{x}}(1+\ln x)x^{x}$.

43. $y=\frac{c^{x}}{x^{x}}$. 答：$\frac{dy}{dx}=\left(\frac{c}{x}\right)^{x}\left(\ln\frac{c}{x}-1\right)$.

44. $y=\left(\frac{x}{n}\right)^{n^{x}}$. 答：$\frac{dy}{dx}=n\left(\frac{x}{n}\right)^{n^{x}}\left(1+\ln\frac{x}{n}\right)$.

45. $w=v^{e^{v}}$. 答：$\frac{dw}{dv}=v^{e^{v}}e^{v}\left(\frac{1+v\ln v}{v}\right)$.

46. $z=\left(\frac{a}{t}\right)^{t}$. 答：$\frac{dz}{dt}=\left(\frac{a}{t}\right)^{t}(\ln a-\ln t-1)$.

47. $y=x^{x^{n}}$. 答：$\frac{dy}{dx}=x^{x^{n}+n-1}(n\ln x+1)$.

48. $y=x^{x^{x}}$. 答：$\frac{dy}{dx}=x^{x^{x}}x^{x}\left(\ln x+\ln^{2}x+\frac{1}{x}\right)$.

49. $y=a^{\frac{1}{\sqrt{a^{2}-x^{2}}}}$. 答：$\frac{dy}{dx}=\frac{xy\ln a}{(a^{2}-x^{2})^{\frac{3}{2}}}$.

50. $y=e^{x}[x^{n}-nx^{n-1}+n(n-1)x^{n-2}-\cdots]$.

答：$\frac{dy}{dx}=e^{x}x^{n}$.

51. $y=\frac{(x+1)^{2}}{(x+2)^{2}(x+3)^{4}}$.

答：$\frac{dy}{dx}=-\frac{(x+1)(4x^{2}+10x+2)}{(x+2)^{3}(x+3)^{5}}$.

提示:在这个题目及下面各题中,先取两边的对数再微分.

52. $y=\frac{(x-1)^{\frac{5}{2}}}{(x-2)^{\frac{3}{4}}(x-4)^{\frac{7}{3}}}$ 答：$\frac{dy}{dx}=-\frac{(x-1)^{\frac{3}{2}}(7x^{2}+51x-148)}{12(x-2)^{\frac{7}{4}}(x-4)^{\frac{10}{3}}}$.

53. $y=x\sqrt{1-x}(1+x)$. 答：$\frac{dy}{dx}=\frac{2+x-5x^{2}}{2\sqrt{1-x}}$.

54. $y=\frac{x(1+x^{2})}{\sqrt{1-x^{2}}}$. 答：$\frac{dy}{dx}=\frac{1+3x^{2}-2x^{4}}{(1-x^{2})^{\frac{3}{2}}}$.

55. $y=x^{5}(a+3x)^{3}(a-2x)^{2}$

答：$\frac{dy}{dx}=5x^{4}(a+3x)^{2}(a-2x)\cdot(a^{2}+2ax-12x^{2})$.

56. $y=\frac{\sqrt{(x+a)^{3}}}{\sqrt{x-a}}$. 答：$\frac{dy}{dx}=\frac{(x-2a)\sqrt{x+a}}{(x-a)^{\frac{3}{2}}}$.

二、在下列各题中,求$\frac{dy}{dx}$在自变量x的指定数值处的数值.

1. $y=\ln\sqrt{x^{2}-4}$;$x=3$. 答：$y'=\frac{3}{5}$.

2. $y=e^{\frac{x}{2}}$;$x=5$. 答：$y'=6.09$.

3. $y=\lg(2x+3)$;$x=2$. 答：$y'=0.124$.

4. $y=x\ln(x+1)$;$x=4$. 答：$y'=2.409$.

5. $y=xe^{-x}$;$x=\frac{1}{2}$. 答：$y'=0.304$.

6. $y=\frac{\ln x}{x}$;$x=5$. 答：$y'=-0.024$.

7. $y=\lg\sqrt{15-x^2}$; $x=3$.　　答：$y'=-0.217$.

8. $y=10^{2x}$; $x=\frac{1}{2}$.　　答：$y'=46.1$.

9. $y=\left(\frac{2}{x}\right)^x$; $x=2$.　　答：$y'=-1$.

10. $y=\frac{x^2\sqrt{x^2-12}}{\sqrt[3]{20-3x}}$; $x=4$.　　答：$y'=26$.

三、求下列各函数的$\frac{d^2y}{dx^2}$.

1. $y=\ln e^x$.

2. $y=e^{ax}$.

3. $y=x\ln x$.

4. $y=xe^{-x}$.

5. $y=e^x\ln x$.

四、微分下列各函数.

1. $\ln(x\sqrt{a^2-x^2})$.

2. $x\ln\sqrt{a^2-x^2}$.

3. $\lg\frac{x^2+3}{x^2+1}$.

4. $\ln\frac{t^2}{\sqrt{1+t^2}}$.

5. $x\lg\sqrt[3]{6x}$.

6. $x^2e^{-x^2}$.

7. $\frac{e^{\sqrt{x}}}{\sqrt{x}}$.

8. $e^{\frac{1}{x}}\ln\frac{1}{x}$.

9. $10^{\sqrt{t}}\lg t$.

10. $(ae)^{nx}$.

11. $3^s s^3$.

12. $\left(\frac{x}{2}\right)^{\sqrt{x}}$.

13. $\frac{e^x\sqrt{3+4x}}{x\sqrt{e^x+1}}$.

14. $\frac{(A+Bx)(C+Dx)}{(E+Fx)(G+Hx)}$.

§100　sin v 的微分法

设

$$y=\sin v$$

把 v 当作自变量，按一般法则，我们有：

第一步

$$y+\Delta y=\sin(v+\Delta v)$$

第二步

$$\Delta y=\sin(v+\Delta v)-\sin v$$

这个式子的右边应该变换一下，以便在第四步中好取极限. 为此目的，我们引用

三角公式(第 1 章,§2,(6))

$$\sin A - \sin B = 2\cos\frac{A+B}{2}\sin\frac{A-B}{2}$$

假定 $A = v + \Delta v, B = v$,我们可得

$$\sin(v+\Delta v) - \sin v = 2\cos\left(v+\frac{\Delta v}{2}\right)\sin\frac{\Delta v}{2}$$

因此

$$\Delta y = 2\cos\left(v+\frac{\Delta v}{2}\right)\sin\frac{\Delta v}{2}$$

第三步

$$\frac{\Delta y}{\Delta v} = \cos\left(v+\frac{\Delta v}{2}\right)\cdot\frac{\sin\frac{\Delta v}{2}}{\frac{\Delta v}{2}}$$

第四步

$$\frac{\mathrm{d}y}{\mathrm{d}v} = \cos v$$

(因为 $\lim\limits_{\Delta v\to 0}\left(\frac{\sin\frac{\Delta v}{2}}{\frac{\Delta v}{2}}\right) = 1$,(根据 §52) 又由余弦的连续性,即知 $\lim\limits_{\Delta v\to 0}\cos\left(v+\frac{\Delta v}{2}\right) = \cos v$)

将导数$\frac{\mathrm{d}y}{\mathrm{d}v}$的这个表达式代入函数的函数的导数公式

$$\frac{\mathrm{d}y}{\mathrm{d}x} = \frac{\mathrm{d}y}{\mathrm{d}v}\cdot\frac{\mathrm{d}v}{\mathrm{d}x}$$

我们得到$\frac{\mathrm{d}y}{\mathrm{d}x} = \cos v\,\frac{\mathrm{d}v}{\mathrm{d}x}$,所以最后得到

$$\frac{\mathrm{d}}{\mathrm{d}x}(\sin v) = \cos v\,\frac{\mathrm{d}v}{\mathrm{d}x}$$

这个法则是很容易表述出来的.

函数 $y=\sin x$ 的图形如图 115 所示. 因为$\frac{\mathrm{d}y}{\mathrm{d}x}=\cos x$,又 $\tan\mu=\frac{\mathrm{d}y}{\mathrm{d}x}$,我们就看到,当 x 连续增加至无穷大时,$\tan\mu$ 是在 $+1$ 与 -1 之间摆动的. 因此,切线对水平线的倾角 μ 也是摆动着的,在 $0, \pm 2\pi, \pm 4\pi\cdots$ 诸点,它取得最大角度$\frac{\pi}{4}$,因为在这些点 $\tan\mu=1$,故 $\mu=\frac{\pi}{4}$. 最小(代数值)的倾角是在 $\pm\pi, \pm 3\pi, \pm 5\pi\cdots$

诸点得到的. 在这些点处 $\tan\mu=-1$,故 $\mu=-\frac{\pi}{4}$. 曲线 $y=\sin x$ 称为正弦曲线.

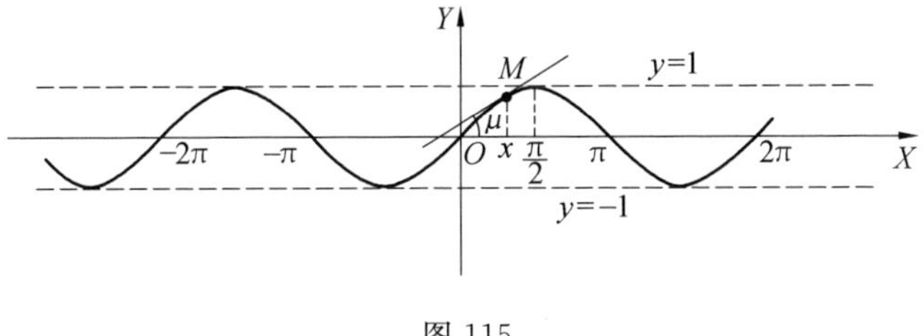

图 115

§ 101　cos v 的微分法

设

$$y=\cos v$$

这个函数显然可以写为

$$y=\sin\left(\frac{\pi}{2}-v\right)$$

由此,用函数的函数的微分法则,立刻可得

$$\frac{\mathrm{d}y}{\mathrm{d}x}=\frac{\mathrm{d}}{\mathrm{d}x}\sin\left(\frac{\pi}{2}-v\right)=\cos\left(\frac{\pi}{2}-v\right)\frac{\mathrm{d}}{\mathrm{d}x}\left(\frac{\pi}{2}-v\right)=$$

$$\cos\left(\frac{\pi}{2}-v\right)\left(-\frac{\mathrm{d}v}{\mathrm{d}x}\right)=-\sin v\frac{\mathrm{d}v}{\mathrm{d}x}$$

$$\left(\text{因为 }\cos\left(\frac{\pi}{2}-v\right)=\sin v\right)$$

所以

$$\frac{\mathrm{d}}{\mathrm{d}x}(\cos v)=-\sin v\frac{\mathrm{d}v}{\mathrm{d}x}$$

函数 $y=\cos x$ 的图形(图 116) 不难由图 115 得到,为此只需将老的纵坐标轴 $O'Y'$ 搬到距离原点 O' 为 $\frac{\pi}{2}$ 的右边就行了. 事实上,这样移轴之后,原来的横坐标 x' 就变到新的横坐标 x 了,即 $x'=\frac{\pi}{2}+x$,所以原方程 $y=\sin x'$ 就得到新的形式

$$y=\sin\left(\frac{\pi}{2}+x\right)=\cos x$$

在图 116 中,原来的纵坐标轴 $O'Y'$ 用虚线表示. 曲线 $y=\cos x$ 称为余弦曲线.

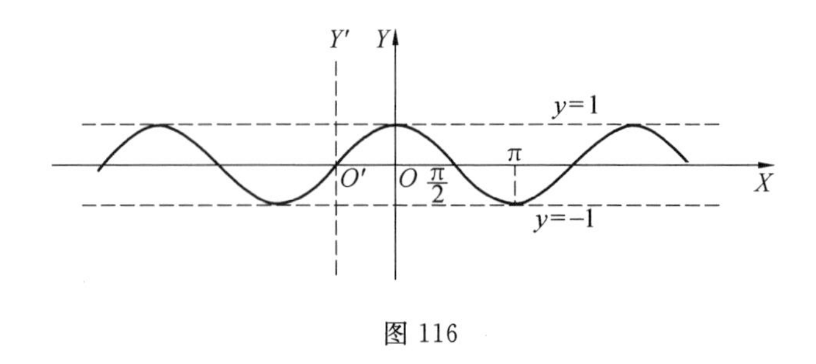

图 116

§102　tan v 的微分法

设

$$y=\tan v$$

按正切的定义，我们有 $y=\dfrac{\sin v}{\cos v}$，把它当作分式来微分，可得

$$\frac{\mathrm{d}y}{\mathrm{d}x}=\frac{\cos v\dfrac{\mathrm{d}}{\mathrm{d}x}(\sin v)-\sin v\dfrac{\mathrm{d}}{\mathrm{d}x}(\cos v)}{\cos^2 v}=\frac{\cos^2 v\dfrac{\mathrm{d}v}{\mathrm{d}x}+\sin^2 v\dfrac{\mathrm{d}v}{\mathrm{d}x}}{\cos^2 v}=$$

$$\frac{1}{\cos^2 v}\cdot\frac{\mathrm{d}v}{\mathrm{d}x}$$

所以

$$\frac{\mathrm{d}}{\mathrm{d}x}(\tan v)=\frac{1}{\cos^2 v}\cdot\frac{\mathrm{d}v}{\mathrm{d}x}$$

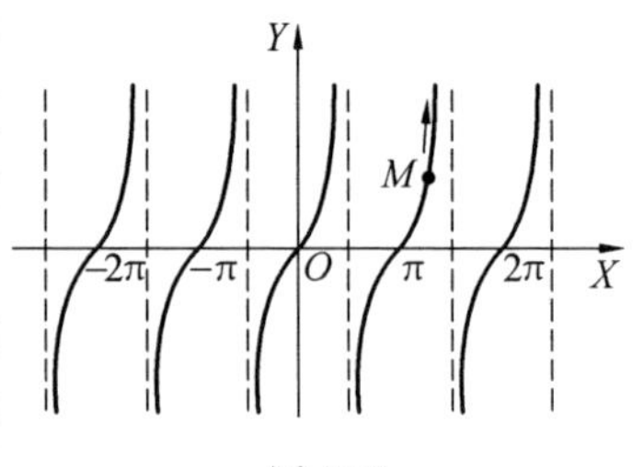

图 117

函数 $y=\tan x$ 的图形(图 117) 是由无穷多支曲线所组成的，每一支都由 $-\infty$ 低处升至 $+\infty$ 高处，而且各支曲线都是彼此相同的. 当横坐标 x 增加时，每一支上的动点 M 的 y 坐标由 $-\infty$ 连续地无限增至 $+\infty$. 而当动点 M 升高到 $+\infty$ 整个描完所论的一支曲线时，它又下跃到 $-\infty$，然后再重新升起来，一式一样地画出紧接着的一支曲线，像这样一直到无穷远，一支一支的一直描下去，我们注意：函数 $y=\tan x$ 的数值，除掉在其间断点处，即 $\pm\dfrac{\pi}{2}$，$\pm\dfrac{3\pi}{2}$，$\pm\dfrac{5\pi}{2}$，…，总是随着自变量 x 增加而增加的，所以导数 $\dfrac{\mathrm{d}y}{\mathrm{d}x}=\dfrac{1}{\cos^2 x}$ 总是正的. 它的切线对水平线的最小倾角 μ 是在曲线与 OX 轴的交点处的，就是说，在 $x=\pm\pi$，$\pm 2\pi$，$\pm 3\pi$ 的地方，在这些地方，$\cos^2 x=+1$，所以倾角 $\mu=45°$.

曲线 $y=\tan x$ 称为正切曲线.

§103 $\cot v$ 的微分法

设

$$y=\cot v$$

按余切的定义,我们有 $y=\frac{\cos v}{\sin v}$,把它当作分式来微分,可得

$$\frac{\mathrm{d}y}{\mathrm{d}x}=\frac{\sin v\frac{\mathrm{d}}{\mathrm{d}x}(\cos v)-(\cos v)\frac{\mathrm{d}}{\mathrm{d}x}(\sin v)}{\sin^2 v}=$$

$$\frac{-\sin^2 v\frac{\mathrm{d}v}{\mathrm{d}x}-\cos^2 v\frac{\mathrm{d}v}{\mathrm{d}x}}{\sin^2 v}=-\frac{\frac{\mathrm{d}v}{\mathrm{d}x}}{\sin^2 v}$$

因此

$$\frac{\mathrm{d}}{\mathrm{d}x}(\cot v)=-\frac{1}{\sin^2 v}\cdot\frac{\mathrm{d}v}{\mathrm{d}x}$$

函数 $y=\cot x$ 的图形(图 118)可以用下面的方法,直接从正切曲线 $y=\tan x$ 的图形得出来.我们取原来的坐标系统中(图 117)的正切曲线 $y=\tan x'$,假若把原来的 OY 轴向右边移动 $\frac{\pi}{2}$ 距离,那我们就有一个变换 $x'=\frac{\pi}{2}+x$,此中 x' 是正切曲线上点 M 原来的横坐标而 x 是新的横坐标.把这个变换代入之后,我们得到 $y=\tan\left(\frac{\pi}{2}+x\right)=-\cot x$.我们所得到的已经是余切,不过是带着负号罢了.假若我们现在改变正负号,这就意味着以 OX 为轴把曲线转 180°.这样就得到所求的余切曲线 $y=\cot x$(图 118).如果不用绕横坐标轴 OX 旋转的方法,也可以将在正切曲线对 OX 轴像镜面似的照射一下,这也使得它改变正负号.我们看到,余切曲线 $y=\cot x$ 是由一列从 $+\infty$ 下降到 $-\infty$ 的曲线支所组成的,所以该函数是一个处处常减的函数.因此,它的导数 $\frac{\mathrm{d}y}{\mathrm{d}x}=\frac{-1}{\sin^2 x}$ 总是负的.

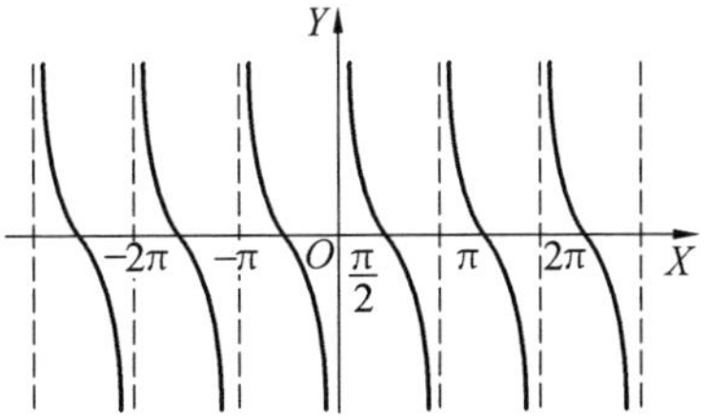

图 118

§ 104　一 个 说 明

在导出我们的微分公式时，只有在下面几种情形下才需要用一般法则(四步法则，参看 § 60).

1. $\frac{\mathrm{d}}{\mathrm{d}x}(u+v-w)=\frac{\mathrm{d}u}{\mathrm{d}x}+\frac{\mathrm{d}v}{\mathrm{d}x}-\frac{\mathrm{d}w}{\mathrm{d}x}$.(代数和)

2. $\frac{\mathrm{d}}{\mathrm{d}x}(uv)=u\frac{\mathrm{d}v}{\mathrm{d}x}+v\frac{\mathrm{d}u}{\mathrm{d}x}$.(乘积)

3. $\frac{\mathrm{d}}{\mathrm{d}x}\left(\frac{u}{v}\right)=\frac{v\frac{\mathrm{d}u}{\mathrm{d}x}-u\frac{\mathrm{d}v}{\mathrm{d}x}}{v^2}$.(分式)

4. $\frac{\mathrm{d}y}{\mathrm{d}x}=\frac{\mathrm{d}y}{\mathrm{d}v}\cdot\frac{\mathrm{d}v}{\mathrm{d}x}$.(函数的函数)

5. $\frac{\mathrm{d}y}{\mathrm{d}x}=\frac{1}{\frac{\mathrm{d}x}{\mathrm{d}y}}$.(反函数)

6. $\frac{\mathrm{d}}{\mathrm{d}x}(\ln v)=\frac{\frac{\mathrm{d}v}{\mathrm{d}x}}{v}$.(对数)

7. $\frac{\mathrm{d}}{\mathrm{d}x}(\sin v)=\cos v\frac{\mathrm{d}v}{\mathrm{d}x}$.(正弦)

不仅其余的公式是由这七个基本公式导出来的，而且以后所要讲的公式也是依据这几个公式导出的. 由此可知：微分法基本公式的导出只包含两个比较难的极限的计算，这两个极限是

$$\lim_{v\to0}\left(\frac{\sin v}{v}\right)=1,\lim_{v\to0}(1+v)^{\frac{1}{v}}=\mathrm{e}\quad(§ 52, § 53)$$

习题及部分习题答案

一、微分下列函数.

1. $y=\sin ax^2$.

答：$\frac{\mathrm{d}y}{\mathrm{d}x}=\cos ax^2\ \frac{\mathrm{d}}{\mathrm{d}x}(ax^2)=2ax\cos ax^2(v=ax^2)$.

2. $y=\tan\sqrt{1-x}$.

答

$$\frac{\mathrm{d}y}{\mathrm{d}x}=\sec^2\sqrt{1-x}\cdot\frac{\mathrm{d}}{\mathrm{d}x}(1-x)^{\frac{1}{2}}=$$

$$(v=\sqrt{1-x})$$

$$\sec^2\sqrt{1-x}\ \frac{1}{2}(1-x)^{-\frac{1}{2}}(-1)=$$

$$-\frac{\sec^2\sqrt{1-x}}{2\sqrt{1-x}}=-\frac{1}{2\sqrt{1-x}\cos^2\sqrt{1-x}}$$

3. $y=\cos^3 x$,它可以写为:$y=(\cos x)^3$.

答

$$\frac{dy}{dx}=3(\cos x)^2\ \frac{d}{dx}(\cos x)=$$

$$(v=\cos x \text{ 及 } n=3)$$

$$3\cos^2 x(-\sin x)=-3\sin x\cos^2 x$$

4. $y=\sin nx\sin^n x$.

答

$$\frac{dy}{dx}=\sin nx\ \frac{d}{dx}(\sin^n x)+\sin^n x\ \frac{d}{dx}(\sin nx)=$$

$$(u=\sin nx \text{ 及 } v=\sin^n x)$$

$$\sin nx\cdot n(\sin x)^{n-1}\ \frac{d}{dx}(\sin x)+\sin^n x\cos nx\ \frac{d}{dx}(nx)=$$

$$n\sin nx\cdot\sin^{n-1}x\cos x+n\sin^n x\cos nx=$$

$$n\sin^{n-1}x(\sin nx\cos x+\cos nx\sin x)=$$

$$n\sin^{n-1}x\sin(n+1)x$$

5. $y=\sin 2x$. 答:$y'=2\cos 2x$.

6. $s=\cos 3t$. 答:$s'=-3\sin 3t$.

7. $u=\tan\frac{v}{2}$. 答:$u'=\frac{1}{2}\sec^2\frac{v}{2}$.

8. $y=\frac{1}{3}\cot 3x$. 答:$y'=-\csc^2 3x$.

9. $\rho=\sec 5\theta$. 答:$\rho'=5\sec 5\theta\tan 5\theta$.

10. $y=4\csc\frac{x}{2}$. 答:$y'=-2\csc\frac{x}{2}\cot\frac{x}{2}$.

11. $y=\sqrt{\sin x}$. 答:$\frac{dy}{dx}=\frac{\cos x}{2\sqrt{\sin x}}$

12. $\rho=\cos^2\frac{\theta}{2}$. 答:$\frac{d\rho}{d\theta}=-\frac{1}{2}\sin\theta$.

13. $y=\frac{1}{\sqrt{\tan x}}$. 答:$\frac{dy}{dx}=-\frac{\sec^2 x}{2(\tan x)^{\frac{3}{2}}}$.

14. $s=\sqrt{\sec 2t}$. 答:$\frac{ds}{dt}=\tan 2t\sqrt{\sec 2t}$.

15. $y=x\sin x$. 答：$y'=x\cos x+\sin x$.

16. $f(\theta)=\tan\theta-\theta$. 答：$f'(\theta)=\tan^2\theta$.

17. $\rho=\dfrac{\cos\theta}{\theta}$. 答：$\dfrac{d\rho}{d\theta}=-\dfrac{\theta\sin\theta+\cos\theta}{\theta^2}$.

18. $y=\sin x\sin 2x$. 答：$y'=2\sin x\cos 2x+\cos x\sin 2x$.

19. $y=\ln\cos x$. 答：$y'=-\tan x$.

20. $y=\ln\sqrt{\sin 2x}$. 答：$y'=\cot 2x$.

21. $y=e^{ax}\sin\pi x$. 答：$y'=e^{ax}(a\sin\pi x+\pi\cos\pi x)$.

22. $y=e^{-x}\cos\dfrac{x}{2}$. 答：$y'=-e^{-x}\left(\dfrac{1}{2}\sin\dfrac{x}{2}+\cos\dfrac{x}{2}\right)$.

23. $\rho=\ln\tan\theta$. 答：$\dfrac{d\rho}{d\theta}=\dfrac{2}{\sin 2\theta}$.

24. $y=\ln\sqrt{\dfrac{1+\sin x}{1-\sin x}}$. 答：$\dfrac{dy}{dx}=\sec x$.

25. $f(x)=\sin(x+a)\cos(x-a)$. 答：$f'(x)=\cos 2x$.

26. $f(\theta)=\dfrac{1+\cos\theta}{1-\cos\theta}$. 答：$f'(\theta)=-\dfrac{2\sin\theta}{(1-\cos\theta)^2}$.

27. $\rho=\dfrac{1}{3}\tan^3\theta-\tan\theta+\theta$. 答：$\rho'=\tan^4\theta$.

28. $y=x^{\sin x}$. 答：$\dfrac{dy}{dx}=x^{\sin x}\left(\dfrac{\sin x}{x}+\cos x\ln x\right)$.

29. $y=(\sin x)^x$. 答：$y'=(\sin x)^x[\ln\sin x+x\cot x]$.

二、求下列各函数的二阶导数.

1. $y=\sin 2x$. 答：$\dfrac{d^2y}{dx^2}=-4\sin 2x$.

2. $\rho=\cos a\theta$. 答：$\dfrac{d^2\rho}{d\theta^2}=-a^2\cos a\theta$.

3. $u=\tan v$. 答：$\dfrac{d^2u}{dv^2}=2\sec^2 v\tan v$.

4. $y=x\sin x$. 答：$\dfrac{d^2y}{dx^2}=2\cos x-x\sin x$.

5. $y=\dfrac{\cos x}{x}$. 答：$\dfrac{d^2y}{dx^2}=\dfrac{(2-x^2)\cos x+2x\sin x}{x^3}$.

6. $y=e^x\sin x$. 答：$\dfrac{d^2y}{dx^2}=2e^x\cos x$.

7. $y=e^{-x}\cos 2x$. 答：$\dfrac{d^2y}{dx^2}=e^{-x}(4\sin 2x-3\cos 2x)$.

8. $y=e^{ax}\sin bx$.

答：$\frac{d^2y}{dx^2}=e^{ax}[(a^2-b^2)\sin bx+2ab\cos bx]$.

三、求下列各函数的导数.

1. $y=\sin(x+y)$. 答：$\frac{dy}{dx}=\frac{\cos(x+y)}{1-\cos(x+y)}$.

2. $e^y=\cos(x+y)$. 答：$\frac{dy}{dx}=-\frac{\sin(x+y)}{e^y+\sin(x+y)}$.

3. $\sin y=\ln(x+y)$. 答：$\frac{dy}{dx}=\frac{1}{(x+y)\cos y-1}$.

四、在下列各题中在自变量 x 的指定数值(弧度) 处，求$\frac{dy}{dx}$ 的数值.

1. $y=2\sin\frac{x}{2}$；$x=1$. 答：$y'=0.878$.

2. $y=x\cos x$；$x=2$. 答：$y'=-2.234$.

3. $y=\ln\sin x$；$x=1.8$. 答：$y'=-0.233$.

4. $y=\frac{\sin x}{x}$；$x=1$. 答：$y'=-0.301$.

5. $y=\sin 2x\cos x$；$x=\frac{1}{2}$ 答：$y'=0.545$.

6. $y=x\sin x+\cos x$；$x=3$. 答：$y'=-2.97$.

7. $y=e^{-x}\sin x$；$x=1$. 答：$y'=-0.111$.

8. $y=10e^x\cos\pi x$；$x=\frac{1}{2}$. 答：$y'=-51.78$.

9. $y=5e^{\frac{x}{2}}\sin\frac{\pi x}{2}$；$x=1$. 答：$y'=4.12$.

10. $y=10e^{-\frac{x}{10}}\cos 2x$；$x=1$. 答：$y'=-16.07$.

五、微分下列各函数.

1. $2\sin\left(\frac{\pi}{2}-x\right)$.

2. $\frac{1}{2}\cos x^2$.

3. $\tan\frac{ax}{b}$.

4. $x\cot x$.

5. $\frac{\sec 2x}{x}$.

6. $\sec^2\frac{x}{2}$.

7. $\ln\cos\frac{2}{x}$.

8. $x\ln\tan x$.

9. $e^{\sin x}$.

10. $\cos e^{2x}$.

§ 105　反三角函数

由 § 74 我们已经知道，当等式

$$y=f(x) \tag{1}$$

给出 y 是 x 的正函数 f 时，则在 x 与 y 对调之后的方程

$$x=f(y) \tag{2}$$

中，用数学方法把 y 解出来后就得出了 y 是 x 的反函数 φ，即

$$y=\varphi(x) \tag{3}$$

这里，f 及 φ 是互为反函数的. 现在把它应用到三角函数上去.

三角函数的第一个正函数是

$$y=\sin x \tag{1_1}$$

这里的符号 sin 是正函数的符号，严格说起来，我们并不知道为了求 y 所必需施于 x 的代数运算是什么. 我们只知道 x 是半径为 1 的圆的某个已知圆心角所对应的弧长，而 y 是该圆心角的正弦.

当我们把字母 x 与 y 互换之后，就得到

$$x=\sin y \tag{2_1}$$

这里面 x 与 y 的位置互换之后，他们的意义也改变了：现在 y 是圆心角所对的弧长而 x 是该圆心角的正弦了.

我们不可能用数学方法把这个方程的 y 解出来，因此，我们不给出真正的解，只给出它的表意记号，而说：

"y 是等于正弦为 x 的一个角度所对的弧长".

按拉丁语"弧"是"arcus"，"正弦"是"sinus". 因此，方程(2_1)的解的表意记号可简写为

$$y=\arcsin x \tag{3_1}$$

在这里，符号 arcsin 是一个整体，它不能分割，否则就失去了数学意义[①]. arcsin 这个记号可以作为跟正函数 $\sin x$ 的函数记号 sin 相反的记号.

这个反函数 $y=\arcsin x$ 的图形(图 119)是可以这样得到的：把正函数 $y=\sin x$ 图中(图 115)坐标轴的字母 X 和 Y 对调一下，然后再把新的 X 轴放在水平方向，就得到反函数的图形了. 首先我们看到：反函数 $y=\arcsin x$ 是多值的，因为对于每一个在线段$[-1,+1]$上的 x 的数值，都对应了变量 y 的无穷多个数值. 为了不被这个多值函数 $y=\arcsin x$ 无穷多个函数值弄得无所适从，我们

---

① 正如自然对数的记号 ln 不能分割为 l 与 n 两部分的情形一样.

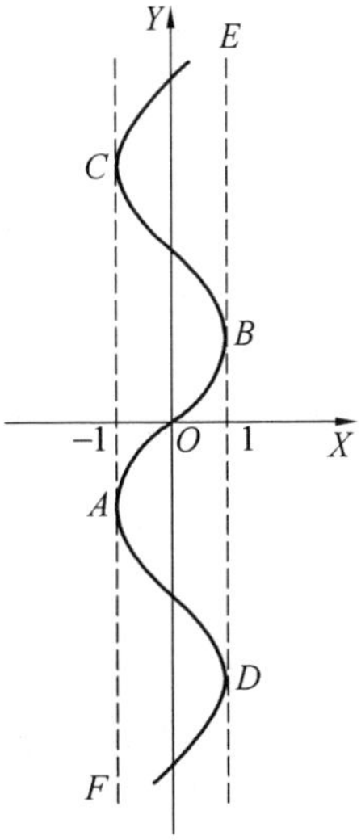

特别取出一组基本数值，即图 119 中弧 AB（以原点 O 为其中点）的纵坐标. 这个弧，如图 119 所示，是连续的，它通过原点 O，端点为 $A\left(-1,-\frac{\pi}{2}\right)$，$B\left(1,\frac{\pi}{2}\right)$. 当自变量 x 在线段$[-1,+1]$上连续增加时，这段基本弧 AB 上的点的纵坐标由 $-\frac{\pi}{2}$ 增至 $+\frac{\pi}{2}$. 我们取这段基本弧为多值函数 $y=\arcsin x$ 的基本支的图形（几何形象），我们规定用记号$[\arcsin x]$来表示基本弧上的纵坐标.

图 119

利用单值函数$[\arcsin x]$的数值，很容易把多值函数 $\arcsin x$ 的其他数值表达出来. 实际上，同一方向的各弧 CE，FD 等，不过是弧 AB 移到 OX 轴之上 2π，4π，6π，…或其下 -2π，-4π，-6π，…，处罢了. 所以对于这些弧段，我们有下面的公式

$$[\arcsin x]+2\pi\cdot n$$

其中 n 为整数.

但还有像 CB，AD，… 其他各弧，其方向与弧 AB 相反，而各个弧段都相同，它们都可以这样得到：我们先把弧 AB 围绕 OX 轴转 180° 就得到减函数

$$-[\arcsin x]$$

然后再把它往上移 π，则得到函数

$$\pi-[\arcsin x]$$

这就表示了弧 CB，最后把弧 CB 往上及往下移一段距离 $\pm 2\pi$，$\pm 4\pi$，$\pm 6\pi$，…，就得到与 AB 反方向的各弧段 CB，AD，… 的一般公式

$$-[\arcsin x]+\pi+2\pi n$$

其中 n 为整数.

这样，我们用两个公式就可以把多值函数 $y=\arcsin x$ 的全部数值，都概括在内，它们是：$y=[\arcsin x]+2\pi n$ 及 $y=\pi-[\arcsin x]+2\pi n$，其中 n 为整数，可以正，可以负，也可以是零. 函数$[\arcsin x]$称为基本支，它在线段$[-1,+1]$上是连续的单值函数. 在这个线段以外，函数 $\arcsin x$ 并不存在，因为正弦不可能大于 $+1$，也不可能小于 -1.

用同样的方法可以研究其余的三个反三角函数：$\arccos x$，$\arctan x$ 及 $\operatorname{arccot} x$.

第二个正三角函数是

$$y=\cos x \tag{1_2}$$

其反函数可以由互换 x 与 y 而得到，即

$$x=\cos y \tag{2_2}$$

这个方程可以念作：

“y 等于余弦为 x 的那个角度所对应的弧长”. 这个念法可以缩写为

$$y=\arccos x \tag{3_3}$$

这个函数的图形可以由图 116 得到；将图 116 中坐标轴的字母 X 及 Y 互相对调，并把新的 X 轴放到水平方向来. 这就给出了图 120.

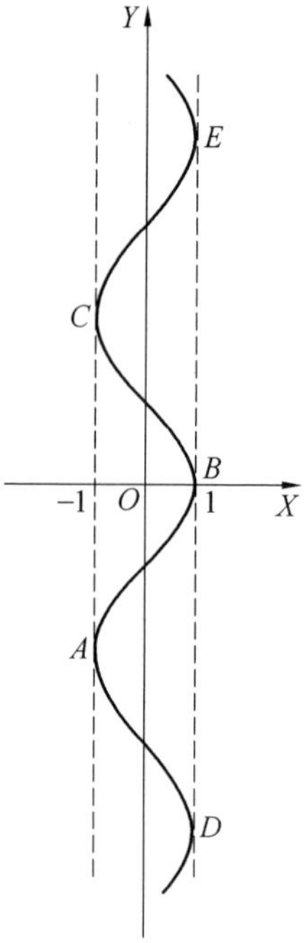

这个图与图 119 比起来并无不同，不过它是向下移了 $-\frac{\pi}{2}$ 罢了，所以这个图的所有性质并没有改变. 由此可知函数 $\arccos x$ 同样也是多值函数，而在其无穷多的数值中，我们取朝下的一支连续弧段 CB 所表示的数值为基本数值. 这个弧段表示一个单值连续函数，当 x 在线段 $[+1,-1]$ 上正方向移动时，它从 π 减到零. 这个基本函数常用 $[\arccos x]$ 来记. 由图 120 显然可知：多值函数 $y=\arccos x$ 的其余各支可以用下面两个公式完全概括在内，即

$$y=[\arccos x]+2\pi n$$

及

$$y=-[\arccos x]+2\pi n$$

其中 n 为任何整数.

图 120

我们必须注意 $[\arcsin x]$ 及 $[\arccos x]$ 这两个基本单值连续函数之间的一个关系. 比较两个图中的弧段，我们看到

$$[\arccos x]=-[\arcsin x]+\frac{\pi}{2}$$

这就是说，我们有恒等式

$$[\arcsin x]+[\arccos x]=\frac{\pi}{2}$$

第三个正三角函数是

$$y=\tan x \tag{1_3}$$

对调字母 x 及 y 之后我们得到其反函数

$$x=\tan y \tag{2_3}$$

这个方程可以念作：

“y 等于正切为 x 的那个角度所对应的弧长”，又可写为

$$y=\arctan x \tag{3_3}$$

这个函数的图形可以由图 117 对调坐标轴的字母 X 及 Y 而得到，而且我们把新的轴放在水平位置. 这就给出了图 121. 我们看到函数 $y=\arctan x$ 是多值

函数,是由一列无穷支相同的曲线所组成.每支曲线的两边都无限伸长,而且是连续曲线,其纵坐标 y 随自变量 x 增加而增加.我们取通过原点 O 的一条曲线作为基本支.在图中这就是 AB 支.它所表示的函数称为多值函数 $y=\arctan x$ 的基本值,并记为 $y=[\arctan x]$.显然,当 $x\to-\infty$ 时,这个基本值的极限是 $-\frac{\pi}{2}$;又当 $x\to+\infty$ 时,极限为 $+\frac{\pi}{2}$.所以,我们可以写

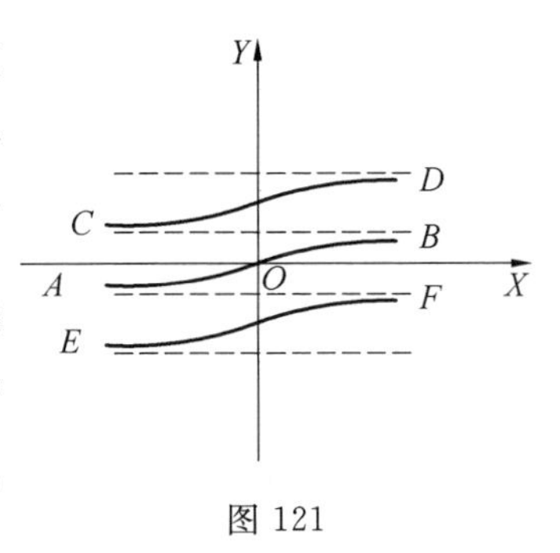

图 121

$$[\arctan -\infty]=-\frac{\pi}{2},[\arctan +\infty]=+\frac{\pi}{2}$$

因此,基本曲线支 $y=[\arctan x]$ 整个在一个条宽为 π 的水平带内,其中线即横坐标轴.把这支基本曲线平行向上,或向下移动 $\pm\pi$, $\pm 2\pi$, $\pm 3\pi$, $\cdots$,就得到多值函数 $y=\arctan x$ 的其余各支.因此多值函数 $y=\arctan x$ 的所有其余各支,可以概括在下面这样一个公式里,即

$$y=[\arctan x]+n\pi$$

其中 n 为整数,大小随便,正负皆可.

第四个正三角函数为

$$y=\cot x \tag{1_4}$$

对调字母 x 及 y,得到其反函数

$$x=\cot y \tag{2_4}$$

这个方程可以念作:

"y 等于余切为 x 的那个角度所对应的弧长",可以写为

$$y=\operatorname{arccot} x \tag{3_4}$$

我们已经知道正函数 $y=\cot x$ 的图形(图 118)是把正函数 $y=\tan x$ 的图形(图 117)绕 OX 轴转 180° 之后向右移 $\frac{\pi}{2}$ 而得到的;同样取反函数 $y=\arctan x$ 的图形,绕 OY 轴转 180° 并向上移 $\frac{\pi}{2}$,即得到反函数 $y=\operatorname{arccot} x$ 的图形.这样就给出了图 122.我们看到 $y=\operatorname{arccot} x$ 是一个多值函数,系由一列相同的曲线支所组成.我们取 BA(它具有最小的正纵坐标),作基本支.它所表示的函数记为 $y=[\operatorname{arccot} x]$,称为多值函数 $y=\operatorname{arccot} x$ 的基本值.

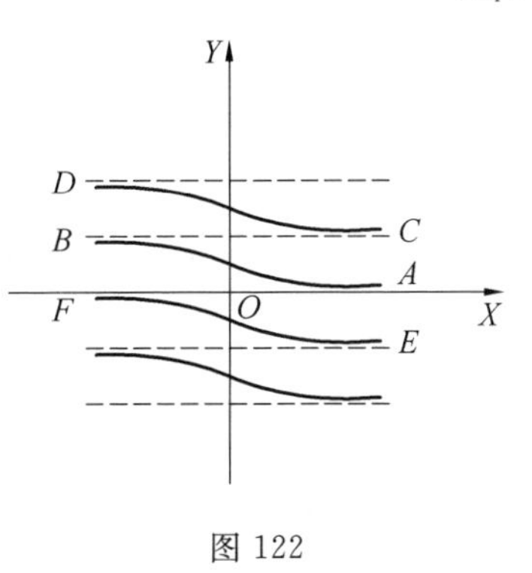

图 122

这是单值常减的连续函数，当 $x\to-\infty$ 时，其极限为 π，又当 $x\to+\infty$ 时，其极限为零. 多值函数 $y=\operatorname{arccot} x$ 的其余各支可以概括在下面的公式里，即

$$y=[\operatorname{arccot} x]+n\pi$$

其中 n 为任意的整数.

必须指出两个单值连续的基本函数 $[\arctan x]$ 及 $[\operatorname{arccot} x]$ 之间的一个重要关系. 比较两图中的 AB 支，我们注意，$[\operatorname{arccot} x]=\frac{\pi}{2}-[\arctan x]$. 这就是说，我们有恒等式

$$[\arctan x]+[\operatorname{arccot} x]=\frac{\pi}{2}$$

§ 106 arcsin v 的微分法

设

$$y=[\arcsin v]$$

这里 $-\frac{\pi}{2}\leqslant y\leqslant+\frac{\pi}{2}$，则

$$v=\sin y$$

将这个等式两边各对 x 微分，得

$$\frac{\mathrm{d}v}{\mathrm{d}x}=\frac{\mathrm{d}}{\mathrm{d}x}(\sin y)=\frac{\mathrm{d}(\sin y)}{\mathrm{d}y}\cdot\frac{\mathrm{d}y}{\mathrm{d}x}=\cos y\cdot\frac{\mathrm{d}y}{\mathrm{d}x}$$

因此得

$$\frac{\mathrm{d}y}{\mathrm{d}x}=\frac{1}{\cos y}\cdot\frac{\mathrm{d}v}{\mathrm{d}x}$$

因 y 为多值函数 arcsin v 的基本数值，故有不等式 $-\frac{\pi}{2}\leqslant y\leqslant+\frac{\pi}{2}$，在这些数值处 $\cos y$ 为正数. 因此，$\cos y$ 可利用 $\sin y$ 按公式

$$\cos y=\sqrt{1-\sin^2 y}=\sqrt{1-v^2}$$

表达出来，此处必须在算术（而非代数）意义下开方，亦即应取根号为正. 因此，在上面的微分等式中以 $[\arcsin v]$ 代替 y，以 $+\sqrt{1-v^2}$ 代替 $\cos y$，我们最后得到

$$\frac{\mathrm{d}}{\mathrm{d}x}([\arcsin v])=\frac{\frac{\mathrm{d}v}{\mathrm{d}x}}{\sqrt{1-v^2}}$$

式子中根号只能取正值. 整个结果中的正号是容易了解的，因为多值函数 arcsin v 的基本支 $[\arcsin v]$ 是单值的，随 v 增加而增加的，所以具有正的导数.

注 假若我们取的不是多值函数 $\arcsin v$ 的基本值$[\arcsin x]$，而取的是按公式

$$y=\pi-[\arcsin v]+2n\pi$$

以基本值所表示的函数(§105)，那么我们当然会得到

$$\frac{\mathrm{d}}{\mathrm{d}x}(\arcsin v)=\frac{\mathrm{d}}{\mathrm{d}x}(\pi)-\frac{\mathrm{d}}{\mathrm{d}x}([\arcsin v])+\frac{\mathrm{d}}{\mathrm{d}x}(2\pi n)=$$

$$0-\frac{\frac{\mathrm{d}v}{\mathrm{d}x}}{\sqrt{1-v^2}}+0=\frac{-\frac{\mathrm{d}v}{\mathrm{d}x}}{\sqrt{1-v^2}}$$

这意味着，根号的数值应该在代数意义而非算术意义下来取，亦即带负号(—)．整个结果带负号也是完全容易了解的，因为多值函数 $\arcsin v$ 的这支函数是自变量 v 的单值常减函数，所以具有负的导数．

§107 $\arccos v$ 的微分法

设

$$y=[\arccos v]$$

这里我们有：$0\leqslant y\leqslant\pi$．

因为多值函数 $\arcsin v$ 及 $\arccos v$ 的基本支$[\arcsin v]$ 及$[\arccos v]$，是以下面的恒等式联系着的，即

$$[\arcsin v]+[\arccos v]=\frac{\pi}{2}$$

所以把它对 x 微分之后，得

$$\frac{\mathrm{d}}{\mathrm{d}x}([\arcsin v])+\frac{\mathrm{d}}{\mathrm{d}x}([\arccos v])=0$$

由此，引用刚刚导出的公式$\frac{\mathrm{d}}{\mathrm{d}x}([\arcsin v])=\frac{\frac{\mathrm{d}v}{\mathrm{d}x}}{\sqrt{1-v^2}}$，即得

$$\frac{\mathrm{d}}{\mathrm{d}x}([\arccos v])=-\frac{\frac{\mathrm{d}v}{\mathrm{d}x}}{\sqrt{1-v^2}}$$

其中根号本身取的是正号，因为负号已经先拿出放在整个分数之前了．整个结果中的这个负号也是明显的，因为多值函数 $\arccos v$ 的基本支$[\arccos v]$ 是常减函数，所以具有负的导数．

注 假若我们要微分的不是基本支$[\arccos v]$，而是多值函数 $y=\arccos v$ 的由下面公式给出的另一支(§105)

$$y = -[\arccos v] + 2\pi n$$

其中 n 为整数,则 y 是变量 v 的常增函数,所以我们应该写

$$\frac{\mathrm{d}}{\mathrm{d}x}(\arccos v) = -\frac{\mathrm{d}}{\mathrm{d}x}([\arccos v]) = -\left(-\frac{\frac{\mathrm{d}v}{\mathrm{d}x}}{\sqrt{1-v^2}}\right) = \frac{\frac{\mathrm{d}v}{\mathrm{d}x}}{\sqrt{1-v^2}}$$

根号取正值是明显的,因为常增函数的导数是正的,所以最后结果应有正号.

§ 108 arctan v 的微分法

设

$$y = [\arctan v]$$

这里我们有:$-\frac{\pi}{2} < y < +\frac{\pi}{2}$,则

$$v = \tan y$$

把该等式两边对 x 微分,得

$$\frac{\mathrm{d}v}{\mathrm{d}x} = \frac{\mathrm{d}}{\mathrm{d}x}(\tan y) = \frac{\mathrm{d}}{\mathrm{d}y}(\tan y) \cdot \frac{\mathrm{d}y}{\mathrm{d}x} = \frac{1}{\cos^2 y} \cdot \frac{\mathrm{d}y}{\mathrm{d}x}$$

由三角学知

$$1 + \tan^2 y = \frac{1}{\cos^2 y}$$

故得

$$\frac{\mathrm{d}v}{\mathrm{d}x} = (1 + \tan^2 y) \cdot \frac{\mathrm{d}y}{\mathrm{d}x}$$

以 v 代替 $\tan y$,我们最后得

$$\frac{\mathrm{d}}{\mathrm{d}x}([\arctan v]) = \frac{\frac{\mathrm{d}v}{\mathrm{d}x}}{1+v^2}$$

结果得到正号.这是显然的,因为多值函数 arctan v 的基本支[arctan v],正如同其他所有的各支一样,是常增函数,所以具有正导数.

§ 109 arccot v 的微分法

设

$$y = [\operatorname{arccot} v]$$

这里我们有：$0 < y < \pi$.

因为多值函数 $\arctan v$ 及 $\operatorname{arccot} v$ 的基本支 $[\arctan v]$ 及 $[\operatorname{arccot} v]$ 之间存在一个恒等式

$$[\arctan v] + [\operatorname{arccot} v] = \frac{\pi}{2}$$

所以，把它对 x 微分后，得

$$\frac{\mathrm{d}}{\mathrm{d}x}([\arctan v]) + \frac{\mathrm{d}}{\mathrm{d}x}([\operatorname{arccot} v]) = 0$$

因此，引用刚刚导出的公式 $\frac{\mathrm{d}}{\mathrm{d}x}([\arctan v]) = \dfrac{\frac{\mathrm{d}}{\mathrm{d}x}}{1+v^2}$，我们最后得到

$$\frac{\mathrm{d}}{\mathrm{d}x}([\operatorname{arccot} v]) = -\frac{\frac{\mathrm{d}v}{\mathrm{d}x}}{1+v^2}$$

结果中的负号是显然的，因为多值函数 $\operatorname{arccot} v$ 的基本支 $[\operatorname{arccot} v]$，像其他所有的各支一样，是常减函数，所以具有负的导数.

习题及部分习题答案

一、微分下列各函数. 题中都预先假定了，所有的反三角函数 arcsin，arccos，arctan，arccot 等总是其基本支（虽然并没有用方括号[ ]把这点表示出来）.

1. $y = \arctan ax^2$.

答：$\dfrac{\mathrm{d}y}{\mathrm{d}x} = \dfrac{\frac{\mathrm{d}}{\mathrm{d}x}(ax^2)}{1+(ax^2)^2} = \dfrac{2ax}{1+a^2x^4}\,(v = ax^3)$.

2. $y = \arcsin(3x - 4x^3)$.

答

$$\frac{\mathrm{d}y}{\mathrm{d}x} = \frac{\frac{\mathrm{d}}{\mathrm{d}x}(3x-4x^3)}{\sqrt{1-(3x-4x^3)^2}} = \frac{3-12x^2}{\sqrt{1-9x^2+24x^4-16x^6}} = \frac{3}{\sqrt{1-x^2}}$$

（因 $v = 3x - 4x^3$）

3. $y = \arccos \dfrac{x}{a}$. 答：$\dfrac{\mathrm{d}y}{\mathrm{d}x} = -\dfrac{1}{\sqrt{a^2-x^2}}$.

4. $y = \arctan \dfrac{1}{x}$. 答：$\dfrac{\mathrm{d}y}{\mathrm{d}x} = -\dfrac{1}{1+x^2}$.

5. $y = \arcsin \dfrac{1}{x}$ 答：$\dfrac{\mathrm{d}y}{\mathrm{d}x} = -\dfrac{1}{x\sqrt{x^2-1}}$.

6. $y=\arcsin\sqrt{x}$. 答：$\dfrac{\mathrm{d}y}{\mathrm{d}x}=\dfrac{1}{2\sqrt{x-x^2}}$.

7. $y=\arcsin\dfrac{x+1}{\sqrt{2}}$. 答：$\dfrac{\mathrm{d}y}{\mathrm{d}x}\ \dfrac{1}{\sqrt{1-2x-x^2}}$.

8. $y=x\arcsin x$. 答：$\dfrac{\mathrm{d}y}{\mathrm{d}x}=\arcsin x+\dfrac{x}{\sqrt{1-x^2}}$.

9. $y=x\arccos 2x$. 答：$\dfrac{\mathrm{d}y}{\mathrm{d}x}=\arccos 2x-\dfrac{2x}{\sqrt{1-4x^2}}$.

10. $y=x^2\arctan x$. 答：$\dfrac{\mathrm{d}y}{\mathrm{d}x}=2x\arctan x+\dfrac{x^2}{1+x^2}$.

11. $y=\ln\arctan\dfrac{x}{2}$. 答：$\dfrac{\mathrm{d}y}{\mathrm{d}x}=\dfrac{2}{(4+x^2)\arctan\dfrac{x}{2}}$.

12. $f(u)=u\sqrt{a^2-u^2}+a^2\arcsin\dfrac{u}{a}$. 答：$f'(u)=2\sqrt{a^2-u^2}$.

13. $f(x)=\sqrt{a^2-x^2}+a\arcsin\dfrac{x}{a}$. 答：$f'(x)=\sqrt{\dfrac{a-x}{a+x}}$.

14. $f(x)=x\arcsin\dfrac{x}{2}+\sqrt{4-x^2}$. 答：$f'(x)=\arcsin\dfrac{x}{2}$.

15. $F(t)=3\ln\dfrac{t}{\sqrt{t^2+4}}+\dfrac{5}{2}\arctan\dfrac{t}{2}$. 答：$F'(t)=\dfrac{5t+12}{t^3+4t}$.

16. $\Phi=\arctan\dfrac{a+r}{1-ar}$. 答：$\dfrac{\mathrm{d}\Phi}{\mathrm{d}r}=\dfrac{1}{1+r^2}$.

17. $y=\dfrac{8x}{x^2+4}-4\arctan\dfrac{x}{2}+x$. 答：$\dfrac{\mathrm{d}y}{\mathrm{d}x}=\left(\dfrac{x^2-4}{x^2+4}\right)^2$.

18. $x=2\sqrt{s-4}+2\arctan\dfrac{\sqrt{s-4}}{2}$. 答：$\dfrac{\mathrm{d}x}{\mathrm{d}s}=\dfrac{s+2}{s\sqrt{s-4}}$.

19. $y=\dfrac{1}{3}x^3\arctan x-\dfrac{1}{6}x^2+\dfrac{1}{6}\ln(x^2+1)$. 答：$\dfrac{\mathrm{d}y}{\mathrm{d}x}=x^2\arctan x$.

二、微分下列各函数.

1. $\arcsin x^2$.

2. $\arccos 4x$.

3. $\arctan(x-2)$.

4. $\arctan\dfrac{x}{2}$.

5. $\mathrm{e}^x\arcsin x$.

6. $\mathrm{e}^{-\frac{x}{2}}\arctan 2x$.

7. $\arccos \mathrm{e}^x$.

8. $\dfrac{9}{2}\arcsin\dfrac{x}{3}-\dfrac{x}{2}\sqrt{9-x^2}$.

9. $3\arcsin\sqrt{\frac{x+2}{2}}+\sqrt{2-x-x^2}$.

10. $y=\arcsin(\sin x)$.

11. $y=\arccos\frac{x^{2n}-1}{x^{2n}+1}$.